JN117804

数値解析

非線形方程式と数値積分

長田 直樹 著

現代数学社

まえがき

今日では、科学・技術にとどまらず、日常生活に密接に関連する多くの分野でも、数値計算が重要な役割を果たしている。数値計算とは、モデル化などにより得られた数学の問題の近似解 (数値解) を計算機によって求めることをいう。数値計算を支える数学的理論が数値解析である。

本書は、雑誌『理系への数学』(『現代数学』の前身) の 2008 年 5 月から 2009 年 4 月まで「お話・数値解析」として連載したものを単行本として出版したいとの提案を受け、全面的に書き直したものである。「お話・数値解析」は毎号読み切りとして始めたので、系統的ではなく、取り扱ったテーマは当時筆者が関心を持っていた分野に偏っており数値線形代数、常微分方程式と偏微分方程式の数値解法は取り上げてなかった。単行本化するのに際し、非線形方程式、代数方程式、数値積分は全面的に書き直し、常微分方程式の数値解法を書き加えた。執筆に際し一部は、筆者が 2016 年 3 月まで東京女子大学現代教養学部数理科学科で行っていた「数値計算」の講義とゼミおよび同大学院理学研究科の講義のハンドアウト、さらに旧著『数値微分積分法』(1987, 現代数学社) に基づいた。

取り上げるアルゴリズムはニュートン法、ニュートン・コーツ公式、オイラー法のように基本的なものと、ラゲール法、ワイエルシュトラス法、ガウス型数値積分公式、ロンバーグ積分法、二重指数関数型数値積分公式、フーリエ型積分のエイトケン Δ^2 法による加速、古典的ルンゲ-クッタ法など実用上勧められるものにした。連載時に詳述した収束の加速法の話題の大半は削除したが、古典的な加速法であるリチャードソン補外およびエイトケン Δ^2 法については残し、数値積分と常微分方程式の初期値問題への応用について大幅に加筆した。

連載時にはかなり紙数を割いた数学史の話題は削除し、代わりに「歴史ノート」を設けた。ニュートン法やオイラー法などの基本的アルゴリズム、古典的ルンゲ-クッタ法などの実用的アルゴリズム、リチャードソン補外などの数値計算技法について発見者 (独立に発見した複数の数学者を含む) と題目や名称の由来などを簡潔に記した。その際、原典にあたり発見者のオリジナルな研究の一端を紹介した。これらの原典の多くは、現在インターネットで閲覧可能である。数値計算のアルゴリズムや技法の起源に焦点を当てたので、発見した数学者の紹介やその後の発展については言及してない。

本書を読む上で必要となる予備知識は理工系の微積分と線形代数である。数値計算の基礎である数の表現と誤差については第 1 章に置いた。ノルム、ランダウの O 記法あるいはテイラー展開など本書で重要な役割を果たす数学は第 2 章および本文 (第 3 章以降) の中で補った。本文では定理や命題には原則として証明をつけた。理解困難な証明は、定理や命題の結果を受け入れてつぎに進んでも支障はない。

アルゴリズムを理解するには、簡単な例を電卓などにより手計算してみることを勧める。手計算で計算方法が飲み込めたら次にプログラムを作りいくつかの例で計算し、テキストなどに載っている数値例と照合する。それらの作業の助けになるよう数値例を多くつけた。また研究や仕事で数値計算を使っている読者に参考になればと考え、非線形方程式 (代数方程式を含む) と数値積分についてそれぞれアルゴリズム選択の指針をつけた。

プログラミングの際の注意点はところどころに記載したが、プログラム自体は掲載してない。本書で取り上げた主なアルゴリズムの C 言語によるプログラムは

`https://www.lab.twcu.ac.jp/~osada/numer_anal/numer_anal.html`

に掲載する。また訂正や補足については随時公開していく。

最後に本書執筆の機会を与えて下さった現代数学社の富田淳さんに感謝申し上げる。

2023 年 11 月

長田直樹

目次

歴史ノート目次

凡例

必ずしも標準的でない記号や表記法

記号

記号	意味
□	定理や命題の証明終わり
■	例題終わり
≒	近似的に等しい
∼	$f(x) \sim \sum_{n=0}^{\infty} c_n \phi_n(x)$ $(x \to \infty)$：右辺は左辺の漸近展開 (p.132)

数表

表記法	例
真値と一致する数字に下線	真値が 3.14159 のとき、計算値が 3.14285 のときは $\underline{3.14}285$ と表示
仮数部の数字の下付きの添字は同じ数が添字の数だけ続くことを示す	$4.9_4 88 = 4.999988$
誤差の絶対値が 1 未満のときは仮数部の有効数字 3 桁で科学的表記法	誤差が 0.012345 のときは 1.23×10^{-02} と表示 (指数の −2 を −02 とするのは出力の都合)

第1章

数の表現と誤差

数値計算は、無限にある実数を有限個の数 — 手計算の場合は有限桁の数、計算機による数値計算の場合は有限個の浮動小数点数— を用いて計算するため、さまざまな誤差を伴う。誤差の知識は、数値計算結果の評価に不可欠であり、桁落ちや情報落ちなどの回避にも役立つ。さらに計算機における数の表現を知ることは丸め誤差の理解に役立つ。

1 浮動小数点数

アボガドロ定数を $6.02214076 \times 10^{23}$ と表示する方法は、科学的表記法と呼ばれる。科学的表記法に相当する計算機における数値の表現法が浮動小数点数である。**浮動小数点数**は符号と仮数(かすう)と指数から構成される。アボガドロ定数を 10 進浮動小数点数と考えたとき、符号は +、仮数は 6.02214076、指数は 23 である。

計算機では 2 進または 10 進の浮動小数点数が用いられる。かつては、IBM のメインフレームで 16 進の浮動小数点数が用いられていたため、数値計算の主流は 16 進であったが、現在はほとんど用いられてない。浮動小数点数は固定小数点数に比べ演算に時間がかかるが、表せる数の範囲が広くなるという長所があるので、数値計算には通常浮動小数点数が使われる。現在 PC やワークステーションなどほとんどのシステムで IEEE754 で規定されている 2 進浮動小数点数が使われているので、本節では 2 進浮動小数点数について述べる。

本章では 2 進数と 10 進数を扱うので区別が必要なときは $5.25_{10} = 101.01_2$

図 1.1　例 1.1 の正規化数およびゼロの分布

のように下付きの添字で表す。

1.1 2 進浮動小数点数

2 進浮動小数点数は

$$(-1)^s \left(b_0 + \frac{b_1}{2^1} + \cdots + \frac{b_{p-1}}{2^{p-1}}\right) \times 2^e$$

と表される。ここで、s と b_j は 0 または 1、e は $e_{\min} \leqq e \leqq e_{\max}$ の範囲の整数である。$b_0 + b_1 2^{-1} + \cdots + b_{p-1} 2^{-p+1}$ は**仮数部** (有効数字部)、$f = b_1 2^{-1} + \cdots + b_{p-1} 2^{-p+1}$ は**小数部**、e は**指数**という。$e_{\min}$ は最小指数、$e_{\max}$ は最大指数である。$b_0 = 1$ のとき**正規化浮動小数点数** (正規化数と略す) といい、$b_0 = 0$ であるが $b_1 = \cdots = b_{p-1} = 0$ でないとき**非正規化数**という。ゼロは正規化数にも非正規化数にも含めない。

2 進正規化数は全部で $2^p(e_{\max} - e_{\min} + 1)$ 個ある。正の最小正規化数 $f_{\min}$ は $b_1 = \cdots = b_{p-1} = 0, e = e_{\min}$ のときで

$$f_{\min} = 2^{e_{\min}} \tag{1.1}$$

である。正規化数の最大数 $f_{\max}$ は $b_1 = \cdots = b_{p-1} = 1, e = e_{\max}$ のときで、

$$f_{\max} = \frac{1 - 2^{-p}}{1 - 2^{-1}} \times 2^{e_{\max}} = 2^{e_{\max}+1}\left(1 - 2^{-p}\right) \tag{1.2}$$

である。

例 1.1. $p = 4, e_{\min} = -1, e_{\max} = 2$ の場合を考える。すべての正の正規化数を 10 進固定小数点数で表したものを表 1.1 に示す。仮数は 2 進固定小数点数、指数は 10 進整数で表す。正規化数は負の数を含め 64 個あり、ゼロに関し対称であるが均等には分布していない。区間 $(-0.5, 0.5)$ には存在せず、$[0.5, 1.0]$

表 1.1 例 1.1 の正の正規化数

仮数 \指数	-1	0	1	2
$1.000_{(2)}$	0.5	1.0	2.0	4.0
$1.001_{(2)}$	0.5625	1.125	2.25	4.5
$1.010_{(2)}$	0.625	1.25	2.5	5.0
$1.011_{(2)}$	0.6875	1.375	2.75	5.5
$1.100_{(2)}$	0.75	1.5	3.0	6.0
$1.101_{(2)}$	0.8125	1.625	3.25	6.5
$1.110_{(2)}$	0.875	1.75	3.5	7.0
$1.111_{(2)}$	0.9375	1.875	3.75	7.5

では 0.0625 刻み、$[1.0, 2.0]$ では 0.125 刻み、$[2.0, 4.0]$ では 0.25 刻み、$[4.0, 7.5]$ では 0.5 刻みである。正規化数およびゼロの分布を図 1.1 に図示する。 ■

1.2 2 進浮動小数点数の丸め

浮動小数点数は有限個であるので、

1. 実数を浮動小数点数で表す
2. 浮動小数点数同士の四則演算

の際に行う端数処理を**丸め**という。丸めによって生じる誤差 (丸めた値 − 丸める前の値) を**丸め誤差**という。

最も近い浮動小数点数に丸める処理を**最近数への丸め**という。2 つの浮動小数点の中点の場合は最終 (最下位) のビットが 0 の浮動小数点数に丸める。この方式は**偶数への丸め**と呼ばれる。最近数への丸めを行い、2 つの浮動小数点の中点の場合は偶数への丸めを行う方式を**最近偶数への丸め**と呼ぶ。

例 1.2. 例 1.1 で取り上げた浮動小数点システムで最近偶数への丸めを採用し、仮数部の小数第 4 位は保護桁とする。

1. $3.141592_{(10)}$ を2進数に変換すると $11.001001\cdots_{(2)} \fallingdotseq 1.1001_{(2)} \times 2^1$ である。最も近い浮動小数点数は $1.101_{(2)} \times 2^1 = 3.25_{(10)}$ である。丸め誤差は $3.25_{(10)} - 3.141592_{(10)} \fallingdotseq 0.108_{(10)}$ である。
2. $0.65625_{(10)}$ を2進数に変換すると $0.10101_{(2)} = 1.0101_{(2)} \times 2^{-1}$ であり、$1.010_{(2)} \times 2^{-1} = 0.625_{(10)}$ と $1.011_{(2)} \times 2^{-1} = 0.6875_{(10)}$ の中点である。最終のビットが0となる $1.010_{(2)} \times 2^{-1} = 0.625_{(10)}$ に丸める。丸め誤差は $0.625_{(10)} - 0.65625_{(10)} = -0.03125_{(10)} = -2^{-5}$ である。

隣り合った正規化数の中点以外は小数部の 2^{-4} の係数 b_4 が1のとき切り上げ、0のときは切り捨てる (零捨一入)。中点のときは b_3 が0の方に丸める。■

1.3 正規化数の加算

正規化数 u, v の加算は次の順序で行う。

(i) u, v の指数部を比較し、u の指数部が小さいときは u, v を入れ替える。
(ii) v の指数部を u の指数部に揃え、v の仮数部を変更する。
(iii) 加算を行う。
(iv) 正規化を行う。

指数部を揃える際に小数部 p 桁では表現できなくなるので、ほとんどの計算機は2桁以上の**保護桁**が用意されている。

例 1.3. 例1.1で取り上げた浮動小数点システムで最近数への丸め (偶数) を採用し、仮数部の小数第4位は保護桁とする。正規化数の加算は $\oplus$ で表すことにする。

$(1.001_{(2)} \times 2^1) \oplus (1.001_{(2)} \times 2^0)$ を考える。

$$\begin{array}{rl} 1.001 \times 2^1 & \\ + \quad 0.1001 \times 2^1 & \text{(指数部を揃える)} \\ \hline 1.1011 \times 2^1 & \end{array}$$

であり、$1.1011_{(2)} \times 2^1$ は両隣の正規化数 $1.101_{(2)} \times 2^1$ と $1.110_{(2)} \times 2^1$ の中点

なので、小数部の最小ビットが 0 である $1.110_{(2)} \times 2^1$ に丸める。したがって、

$$(1.001_{(2)} \times 2^1) \oplus (1.001_{(2)} \times 2^0) = 1.110_{(2)} \times 2^1$$

である。丸め誤差は $1.110_{(2)} \times 2^1 - 1.1011_{(2)} \times 2^1 = 0.0001_{(2)} \times 2^1 = 2^{-3}$ である。

保護桁を持たないと

$$\begin{array}{rr} & 1.001 \times 2^1 \\ + & 0.100 \times 2^1 \\ \hline & 1.101 \times 2^1 \end{array} \quad \text{(小数第 4 位は落ちる)}$$

となるので、最近偶数への丸めにならない。 ■

2 IEEE754

PC やワークステーションでは浮動小数点数として IEEE(アイトリプルイー) 754-2008 が標準的に用いられている。IEEE754 の最新版は IEEE754-2019 で、IEEE754-2008 のマイナーチェンジである。IEEE754-2008 に改訂される前は、IEEE754-1985 で 2 進浮動小数点数、IEEE854-1987 で基数に依存しない浮動小数点数の規格が定められていたが、IEEE754-2008 ではこれらが統合された。本書では IEEE754-2008(以下では IEEE754 と略す) について述べる。IEEE754 では基本形式として 2 進では 2 進 32 ビット (単精度)、2 進 64 ビット (倍精度) と 2 進 128 ビット (4 倍精度)、10 進では 10 進 64 ビット (倍精度) と 10 進 128 ビット (4 倍精度) が規定されているが、本節では 2 進浮動小数点数について述べる。

2.1 IEEE754 での 2 進浮動小数点数の形式

2 進浮動小数点数

$$(-1)^s \left(b_0 + \frac{b_1}{2^1} + \cdots + \frac{b_{p-1}}{2^{p-1}} \right) \times 2^e \tag{1.3}$$

は符号部 1 ビット (正のとき 0、負のとき 1)、指数 $e(e_{\min} \leqq e \leqq e_{\max})$ に一定数 $bias$ を加えた非負整数 $e + bias$ を w ビットの 2 進整数として指数部に

格納する。指数部は w ビットの2進整数であるので、0から 2^w-1 までであるが、指数1から 2^w-2 までを正規化数に用い、指数0はゼロと非正規化数、2^w-1 は無限大と非数 NaN に割り当てる (これらについては2.3節で述べる)。小数部に $b_1,\ldots,b_{p-1}$ を $p-1$ ビットの2進整数として格納すると、全体で $k=w+p$ ビットである。2進浮動小数点数の符号化の形式を表1.2に示す。

表1.2　2進浮動小数点数の符号化の形式

符号部	指数部	小数部
1ビット	w ビット	$p-1$ ビット

IEEE754では、精度 p 桁と最大指数 $e_{\max}$ により他のパラメータを求めることができる。

最小指数　$e_{\min}=1-e_{\max}$

指数部のビット数　$w=\log_2(2(e_{\max}+1))$ ビット

(ゼロの指数は $e_{\min}-1$, 無限大の指数を $e_{\max}+1$ とすると、指数は $2^{e_{\max}+1-(e_{\min}-1)}=2^{2e_{\max}+2}$ 通りある。これが 2^w に一致するので、$w=\log_2(2(e_{\max}+1))$ となる。)

総ビット数　$k=p+w$

指数部のバイアス　$bias=e_{\max}$

($e_{\min}+bias=1$ となるように $bias$ を決めると $bias=1-e_{\min}=e_{\max}$ となる。)

浮動小数点数の**交換形式**とは、固定長のビット列で浮動小数点数の交換や記録に用いるフォーマットである。各浮動小数点数は交換形式に一意的に符号化される。2進浮動小数点数の交換形式のパラメータを表1.3に示す。

正規化数の絶対値の最小値 $f_{\min}$ は、(1.1)より

$$f_{\min}=\begin{cases} 2^{-126}\fallingdotseq 1.2\times 10^{-38} & 2\text{進}32\text{ビット} \\ 2^{-1022}\fallingdotseq 2.2\times 10^{-308} & 2\text{進}64\text{ビット} \\ 2^{-16382}\fallingdotseq 3.4\times 10^{-4932} & 2\text{進}128\text{ビット} \end{cases}$$

表 1.3 2 進交換形式のパラメータ

パラメータ		2 進 32 ビット (単精度)	2 進 64 ビット (倍精度)	2 進 128 ビット (4 倍精度)
総ビット数	$p+w$	32	64	128
精度	p	24	53	113
指数のビット数	w	8	11	15
バイアス	$e_{\max}$	127	1023	16383
最小指数	$1-e_{\max}$	−126	−1022	−16382
最大指数	$e_{\max}$	127	1023	16383

$w = \log_2(2(e_{\max}+1)),\ e_{\max} = 2^{w-1}-1$

である。正規化数の絶対値の最大値 $f_{\max}$ は、(1.2) より

$$f_{\max} = \begin{cases} 2^{128}(1-2^{-24}) \fallingdotseq 3.4 \times 10^{38} & \text{2 進 32 ビット} \\ 2^{1024}(1-2^{-53}) \fallingdotseq 1.8 \times 10^{308} & \text{2 進 64 ビット} \\ 2^{16384}(1-2^{-113}) \fallingdotseq 1.2 \times 10^{4932} & \text{2 進 128 ビット} \end{cases}$$

である。

例 1.4. IEEE754 の 2 進 32 ビットにおける $3.25_{(10)}$ のフォーマットを調べる。$3.25_{(10)} = 11.01_{(2)} = 1.10100000000000000000000 \times 2^1$ より、符号 0、指数部 $1_{(10)} + 127_{(10)} = 128_{(10)} = 10000000_{(2)}$、小数部 $0.10100000000000000000000_{(2)}$ である。したがってビットパターンは 0 10000000 10100000000000000000000 となる。 ■

C 言語は歴史的に 0.5 ≦ 仮数部 < 1 であるので、指数の範囲を IEEE754 より 1 だけ大きくしている。C の単精度では $e_{\min} = -125, e_{\max} = 128$ で、バイアスは 126 である。たとえば、$3.25_{(10)}$ は C の単精度では $0.110100000000000000000000 \times 2^2$ と表す。ビットパターンは IEEE754 と同一になる。

2.2 IEEE754 での丸め

IEEE754 では、以下の 5 種類の丸め方が規定されている。

最近偶数への丸め　最も近い浮動小数点数に丸める。最も近い浮動小数点数が 2 つあるときは最終ビットが 0(偶数) となる方の数に丸める。

最近数 (遠い方) への丸め　最も近い浮動小数点数に丸める。最も近い浮動小数点数が 2 つあるときは 0 に遠い方へ丸める。

0 方向への丸め　0 に近い方へ丸める。切り捨て

$+\infty$ への丸め　正の無限大に近い方へ丸める。切り上げ

$-\infty$ への丸め　負の無限大に近い方へ丸める。切り下げ

デフォルトは最近偶数への丸めである。実数 x ($2^{e_{\min}} \leqq |x| \leqq 2^{e_{\max}+1}(1-2^{-p})$) を最近偶数へ丸めた浮動小数点数を $\mathrm{fl}(x)$ と表す。x は

$$x = \pm\left(1 + \sum_{j=1}^{\infty} \frac{b_j}{2^j}\right) 2^e, \quad e_{\min} \leqq e \leqq e_{\max}$$

と表せるので、$\mathrm{fl}(x)$ は、

$$\begin{cases} \pm(1 + b_1 2^{-1} + \cdots + b_{p-1} 2^{1-p}) 2^e, & b_p = 0 \\ \pm 2^{e+1}, & b_1 = \cdots = b_{p+1} = 1 \\ \pm(1 + b_1 2^{-1} + \cdots + b_{p-1} 2^{1-p} + 2^{1-p}) 2^e, & \text{上記以外} \end{cases}$$

のいずれかである。

1 より大きい正規化数の最小のものを $1 + \mathrm{eps}$ とする。eps を**計算機イプシロン**という。IEEE754 では、$\mathrm{eps} = 2^{1-p}$ である。丸め誤差の相対誤差 (= (近似値 − 真値)/真値) の絶対値の上限は計算機イプシロンの半分 $\frac{1}{2}\mathrm{eps}$ である。したがって、

$$\mathrm{fl}(x) = x(1+\delta), \quad |\delta| \leqq \frac{1}{2}\mathrm{eps}$$

となる。$\frac{1}{2}\mathrm{eps} = 2^{-p}$ を**丸めの単位**という。

2.3 IEEE754 の特別な値

(1.3) で $b_0 = 0$ のときは、非正規化数で $e = e_{\min}$ となる。この数を

$$(-1)^s \left(\frac{b_1}{2^0} + \cdots + \frac{b_{p-1}}{2^{p-2}} \right) \times 2^{e_{\min}-1}$$

と変形し、指数は $e_{\min} - 1$ とみなす。$bias = e_{\max}$ を加えると 0 になるので、指数部に 0 を格納し、小数部は $b_1 \cdots b_{p-1}$ を格納する。

最大の非正規化数は、指数が $e = e_{\min} - 1$ で小数が $b_1 = \cdots = b_{p-1} = 1$ のときで、$2^{e_{\min}}(1 - 2^{1-p})$ である。最小の正の非正規化数は指数が $e = e_{\min} - 1$ で小数が $b_1 = \cdots = b_{p-2} = 0, b_{p-1} = 1$ のときで、$2^{e_{\min}-p+1}$ である。

非正規化数以外に、下記の特別な浮動小数点数が規定されている。

符号付きゼロ 指数が $e_{\min} - 1$ で小数部が 0 のときゼロを表す。符号ビットが 0 のとき +0, 1 のとき −0 である。

無限大 指数が $e_{\max} + 1$ で小数が 0 のとき無限大を表す。符号ビットが 0 のとき $+\infty$, 符号ビットが 1 のとき $-\infty$ である。たとえば、1/(+0) のときは $+\infty$ である。

NaN 指数が $e_{\max} + 1$ で小数 $f \neq 0$ のとき、非数 `NaN`(Not a Number) となる。たとえば、0/0 や $\sqrt{-2}$ のときである。

演算結果などを丸める前あるいは丸めた後の絶対値が $2^{e_{\min}}$ 未満で 0 でないとき**アンダーフロー**といい、非正規化数あるいは ±0 に丸められる。丸める前の値が $2^{e_{\max}+1}(1 - 2^{-1-p})$ 以上のとき $+\infty$ が返され (に丸められ) オーバーフローという。$-\infty$ のときも同様である。

2 進 32 ビット (2 進単精度) の特別な値と境界の正規化数のビットパターンを表 1.4 に示す。正規化数は網掛けにする。32 ビットの 2 進整数と見たとき、上から大きい順に並んでいる。

3 誤差の種類

$\bar{x}$ を真値 x に対する近似値 (計算値、測定値、観測値) とする。このとき、

$$\Delta x = \bar{x} - x = \text{近似値} - \text{真値}$$

表 1.4　2 進 32 ビット (2 進単精度) の特別な値のビットパターン

値	ビットパターン
$+\infty$	0 11111111 00000000000000000000000
$2^{128}(1-2^{-24})$	0 11111110 11111111111111111111111
2^{-126}	0 00000001 00000000000000000000000
$2^{-126}(1-2^{-23})$	0 00000000 11111111111111111111111
2^{-149}	0 00000000 00000000000000000000001
$+0$	0 00000000 00000000000000000000000

を**誤差**という。誤差の絶対値が ϵ を超えないとき ϵ を**誤差限界**といい、誤差限界を求めることを**誤差を評価する**という。誤差限界がわかると真値の範囲を

$$\bar{x}-\epsilon < x < \bar{x}+\epsilon$$

と確定することができる。

微分係数や定積分の値、微分方程式の初期値問題の解をなんらかのアルゴリズムで数値的に求めるとき、アルゴリズムに起因する誤差を**離散化誤差**あるいは**公式誤差**という。無限級数を有限級数で打ち切る場合には**打ち切り誤差**という。通常これらの誤差は数学的に求められる。

誤差の符号を換えた値を**剰余項**という。すなわち

$$\text{真値} = \text{近似値} + \text{剰余項}$$

である。

例 1.5. 関数 $f(x)$ が a の近傍 (a を含む開区間) で C^3 級とする。a における微分係数 $f'(a)$ を**前進差分商** (平均変化率)

$$\frac{f(a+h)-f(a)}{h}$$

で計算することを考える。テイラーの定理より

$$f(a+h)=f(a)+hf(a)+\frac{f''(a)}{2!}h^2+\frac{f'''(a+\theta_3 h)}{3!}h^3$$

となる θ_3 $(0 < \theta_3 < 1)$ が存在する。これより

$$\frac{f(a+h)-f(a)}{h} - f'(a) = \frac{f''(a)}{2!}h + O(h^2)$$

となる。$O(h^2)$ は絶対値が h^2 の定数倍で押さえられるというランダウの O 記法。したがって離散化誤差あるいは打ち切り誤差は

$$\frac{f''(a)}{2!}h$$

である。$f''(a)$ が分からないので正確な離散化誤差は分からないが、誤差が h に比例することはわかる。テイラーの定理を

$$f(a+h) = f(a) + hf'(a) + \frac{f''(a+\theta_2 h)}{2!}h^2, \quad 0 < \theta_2 < 1 \tag{1.4}$$

で打ち切れば、

$$M = \max_{a \leqq x \leqq b} |f''(x)|$$

とおくと誤差限界は $\frac{1}{2}Mh$ となる。

(1.4) を変形した

$$f(a) = \frac{f(a+h)-f(a)}{h} - \frac{f''(a+\theta_2 h)}{2!}h$$

より a における微分係数 $f'(a)$ を前進差分商で近似した際の剰余項は

$$-\frac{f''(a+\theta_2 h)}{2!}h$$

である。■

アルゴリズムに基づき計算する際に**丸め誤差**が生じる。丸め誤差はどのような浮動小数点システムで計算するか、プログラムをどう書くかにより大きく変わってくる。

誤差と真値の比

$$\frac{\Delta x}{x} = \frac{誤差}{真値}$$

を**相対誤差**という。

注意 1.1. これらの名称は統一されておらず、誤差の絶対値

$$|\Delta x| = |\bar{x} - x|$$

を絶対誤差と呼んだり、相対誤差の絶対値

$$\left|\frac{\Delta x}{x}\right|$$

を相対誤差と呼ぶことがある。

次に四則演算で誤差がどのように影響を受けるかを考える。ここでは、四則演算の際に新たな誤差は生じないと仮定する。すると、和および差 $x \pm y$ の近似値は、$\overline{x \pm y} = \bar{x} \pm \bar{y}$ である。

$$\Delta(x \pm y) = \overline{x \pm y} - (x \pm y) = \Delta x \pm \Delta y$$

和の誤差は誤差の和、差の誤差は誤差の差である。

積 xy の近似値は $\overline{xy} = \bar{x}\bar{y}$ となるので

$$\Delta(xy) = \overline{xy} - xy = y\Delta x + x\Delta y + \Delta x \Delta y$$

であるが、$|\Delta x|, |\Delta y|$ が $|x|, |y|$ に比べ小さいときは

$$\frac{\Delta x \Delta y}{xy} \fallingdotseq 0$$

と見なせるので

$$\frac{\Delta(xy)}{xy} \fallingdotseq \frac{\Delta x}{x} + \frac{\Delta y}{y} \tag{1.5}$$

が成り立つ。積の相対誤差は相対誤差の和である。同様に商については

$$\frac{\Delta(x/y)}{x/y} \fallingdotseq \frac{\Delta x}{x} - \frac{\Delta y}{y} \tag{1.6}$$

なので、商の相対誤差は相対誤差の差である。

有効桁数は

$$-\log_{10}\left|\frac{\Delta x}{x}\right| \tag{1.7}$$

表 1.5 $\sqrt{1+x}-1$ の桁落ちと桁落ち防止変形

x	$\sqrt{1+x}-1$	$x/(\sqrt{1+x}+1)$	真値 (40 桁)
1.0×10^{-14}	4.8850×10^{-15}	$4.9_{13}88 \times 10^{-15}$	$4.9_{13}875 \times 10^{-15}$
1.1×10^{-14}	5.5511×10^{-15}	$5.49_{12}85 \times 10^{-15}$	$5.49_{12}84875 \times 10^{-15}$
1.2×10^{-14}	5.9952×10^{-15}	$5.9_{13}82 \times 10^{-15}$	$5.9_{13}82 \times 10^{-15}$

により定義される。大雑把にいうと 10 進で何桁一致しているかという数である。たとえば、円周率 π の近似値 3.14, 3.1416 の有効桁数はそれぞれ

$$-\log_{10}\left|\frac{3.14-\pi}{\pi}\right| = 3.295.. \fallingdotseq 3.3,$$
$$-\log_{10}\left|\frac{3.1416-\pi}{\pi}\right| = 5.631.. \fallingdotseq 5.6$$

である。

4 桁落ちと情報落ち

4.1 桁落ち

近い数同士の引き算をしたとき、有効数字の桁数が少なくなることを**桁落ち**という。たとえば、

$$1.23456 - 1.23465 = -0.00009$$

は有効数字 6 桁の数同士の引き算であるが、結果は有効数字が 1 桁 (0 でない数字より前にある 0 は有効ではない) になっている。

注意 1.2. 有効数字は、計算結果あるいは測定結果を表す数字のうち、位取りを示す 0 を除いた意味のある数字を言う。

桁落ちは式の変形により避けられることがある。

例 1.6. $|x|$ が十分小さいとき

$$f(x) = \sqrt{1+x} - 1$$

を式の通り計算すると桁落ちが生じるが、分子の有理化

$$f(x) = \frac{x}{\sqrt{1+x}+1}$$

を行うと桁落ちを避けることができる。

$\sqrt{1+x} - 1$ と $x/(\sqrt{1+x}+1)$ を倍精度 (C 言語の double 型) で計算した値を表 1.5 に示す。真値 (40 桁) はマクローリン展開

$$\sqrt{1+x} - 1 = \frac{x}{2} - \frac{x^2}{8} + O(x^3) = 0.5x - 0.125x^2 + O(x^3)$$

による。仮数部の数字の下付きの添字は同じ数が添字の数だけ続くことを示す。たとえば、$4.9_488 = 4.999988$ である。■

例 1.7. 2 次方程式 $ax^2 + bx + c = 0$ $(a > 0)$ の 2 解を

$$\alpha = \frac{-b + \sqrt{b^2 - 4ac}}{2a}, \quad \beta = \frac{-b - \sqrt{b^2 - 4ac}}{2a}$$

とする。$b > 0, b^2 >> 4ac$ のときは α の分子の計算で桁落ちが生じる。これを防ぐには分子を有理化し

$$\alpha = \frac{(-b + \sqrt{b^2 - 4ac})(b + \sqrt{b^2 - 4ac})}{2a(b + \sqrt{b^2 - 4ac})} = \frac{-2c}{b + \sqrt{b^2 - 4ac}}$$

とする。解と係数の関係 $\alpha\beta = \frac{c}{a}$ により

$$\alpha = \frac{c}{a} \frac{2a}{(-b - \sqrt{b^2 - 4ac})} = \frac{-2c}{b + \sqrt{b^2 - 4ac}}$$

としても得られる。

同様に $b < 0, b^2 >> 4ac$ のときは β の分子の計算で桁落ちが生じる。これを防ぐには

$$\beta = \frac{2c}{-b + \sqrt{b^2 - 4ac}}$$

とする。■

桁落ちは $|x|$ が 0 に近いとき、

$$1 - \cos x, \quad \sin(a + x) - \sin a$$

などでも生じる。それぞれ、

$$1 - \cos x = 2\sin^2\frac{x}{2}, \quad \sin(a + x) - \sin a = 2\sin\frac{x}{2}\cos(a + \frac{x}{2})$$

と変形することにより桁落ちは避けられる。桁落ち防止の変形の多くは、不定形の極限を求めるときに用いる技法と共通している。

また、マクローリン展開が桁落ち防止に使える場合がある。たとえば、例 1.6 は $|x|$ が十分小さい場合、

$$\sqrt{1+x} - 1 = \frac{x}{2} - \frac{x^2}{8}$$

によっても避けられる。

4.2 情報落ち

絶対値の大きな数に絶対値の小さな数を加えると絶対値の小さな数の情報が反映しない現象を**情報落ち**という。

$1.23456 \times 10^3 \oplus 6.54321 \times 10^{-2}$ を 10 進 6 桁浮動小数点数として計算する。指数を 10^3 に揃え保護桁を 2 桁取り仮数部を計算する。

$$\begin{array}{crc} & 1.23456 & 10^3 \\ + & 0.0000654 & 10^3 \\ \hline & 1.2346254 & 10^3 \end{array}$$

仮数部の小数第 6 位を四捨五入して

$$1.23456 \times 10^3 \oplus 6.54321 \times 10^{-2} = 1.23463 \times 10^3$$

が得られる。6.54321×10^{-2} の仮数部 0.04321 が結果に反映していない。

例 1.8. 級数 $\sum_{i=1}^{\infty} i^{-2} = \pi^2/6$ の部分和を

$$s_n = \sum_{i=1}^{n} \frac{1}{i^2}$$

とおき、s_{8000} を2通りの方で計算する。計算は単精度 (10進7.2桁) である。

$$((((\frac{1}{1^2}+\frac{1}{2^2})+\frac{1}{3^2})\cdots)+\frac{1}{8000^2})$$

により計算すると 1.6447253 となる。$n \geqq 4096$ のとき $s_n = 1.6447253$ である。これは、

$$\frac{1}{4096^2} = 2^{-24} = \frac{1}{2}\mathrm{eps}, \quad 1 < s_n < 2$$

であるので、$n \geqq 4097$ のとき $1/n^2$ は結果に反映していない。一方、加える順序を逆にして

$$((((\frac{1}{8000^2}+\frac{1}{7999^2})+\frac{1}{7998^2})\cdots)+\frac{1}{1^2})$$

により計算すると 1.6448090 と情報落ちは回避できる。 ■

第 2 章

解析学および線形代数からの準備

大学教養程度の解析学と線型代数学のうち、数値解析で多用する内積とノルム、無限大と無限小、テイラーの定理について簡単にまとめておく。3 章以下を読み進める際に必要になった時点で参照すればよい。2 節 (無限大と無限小) と 3 節 (テイラーの定理) では証明は割愛する。[29][30][31] などを参照されたい。

本書では 1 以上の整数を**自然数**といい、0 以上の整数は**非負整数**という。n はとくに断らないときは自然数を表す。実数全体のつくる集合を $\mathbb{R}$, 複素数全体のつくる集合を $\mathbb{C}$ で表す。数直線あるいは 1 次元ユークリッド空間は $\mathbb{R}$, x-y 平面あるいは 2 次元ユークリッド空間は $\mathbb{R}^2$, n 次元ユークリッド空間は $\mathbb{R}^n$, 複素数平面は $\mathbb{C}$ と表せる。

1 内積とノルム

n 次実ベクトル全体は $\mathbb{R}^n$, n 次複素ベクトル全体は $\mathbb{C}^n$ で表す。複素数 z に対し $\bar{z}$ は z の共役複素数を表す。$z = x + iy$ に対し $\bar{z} = x - iy$ で、$z\bar{z} = |z|^2 = x^2 + y^2$ である。

n 行 m 列の行列 $A = (a_{ij})$ の**転置行列** A^T は m 行 n 列の行列 (a_{ji}) により定義する。$A = (a_{ij})$ の**共役転置行列** (**随伴行列**ともいう)A^* は m 行 n 列の行列 $(\bar{a_{ji}})$ により定義する。実行列については転置行列と共役転置行列は一致する。

2つの n 次実ベクトル

$$\boldsymbol{x} = \begin{pmatrix} x_1 \\ \vdots \\ x_n \end{pmatrix}, \quad \boldsymbol{y} = \begin{pmatrix} y_1 \\ \vdots \\ y_n \end{pmatrix}$$

の**内積**を $(\boldsymbol{x}, \boldsymbol{y}) = \boldsymbol{x}^T \boldsymbol{y} = x_1 y_1 + \cdots + x_n y_n$ により定義する。

2つの n 次複素ベクトル

$$\boldsymbol{x} = \begin{pmatrix} x_1 \\ \vdots \\ x_n \end{pmatrix}, \quad \boldsymbol{y} = \begin{pmatrix} y_1 \\ \vdots \\ y_n \end{pmatrix}$$

の**内積** を $(\boldsymbol{x}, \boldsymbol{y}) = \boldsymbol{x}^* \boldsymbol{y} = \bar{x_1} y_1 + \cdots + \bar{x_n} y_n$ により定義する。

> **注意 2.1.** 内積を $(\boldsymbol{x}, \boldsymbol{y}) = \boldsymbol{x}^T \bar{\boldsymbol{y}} = \boldsymbol{y}^* \boldsymbol{x} = x_1 \bar{y_1} + \cdots + x_n \bar{y_n}$ により定義するテキスト (分野) もある。

以下では主として複素ベクトルについて述べるが、実ベクトルについては共役複素数を表すバーを取り除き、複素数は実数と読み替えればよい。

$\boldsymbol{x}, \boldsymbol{y} \in \mathbb{C}^n$ の内積 $(\boldsymbol{x}, \boldsymbol{y})$ はつぎの4条件

(I1) 任意の $\boldsymbol{x}$ に対し $(\boldsymbol{x}, \boldsymbol{x}) \geqq 0$ である。等号成立は $\boldsymbol{x} = \boldsymbol{0}$ のときに限る。

(I2) 任意の $\boldsymbol{x}, \boldsymbol{y}$ に対し $(\boldsymbol{x}, \boldsymbol{y}) = \overline{(\boldsymbol{y}, \boldsymbol{x})}$

(I3) 任意の $\boldsymbol{x}, \boldsymbol{y}, \boldsymbol{z}$ に対し $(\boldsymbol{x} + \boldsymbol{y}, \boldsymbol{z}) = (\boldsymbol{x}, \boldsymbol{z}) + (\boldsymbol{y}, \boldsymbol{z})$

(I4) 任意の $\boldsymbol{x}, \boldsymbol{y}$ と複素数 α に対し、$(\overline{\alpha} \boldsymbol{x}, \boldsymbol{y}) = (\boldsymbol{x}, \alpha \boldsymbol{y}) = \alpha (\boldsymbol{x}, \boldsymbol{y})$

を満たす。(I1)〜(I4) を**内積の公理**という。

命題 2.1. n 次複素ベクトル $\boldsymbol{x}, \boldsymbol{y}$ に対し $(\boldsymbol{x}, \boldsymbol{y}) = \boldsymbol{x}^* \boldsymbol{y}$ は内積の公理を満たす。

証明　複素ベクトルの内積の (I1) を証明する。任意の $\boldsymbol{x}$ に対し $(\boldsymbol{x}, \boldsymbol{x}) = \boldsymbol{x}^* \boldsymbol{x} = \sum_{i=1}^{n} \bar{x}_i x_i = \sum_{i=1}^{n} |x_i|^2 \geqq 0$ である。$(\boldsymbol{x}, \boldsymbol{x}) = 0$ とすると、$x_i = 0, (i = 1, \ldots, n)$ である。

(I2)〜(I4) は容易である。 □

n 次実または複素ベクトル $\boldsymbol{x}$ に実数 $||\boldsymbol{x}||$ を対応させる関数が**ベクトルノルム**であるとは、次の 3 条件を満たすときいう。

(V1) すべてのベクトル $\boldsymbol{x}$ に対し、$||\boldsymbol{x}|| \geqq 0$ である。等号成立は $\boldsymbol{x} = \boldsymbol{0}$ のときに限る。
(V2) すべてのベクトル $\boldsymbol{x}$ と複素数 α に対し、$||\alpha\boldsymbol{x}|| = |\alpha|\ ||\boldsymbol{x}||$
(V3) (**三角不等式**) すべてのベクトル $\boldsymbol{x}, \boldsymbol{y}$ に対して $||\boldsymbol{x}+\boldsymbol{y}|| \leqq ||\boldsymbol{x}|| + ||\boldsymbol{y}||$

(V1)(V2)(V3) を**ノルムの公理**という。

$z \in \mathbb{C}$ を 1 次元ベクトルと考えたとき、絶対値 $|z|$ はノルムの公理を満たしている。ベクトルノルムは実数あるいは複素数の絶対値を拡張した概念で、ベクトルの長さあるいは大きさを抽象化したものである。ノルムにより 2 つのベクトルの近さ (距離) を扱うことができ、ベクトル列の収束も扱える。

命題 2.2. n 次実または複素ベクトル $\boldsymbol{x} = (x_1, \ldots, x_n)^T$ に対し

$$||\boldsymbol{x}||_2 = \sqrt{(\boldsymbol{x}, \boldsymbol{x})} = \sqrt{\sum_{i=1}^{n} |x_i|^2}$$

はノルムの公理を満たす。$||\boldsymbol{x}||_2$ は **2 乗ノルム** あるいは **2 ノルム**という。

証明 (V1) は (I1) から (V2) は (I3) から直ちに導かれる。
(V3) 任意の $\boldsymbol{x}, \boldsymbol{y} \in \mathbb{C}^n$ に対し

$$\begin{aligned}
||\boldsymbol{x}+\boldsymbol{y}||_2 &= \sqrt{\sum_{i=1}^{n} |x_i + y_i|^2} = \sqrt{\sum_{i=1}^{n} (\bar{x_i} + \bar{y_i})(x_i + y_i)} \\
&= \sqrt{\sum_{i=1}^{n} |x_i|^2 + \sum_{i=1}^{n} (\bar{x_i} y_i + x_i \bar{y_i}) + \sum_{i=1}^{n} |y_i|^2} \\
&\leqq \sqrt{(||\boldsymbol{x}||_2)^2 + 2\left|\sum_{i=1}^{n} \bar{x}_i y_i\right| + (||\boldsymbol{y}||_2)^2} \\
&\leqq \sqrt{(||\boldsymbol{x}||_2)^2 + 2||\boldsymbol{x}||_2 \cdot ||\boldsymbol{y}||_2 + (||\boldsymbol{y}||_2)^2} = ||\boldsymbol{x}||_2 + ||\boldsymbol{y}||_2
\end{aligned}$$

が成り立つ。最下行の不等式では**コーシー-シュワルツ** (Caucy-Schwarz) **の不等式**

$$|(\boldsymbol{x},\boldsymbol{y})|^2 = \left|\sum_{i=1}^{n} \bar{x_i} y_i\right|^2 \leqq \left(\sum_{i=1}^{n} |x_i|^2\right)\left(\sum_{i=1}^{n} |y_i|^2\right) = (||\boldsymbol{x}||_2)^2 \cdot (||\boldsymbol{y}||_2)^2$$

すなわち、$|(\boldsymbol{x},\boldsymbol{y})| \leqq ||\boldsymbol{x}||_2 \cdot ||\boldsymbol{y}||_2$ を用いている。 □

例 2.1. ベクトルノルムの例

1. (**絶対値ノルム：1 ノルム**) $||\boldsymbol{x}||_1 = \sum_{i=1}^{n} |x_i|$
2. (**最大値ノルム：∞ ノルム**) $||\boldsymbol{x}||_\infty = \max_{i=1,\ldots,n} |x_i|$

絶対値ノルムがノルムの公理を満たすことを示す。
(V1) $\boldsymbol{x} = (x_1, \ldots, x_n)^T$ に対し、$||\boldsymbol{x}||_1 \geqq 0$ は明らかである。$||\boldsymbol{x}||_1 = 0$ とする。任意の i に対し $|x_i| = 0$ より $x_i = 0$ である。したがって、$\boldsymbol{x} = \boldsymbol{0}$
(V2) 任意の複素数 α とベクトル $\boldsymbol{x}$ に対し、

$$||\alpha\boldsymbol{x}||_1 = \sum_{i=1}^{n} |\alpha x_i| = |\alpha| \sum_{i=1}^{n} |x_i| = |\alpha| ||\boldsymbol{x}||_1$$

(V3) 複素数の絶対値は三角不等式を満たすので、任意のベクトル $\boldsymbol{x}, \boldsymbol{y}$ に対し、

$$||\boldsymbol{x}+\boldsymbol{y}||_1 = \sum_{i=1}^{n} |x_i + y_i| \leqq \sum_{i=1}^{n} (|x_i| + |y_i|) = \sum_{i=1}^{n} |x_i| + \sum_{i=1}^{n} |y_i| = ||\boldsymbol{x}||_1 + ||\boldsymbol{y}||_1$$

最大値ノルムも同様に証明できる。 ■

$\mathbb{R}^n$ または $\mathbb{C}^n$ から実数全体 $\mathbb{R}$ への関数 f が、点 $\boldsymbol{a} = (a_1, \ldots, a_n)^T$ で**連続**であるとは、

$$||\boldsymbol{x} - \boldsymbol{a}||_\infty \to 0 \text{ ならば } |f(\boldsymbol{x}) - f(\boldsymbol{a})| \to 0$$

となるときいう。すなわち、任意の $\epsilon > 0$ に対し、正の数 δ が存在して

$$||\boldsymbol{x} - \boldsymbol{a}||_\infty < \delta \text{ ならば } |f(\boldsymbol{x}) - f(\boldsymbol{a})| < \epsilon$$

となるときである。

命題 2.3. ベクトルノルム $||\boldsymbol{x}||_\infty$ は $\boldsymbol{x}$ の連続関数である。

証明 n 次単位行列の第 i 列 (第 i 基本ベクトル) を $\boldsymbol{e}_i$ とする。

$$
\begin{aligned}
|\ ||\boldsymbol{x}||_\infty - ||\boldsymbol{a}||_\infty\ | \leqq ||\boldsymbol{x}-\boldsymbol{a}||_\infty = \left|\left|\sum_{i=1}^n (x_i - a_i)\boldsymbol{e}_i\right|\right|_\infty &\leqq \sum_{i=1}^n |x_i - a_i|||\boldsymbol{e}_i||_\infty \\
&\leqq \left(\max_{i=1,\ldots,n} |x_i - a_i|\right)\sum_{i=1}^n ||\boldsymbol{e}_i||_\infty = ||\boldsymbol{x}-\boldsymbol{a}||_\infty \sum_{i=1}^n ||\boldsymbol{e}_i||_\infty
\end{aligned}
$$

$\sum_{i=1}^n ||\boldsymbol{e}_i||_\infty$ は $\boldsymbol{x}, \boldsymbol{a}$ に無関係だから

$$
||\boldsymbol{x}-\boldsymbol{a}||_\infty \to 0 \text{ ならば } |\ ||\boldsymbol{x}||_\infty - ||\boldsymbol{a}||_\infty\ | \to 0
$$

である。 □

$\mathbb{R}^n$ または $\mathbb{C}^n$ の部分集合 D が**閉集合**であるとは、D のベクトル列 $\{\boldsymbol{x}^{(\nu)}\}$ が $\boldsymbol{x}^*$ に収束するとき $\boldsymbol{x}^* \in D$ となるときいう。D が**有界** であるとは、定数 $M > 0$ が存在して任意の $\boldsymbol{x} \in D$ に対し $||\boldsymbol{x}|| < M$ となるときいう。

命題 2.4. $\mathbb{R}^n$ または $\mathbb{C}^n$ の有界閉集合 D で定義された連続関数 $f : D \to \mathbb{R}$ は最大値 $\max\limits_{\boldsymbol{x}\in D} f(\boldsymbol{x})$ と最小値 $\min\limits_{\boldsymbol{x}\in D} f(\boldsymbol{x})$ を持つ。

証明 略 □

命題 2.5. $||\cdot||'$ を $\mathbb{R}^n$ または $\mathbb{C}^n$ の任意のベクトルノルムとする。適当な正の定数 m, M が存在して、すべてのベクトル $\boldsymbol{x}$ に対し

$$
m||\boldsymbol{x}||_\infty \leqq ||\boldsymbol{x}||' \leqq M||\boldsymbol{x}||_\infty \tag{2.1}
$$

が成り立つ。

証明

$$
S = \{\boldsymbol{x} \mid ||\boldsymbol{x}||_\infty = 1\}
$$

とおくと S は有界閉集合である。$||\cdot||'$ は $\boldsymbol{x}$ の成分の連続関数だから命題 2.4 により $\boldsymbol{x}_0 \in S$ で最小値 $m = ||\boldsymbol{x}_0||'$ と $\boldsymbol{x}_1 \in S$ で最大値 $M = ||\boldsymbol{x}_1||'$ を持つ。任意の $\boldsymbol{x}$ に対し、

$$
\frac{\boldsymbol{x}}{||\boldsymbol{x}||_\infty} \in S
$$

より

$$m \leqq \frac{||\boldsymbol{x}||'}{||\boldsymbol{x}||_\infty} \leqq M$$

となる。したがって、

$$m||\boldsymbol{x}||_\infty \leqq ||\boldsymbol{x}||' \leqq M||\boldsymbol{x}||_\infty$$

となる。 □

例 2.2. $\mathbb{R}^n$ または $\mathbb{C}^n$ の任意のベクトル $\boldsymbol{x}$ に対し、

$$||\boldsymbol{x}||_\infty \leqq ||\boldsymbol{x}||_2 \leqq \sqrt{n}||\boldsymbol{x}||_\infty$$
$$||\boldsymbol{x}||_\infty \leqq ||\boldsymbol{x}||_1 \leqq n||\boldsymbol{x}||_\infty$$

が成り立つ。以下のように証明できる。

$$||\boldsymbol{x}||_\infty = \max_{1 \leqq i \leqq n} |x_i| = \sqrt{\max_{1 \leqq i \leqq n} |x_i|^2} \leqq \sqrt{\sum_{1=1}^{n} |x_i|^2}$$
$$\leqq \sqrt{n \max_{1 \leqq i \leqq n} |x_i|^2} = \sqrt{n}||\boldsymbol{x}||_\infty$$
$$||\boldsymbol{x}||_\infty = \max_{1 \leqq i \leqq n} |x_i| \leqq \sum_{i=1}^{n} |x_i| \leqq n \max_{1 \leqq i \leqq n} |x_i| = n||\boldsymbol{x}||_\infty$$ ■

$\mathbb{R}^n$ または $\mathbb{C}^n$ のベクトル列 $\{\boldsymbol{x}^{(\nu)}\}$ がノルム $||\cdot||$ に関し $\boldsymbol{a}$ に収束するとは、

$$\lim_{\nu \to \infty} ||\boldsymbol{x}^{(\nu)} - \boldsymbol{a}|| = 0$$

のときいう。すなわち、任意の正の数 $\epsilon > 0$ に対し、ある番号 N が存在して、$\nu > N$ のとき

$$||\boldsymbol{x}^{(\nu)} - \boldsymbol{a}|| < \epsilon$$

となるときである。

命題 2.6. $\mathbb{R}^n$ あるいは $\mathbb{C}^n$ のベクトル列 $\{\boldsymbol{x}^{(\nu)}\}$ があるノルム $||\cdot||'$ に関し $\boldsymbol{a}$ に収束することと最大値ノルム $||\cdot||_\infty$ に関し $\boldsymbol{a}$ に収束することは同値である。

したがって、$\mathbb{R}^n$ あるいは $\mathbb{C}^n$ のベクトル列の収束はノルムの選び方に依存しない。

証明 命題 2.6 より正の数 m と M が存在して任意の $\boldsymbol{x}$ に対し、不等式 (2.1) がみたされる。$\{\boldsymbol{x}^{(\nu)}\}$ が $||\cdot||'$ に関し $\boldsymbol{a}$ に収束するとする。任意の $\epsilon > 0$ に対し、番号 N_1 が存在して、$\nu > N_1$ のとき $||\boldsymbol{x}^{(\nu)} - \boldsymbol{a}||' < m\epsilon$ となる。(2.1) より $m||\boldsymbol{x}^{(\nu)} - \boldsymbol{a}||_\infty \leqq ||\boldsymbol{x}^{(\nu)} - \boldsymbol{a}||' < m\epsilon$ となるので、$||\boldsymbol{x}^{(\nu)} - \boldsymbol{a}||_\infty < \epsilon$ が成り立つ。逆に $\{\boldsymbol{x}^{(\nu)}\}$ が $||\cdot||_\infty$ に関し $\boldsymbol{a}$ に収束するとする。任意の $\epsilon > 0$ に対し、番号 N_2 が存在して、$\nu > N_2$ のとき $||\boldsymbol{x}^{(\nu)} - \boldsymbol{a}||_\infty < \frac{1}{M}\epsilon$ となる。(2.1) より $||\boldsymbol{x}^{(\nu)} - \boldsymbol{a}||' < M||\boldsymbol{x}^{(\nu)} - \boldsymbol{a}||_\infty < \epsilon$ となる。 □

$\mathbb{R}^n$ または $\mathbb{C}^n$ のベクトル列 $\{\boldsymbol{x}^{(\nu)}\}$ が**コーシー** (Cauchy) **列**であるとは、

$$||\boldsymbol{x}^{(\nu)} - \boldsymbol{x}^{(\mu)}|| \to 0 \quad (\nu, \mu \to \infty)$$

のときいう。すなわち、任意の正の数 $\epsilon > 0$ に対し、ある番号 N が存在して、$\nu, \mu > N$ ならば

$$||\boldsymbol{x}^{(\nu)} - \boldsymbol{x}^{(\mu)}|| < \epsilon$$

となるときである。

命題 2.7. $\mathbb{R}^n$ または $\mathbb{C}^n$ のコーシー列は収束する。

証明 $\{\boldsymbol{x}^{(\nu)}\}$ をコーシー列とし、$\boldsymbol{x}^{(\nu)} = (x_1^{(\nu)}, \ldots, x_n^{(\nu)})^T$ とおく。任意の正の数 $\epsilon > 0$ に対し、ある番号 N が存在して、$\nu, \mu > N$ ならば

$$|x_i^{(\nu)} - x_i^{(\mu)}| \leqq ||\boldsymbol{x}^{(\nu)} - \boldsymbol{x}^{(\mu)}||_\infty < \epsilon, \quad (i = 1, \ldots, n)$$

となる。数列 $\{x_i^{(\nu)}\}$ は $\mathbb{R}$ または $\mathbb{C}$ のコーシー列となるので収束する。実数 a_i と番号 N_i が存在して、$\nu > N_i$ のとき、

$$|x_i^{(\nu)} - a_i| < \epsilon$$

が成り立つ。$\boldsymbol{a} = (a_1, \ldots, a_n)^T$ とし、$N' = \max_{1 \leqq i \leqq n}\{N_1, \ldots, N_n\}$ とおくと、$\nu > N'$ のとき、

$$||\boldsymbol{x}^{(\nu)} - \boldsymbol{a}||_\infty < \epsilon$$

がいえ、$\{\boldsymbol{x}^{(\nu)}\}$ はベクトル $\boldsymbol{a}$ に収束する。　□

2　無限小と無限大

本節では、剰余項や誤差の表示に有用である無限小と無限大を比較する用語と記号を導入する。

a を実数、ϵ を正数としたとき、2つの開区間の合併集合 $(a-\epsilon, a)\cup(a, a+\epsilon) = \{\, x \,|0 < |x-a| < \epsilon\}$ を a の**除外近傍**といい、開区間 (a, ∞) を ∞ の除外近傍という。$a+0$ や $-\infty$ の除外近傍も同様に定義する。

a の除外近傍で定義された関数 $f(x)$ が**有界** であるとは、定数 $M > 0, \delta > 0$ が存在し、$0 < |x-a| < \delta$ となる任意の x に対し $|f(x)| < M$ となるときいう。∞ の除外近傍で定義された関数 $f(x)$ が**有界**であるとは、定数 $C > 0, M > 0$ が存在し、$x > C$ となる任意の x に対し $|f(x)| < M$ となるときいう。

a の除外近傍で定義された関数 $f(x)$ が

$$\lim_{\substack{x\to a\\ x\neq a}} f(x) = 0$$

を満たすとき、$f(x)$ は a において**無限小**という。$f(x), g(x)$ が a において無限小で

$$\lim_{\substack{x\to a\\ x\neq a}} \frac{f(x)}{g(x)} = 0$$

を満たすとき、$f(x)$ は $g(x)$ より**高位の無限小** あるいは高次の無限小といい、

$$f(x) = o(g(x)), \quad (x \to a) \tag{2.2}$$

と表す。o を**ランダウ** (Landau) **の $\boldsymbol{o}$ 記法**という。

a の除外近傍で定義された関数 $f(x)$ が

$$\lim_{\substack{x\to a\\ x\neq a}} f(x) = \infty$$

を満たすとき、$f(x)$ は a において**無限大**という。

実関数 $f(x), g(x)$ に対し、十分大きな x に対し $|f(x)/g(x)|$ が有界であるとき

$$f(x) = O(g(x)), \quad (x \to \infty) \tag{2.3}$$

と表す。「$f(x)$ は $x \to \infty$ のとき、$O(g(x))$ のオーダーである」などと読む。$n \to \infty$ の場合も同様に定義する。O は**ランダウ** (Landau) **の** $\boldsymbol{O}$ **記法**という。

十分小さい x に対し $f(x)/g(x)$ が有界のとき

$$f(x) = O(g(x)), \quad (x \to 0) \tag{2.4}$$

と表す。$x \to +0$ の場合も同様である。

注意 2.2. (2.3) や (2.4) の O と (2.2) の o を区別するとき、前者はビッグオー、後者はスモールオーあるいはリトゥルオーと呼ぶ。文脈から明らかなときは、表現「$x \to \infty$」、「$x \to 0$」、「$n \to \infty$」などは省略する。

$f(x) - g(x) = O(h(x))$ のとき、

$$f(x) = g(x) + O(h(x))$$

と書く。

3 テイラー展開

3.1 1変数関数

関数 $f(x)$ が開区間 (a, b) の各点で微分可能なとき (a, b) で微分可能であるという。$f(x)$ が区間 (a, b) で微分可能で導関数 $f'(x)$ が連続のとき (a, b) で**連続微分可能** あるいは $\boldsymbol{C^1}$ **級** という。関数 $f(x)$ が閉区間 $[a, b]$ で連続、開区間 (a, b) で C^1 級で有限な極限値

$$\lim_{h \to +0} f'(a + h) = A, \quad \lim_{h \to -0} f'(b + h) = B$$

が存在するとき、閉区間 $[a, b]$ で C^1 級という。$f(x)$ の点 a, b における微分係数はそれぞれ $f'_+(a) = A, f'_-(b) = B$ とする。

関数 $f(x)$ の $n-1$ 階導関数 $f^{(n-1)}(x)$ が区間 I で微分可能なとき $f(x)$ は I で $\boldsymbol{n}$ **回微分可能**であるという。さらに n 階導関数 $f^{(n)}(x)$ が I で連続であれば、$f(x)$ は I で $\boldsymbol{n}$ **回連続微分可能**あるいは $\boldsymbol{C^n}$ **級** という。任意の自然数 n について C^n 級のとき、$\boldsymbol{C^\infty}$ **級** という。

命題 2.8. (**テイラー** (Taylor) **の定理**) $f(x)$ は開区間 I で n 回微分可能であるとする。$a \in I$ を固定したとき、任意の $x \in I$ に対し、

$$f(x) = f(a) + \frac{f'(a)}{1!}(x-a) + \cdots + \frac{f^{(n-1)}(a)}{(n-1)!}(x-a)^{n-1} + \frac{f^{(n)}(\xi)}{n!}(x-a)^n \tag{2.5}$$

となる ξ $(a < \xi < x)$ が存在する。

(2.5) で

$$\theta = \frac{\xi - a}{x - a}$$

とおくと $0 < \theta < 1, \xi = a + \theta(x-a)$ と表せる。

命題 2.9. $f(x)$ は開区間 I で n 回微分可能で、$f^{(n)}(x)$ は a で連続ならば

$$f(x) = f(a) + \frac{f'(a)}{1!}(x-a) + \cdots + \frac{f^{(n)}(a)}{n!}(x-a)^n + o((x-a)^n)$$

と表せる。

命題 2.9 の条件は、$f(x)$ が開区間 I で C^n 級ならみたされる。

命題 2.10. 関数 $f(x)$ が a を含む区間 I において C^∞ 級で、I の各点 x で任意の ξ $(a < \xi < x)$ に対し

$$\lim_{n \to \infty} \frac{f^{(n)}(\xi)}{n!}(x-a)^n = 0$$

ならば、$f(x)$ は I において無限級数

$$f(x) = f(a) + \frac{f'(a)}{1!}(x-a) + \cdots + \frac{f^{(n)}(a)}{n!}(x-a)^n + \cdots \tag{2.6}$$

に展開される。

(2.6) を $f(x)$ の a を中心とする**テイラー展開**という。とくに $a = 0$ のときは**マクローリン展開**という。

例 2.3. マクローリン展開を有限項で打ち切るときに o 記法および O 記法が使われる。

$$\begin{aligned} e^x &= 1 + x + \tfrac{1}{2}x^2 + o(x^2), \quad (x \to 0) \\ e^x &= 1 + x + \tfrac{1}{2}x^2 + O(x^3), \quad (x \to 0) \end{aligned}$$

■

3.2 2 変数関数

2 変数関数 $f(x, y)$ が $\mathbb{R}^2$(x-y 平面) の集合 G の各点 (x_0, y_0) で x について偏微分可能のとき、(x_0, y_0) を x に関する偏微分係数に対応させる関数を x に関する偏導関数といい

$$f_x(x, y), \quad \frac{\partial f}{\partial x}$$

と表す。y についても同様である。

$$\begin{aligned} f_x(x, y) &= \frac{\partial f}{\partial x} = \lim_{h \to 0} \frac{f(x + h, y) - f(x, y)}{h} \\ f_y(x, y) &= \frac{\partial f}{\partial y} = \lim_{k \to 0} \frac{f(x, y + k) - f(x, y)}{k} \end{aligned}$$

である。

集合 G で $f_x(x, y), f_y(x, y)$ が存在して連続のとき、$f(x, y)$ は G で**連続微分可能** あるいは $\boldsymbol{C^1}$ **級** という。

$f_x(x, y)$ が x および y について偏微分可能であれば、$f_x(x, y)$ の偏導関数をそれぞれ

$$f_{xx}(x, y), \quad f_{xy}(x, y) \quad \left(\text{あるいは} \ \frac{\partial^2 f}{\partial x \partial x}, \quad \frac{\partial^2 f}{\partial y \partial x} \right)$$

と表し、$f(x, y)$ の 2 階偏導関数という。$f_{yx}(x, y), \quad f_{yy}(x, y)$ も同様である。$f(x, y)$ のすべて (4 つ) の 2 階偏導関数が存在し連続のとき $f(x, y)$ は G で $\boldsymbol{C^2}$ **級** という。$f(x, y)$ が集合 G で C^2 級のとき

$$f_{xy}(x, y) = f_{yx}(x, y)$$

となり偏微分の順序によらない。

正数 r に対し、点 (x_0, y_0) の **r 近傍** は

$$B_r((x_0, y_0)) = \{\ (x, y) \mid \|(x, y) - (x_0, y_0)\|_2 < r\ \}$$

により定義する。$B_r((x_0, y_0)$ は (x_0, y_0) を中心とし半径 r の開円板 (円板の境界を除いた集合) である。

> 注意 2.3.　2 ノルムの代わりに絶対値ノルムを用いると $B_r((x_0, y_0)$ は 4 点 $(x_0 + r, y_0), (x_0, y_0 + r), (x_0 - r, y_0), (x_0, y_0 - r)$ を頂点とする正方形の内部 (境界を除いた集合)、最大値ノルムを用いると $B_r((x_0, y_0)$ は 4 点 $(x_0 + r, y_0 + r), (x_0 - r, y_0 + r), (x_0 - r, y_0 - r), (x_0 + r, y_0 - r)$ を頂点とする正方形の内部になる。

G を $\mathbb{R}^2$ の集合としたとき、$P \in G$ が G の**内点**であるとは、$r > 0$ を適当にとると $B_r(P) \subset G$ となるときいう。G が**開集合**であるとは、G のすべての点が内点のときいう。

2 変数関数 $f(x, y)$ の定義域を G とし、点 $P = (x_0, y_0)$ を G の内点とする。定数 α, β が存在して

$$\begin{aligned} f(x, y) =& f(x_0, y_0) + \alpha(x - x_0) + \beta(y - y_0) + o(\|(x, y) - (x_0, y_0)\|) \\ & (x, y) \to (x_0, y_0) \end{aligned} \tag{2.7}$$

と表せるとき $f(x, y)$ は点 (x_0, y_0) で**全微分可能**といい、

$$df(x_0, y_0) = \alpha(x - x_0) + \beta(y - y_0)$$

を f の点 (x_0, y_0) における**全微分**という。

$f(x, y)$ が点 (x_0, y_0) において全微分可能、すなわち (2.7) を満たしていれば、偏微分可能で

$$f_x(x_0, y_0) = \frac{\partial f}{\partial x}(x_0, y_0) = \alpha, \quad f_y(x_0, y_0) = \frac{\partial f}{\partial y}(x_0, y_0) = \beta$$

となる。

逆は成立しないが、連続微分可能であれば全微分可能である。

D の任意の 2 点が D 内の折れ線で結べるとき**連結** といい、連結開集合を**領域** という。

命題 2.11. (**連鎖律**) $z=f(x,y)$ が領域 D で全微分可能で、$x=x(t), y=y(t)$ が区間 I で微分可能で、$(x(t),y(t))\in D$ であるとき、$z(t)=f(x(t),y(t))$ は I で微分可能で

$$\frac{dz}{dt}=f_x(x(t),y(t))\frac{dx}{dt}+f_y(x(t),y(t))\frac{dy}{dt}$$

$f(x,y)$ が領域 D で n 階までのすべての偏導関数を持ち、それらが連続のとき $f(x,y)$ は領域 D で $\boldsymbol{C^n}$ 級 級という。

命題 2.12. (**2 変数のテイラーの定理**)) $f(x,y)$ が領域 D で n 回微分可能とする。$|h|,|k|$ を十分小さくとって $(x+h,y+k)\in D$ とする。

$$\begin{aligned}
&df(x,y)=hf_x(x,y)+kf_y(x,y)\\
&d^2f(x,y)=h^2f_{xx}(x,y)+2hkf_{xy}(x,y)+k^2f_{yy}(x,y)\\
&d^3f(x,y)=h^3f_{xxx}(x,y)+3h^2kf_{xxy}(x,y)+3hk^2f_{xyy}(x,y)+k^3f_{yyy}(x,y)\\
&\cdots\\
&d^nf(x,y)=h^nf_{x\dots x}f(x,y)+nh^{n-1}kf_{x\dots xy}(x,y)+\cdots+k^nf_{y\dots y}(x,y)
\end{aligned}$$

とおくと

$$\begin{aligned}
f(x+h,y+k)=&f(x,y)+df(x,y)+\frac{1}{2}d^2f(x,y)+\cdots\\
&+\frac{1}{(n-1)!}d^{n-1}f(x,y)+\frac{1}{n!}d^nf(x+\theta h,y+\theta k)
\end{aligned}$$

となる θ $(0<\theta<1)$ が存在する。

3.3 多変数関数

正数 r に対し、点 $\boldsymbol{x}_0\in\mathbb{R}^n$ の $\boldsymbol{r}$ **近傍** は

$$B_r(\boldsymbol{x}_0)=\{\ \boldsymbol{x}\in\mathbb{R}^n\ |\ ||\boldsymbol{x}-\boldsymbol{x}_0||_2<r\ \}$$

により定義する。$B_r(\boldsymbol{x}_0)$ は $\boldsymbol{x}_0$ を中心とし半径 r の開球 (球の境界を除いた集合) である。

G を $\mathbb{R}^n$ の集合としたとき、$\boldsymbol{x} \in G$ が G の**内点**であるとは、$r > 0$ を適当にとると $B_r(\boldsymbol{x}) \subset G$ となるときいう。G が**開集合**であるとは、G のすべての点が内点のときいう。

集合 U の任意の二点 $\boldsymbol{x}, \boldsymbol{x}+\boldsymbol{h}$ を結ぶ線分が U に含まれるとき、U は**凸集合**であるという。

命題 2.13. **(多変数関数のテイラーの定理)** $f(\boldsymbol{x})$ を $\mathbb{R}^n$ の凸開集合 U 上 C^m 級の実数値関数とする。$0 < \theta < 1$ となる θ が存在して

$$f(\boldsymbol{x}+\boldsymbol{h}) = f(\boldsymbol{x}) + \sum_{k=1}^{m-1} \frac{1}{k!} \sum_{1 \leqq i_1,\ldots,i_k \leqq n} \frac{\partial^k f}{\partial x_{i_1} \cdots \partial x_{i_k}}(\boldsymbol{x}) h_{i_1} \ldots h_{i_k}$$
$$+ \frac{1}{m!} \sum_{1 \leqq i_1,\ldots,i_m \leqq n} \frac{\partial^m f}{\partial x_{i_1} \cdots \partial x_{i_m}}(\boldsymbol{x}+\theta\boldsymbol{h}) h_{i_1} \ldots h_{i_m}$$

が成り立つ。ここで、$\boldsymbol{h} = (h_1, \ldots, h_n)^T$ である。

特に $m = 2$ の場合は次の系が成り立つ。

系 2.1. $f(\boldsymbol{x})$ を $\mathbb{R}^n$ の凸開集合 U 上 C^2 級の実数値関数とする。$0 < \theta < 1$ となる θ が存在して

$$f(\boldsymbol{x}+\boldsymbol{h}) = f(\boldsymbol{x}) + \sum_{i=1}^{n} \frac{\partial f}{\partial x_i}(\boldsymbol{x}) h_i + \sum_{i,j=1}^{n} \frac{\partial^2 f}{\partial x_i x_j}(\boldsymbol{x}+\theta\boldsymbol{h}) h_i h_j$$

が成り立つ。

3.4 複素関数

複素数平面上の集合 D が開集合、連結、領域であることは x-y 平面のそれらと同じである。領域 D の上で定義された関数 $f(z)$ が $z_0 \in D$ で**微分可能**であるとは、複素数 z が z_0 に近づくとき有限な極限値

$$\lim_{z \to z_0} \frac{f(z) - f(z_0)}{z - z_0} = \lim_{h \to 0} \frac{f(z_0+h) - f(z_0)}{h} \tag{2.8}$$

が存在するときいう。(2.8) は実関数の微分と同じ形をしているが h は 0 の近傍の任意の点を取り得るので、極めて強い条件になっている。

複素関数 $f(z)$ を実部と虚部に分けて

$$f(z) = u(x, y) + iv(x, y) \ (z = x + iy; x, y, u(x, y), v(x, y) \in \mathbb{R})$$

と表す。$f(z)$ が $z_0 = x_0 + iy_0$ で微分可能であるための必要十分条件は関数 u, v が全微分可能で、**コーシー-リーマン** (Caucy-Riemann) **の関係式**

$$\frac{\partial u}{\partial x} = \frac{\partial v}{\partial y}, \quad \frac{\partial u}{\partial y} = -\frac{\partial v}{\partial x}$$

が成立することである。

$f(z)$ が D の各点で微分可能なとき**正則** という。$f(z)$ が D で正則のとき

$$f'(z) = \frac{\partial u}{\partial x} + i\frac{\partial v}{\partial y}$$

となる。

命題 2.14. $f(z)$ が開円板領域 $D = \{|z - a| < R\}$ で正則のとき、$f(z)$ は級数

$$f(z) = \sum_{k=0}^{\infty} \frac{f^{(k)}(a)}{k!}(z - a)^k \tag{2.9}$$

に展開できる。級数 (2.9) はすべての $z \in D$ に対し収束する。

級数 (2.9) を $\boldsymbol{a}$ **を中心とするテイラー展開**という。

第3章

非線形方程式

非線形方程式は線形方程式 (連立 1 次方程式) に対する概念で、単独方程式

$$f(x) = 0$$

と連立方程式

$$\begin{cases} f_1(x_1, \dots, x_n) = 0 \\ \cdots \\ f_n(x_1, \dots, x_n) = 0 \end{cases}$$

がある。$f(x)$ あるいは $f_i(x_1, \dots, x_n), (i = 1, \dots, n)$ が多項式のときは**代数方程式**といい、そうでないときは**超越方程式**という。

2 次方程式なら 1 章の例 1.7 のように、桁落ちに気をつけながら解の公式により直接計算することができるが、$e^x - x = 0$ や $\cos x - x = 0$ のような超越方程式は通常は解を直接計算することはできない。このような方程式にも問題なく利用できるのがニュートン法などの反復解法である。

本章では非線形方程式の反復解法を述べる。取り上げる反復法はニュートン法あるいはニュートン法の変形や拡張である。代数方程式に特化した解法は次章で扱う。また、代数方程式を含む非線形方程式の解法選択の指針を次章の最後に述べる。

1 収束の分類

反復解法を特徴づける性質に収束次数がある。本節では数列の収束次数などについて述べる。数列 $\{x^{(\nu)}\}$ は実数列または複素数列とする。$\mathbb{R}^n$、$\mathbb{C}^n$ の数

列 (ベクトル列と呼ばれることがある) に対しても、絶対値を適当なノルムに置き換えることにより、ほぼ同様の議論を展開できる。

1.1 物理的速さとの対比

物理的な速さは、単位時間当りの移動距離で定義される。数列の収束の場合に当てはめると、移動距離に相当するのは有効桁数 (定義は (1.7) 式, p.12) の差、単位時間に相当するのは反復 1 回である。

近似値が x で真値が α のときの有効桁数は $-\log_{10}|x-\alpha|$ なので、$x^{(\nu)}$ における収束の速さを

$$v_{(\nu)} = -\log_{10}|x^{(\nu+1)}-\alpha| + \log_{10}|x^{(\nu)}-\alpha| = -\log_{10}\left|\frac{x^{(\nu+1)}-\alpha}{x^{(\nu)}-\alpha}\right| \tag{3.1}$$

により定義する。

1.2 数列の収束の分類

数列 $\{x^{(\nu)}\}$ は α に収束し、誤差の比の極限値

$$\rho = \lim_{\nu\to\infty}\frac{x^{(\nu+1)}-\alpha}{x^{(\nu)}-\alpha} \tag{3.2}$$

が存在するとき、$|\rho| \leqq 1$ が成り立つ。$0 < |\rho| < 1$ のとき $\{x^{(\nu)}\}$ は α に収束率 (あるいは縮小率)ρ で**線形収束**するという。$\rho = 0$ のときは**超線形収束**、$\rho = 1$ のときは**対数収束**あるいは劣線形収束するという。

注意 3.1. 数値計算は多くの分野にまたがっており、用語も分野によって異なることがしばしばある。対数収束は収束の加速法、劣線形収束は非線形方程式の反復解法や最適化問題などで用いられている。

数列 $\{x^{(\nu)}\}$ が収束率 ρ で線形収束するとき、収束の速さの極限は

$$\lim_{\nu\to\infty} v_{(\nu)} = -\log_{10}|\rho| = \log_{10}\frac{1}{|\rho|}$$

となる。したがって、$|\rho|$ が 0 に近いとき収束は速く、1 に近いとき収束は遅い。

1.3 収束次数と漸近誤差定数

数列 $\{x^{(\nu)}\}$ が α に線形収束または超線形収束するものとする。実数 $p \geqq 1$ と零でない極限値

$$C = \lim_{\nu \to \infty} \frac{x^{(\nu+1)} - \alpha}{(x^{(\nu)} - \alpha)^p} \tag{3.3}$$

が存在するとき、$\{x^{(\nu)}\}$ は α に $\boldsymbol{p}$ **次収束**するという。p は**収束次数**といい、C は**漸近誤差定数**という。

命題 3.1. 数列 $\{x^{(\nu)}\}$ が α に p 次収束するとき、正数 M と自然数 N が存在して

$$|x^{(\nu+1)} - \alpha| \leqq M|x^{(\nu)} - \alpha|^p \quad (\nu \geqq N) \tag{3.4}$$

となる。

証明　(3.3) が成り立つとき、任意の $\epsilon > 0$ に対し、自然数 N が存在して、$\nu > N$ のとき

$$\left| \frac{x^{(\nu+1)} - \alpha}{(x^{(\nu)} - \alpha)^p} - C \right| < \epsilon$$

となる。

$$|x^{(\nu+1)} - \alpha| < (|C| + \epsilon)|x^{(\nu)} - \alpha|^p$$

となるので、$M = |C| + \epsilon$ とおけばよい。　□

(3.4) は

$$|x^{(\nu+1)} - \alpha| = O(|x^{(\nu)} - \alpha|^p) \quad (\nu \to \infty)$$

と同値である。

条件 (3.4) が成り立っても条件 (3.3) が成り立つとは限らない。つまり、条件 (3.4) は (3.3) より弱い条件である。条件 (3.4) が成り立つとき、**広義** $\boldsymbol{p}$ **次収束**と呼ぶことにする。

> **注意** 3.2. p 次収束の定義はテキストにより異なる。[1][15] は (3.3) を定義としているが、[21][22] は極限値 $C = \lim_{\nu \to \infty} \dfrac{|x^{(\nu+1)} - \alpha|}{|x^{(\nu)} - \alpha|^p}$ が存在するときに p 次収束と定義しており、[6][11] は広義 p 次収束を p 次収束としている。

例 3.1. $a>0$ とし、数列 $\{x^{(\nu)}\}$ を初期値 $x^{(0)}=a$ として漸化式

$$x^{(\nu+1)} = x^{(\nu)} - \frac{(x^{(\nu)})^2 - a}{2a}$$

により定義する。

$$\lim_{\nu\to\infty} \frac{x^{(\nu+1)} - \sqrt{a}}{x^{(\nu)} - \sqrt{a}} = 1 - \frac{1}{\sqrt{a}}$$

より $\{x^{(\nu)}\}$ は $\sqrt{a}$ に収束率 $1-\frac{1}{\sqrt{a}}$ で線形収束する。

本数列 $\{x^{(\nu)}\}$ は $f(x)=x^2-a$ に簡易ニュートン法を適用して得られる。$a=2$ の場合の計算結果を表 3.1 に示す。縮小率は $\rho = 1-1/\sqrt{2} \fallingdotseq 0.29289$ で $\rho^{29} \fallingdotseq 10^{-15.465} \fallingdotseq 3.42\times 10^{-16}$ なので、29 回の反復で計算機イプシロン程度になる。■

例 3.2. $a>0$ とし、数列 $\{x^{(\nu)}\}$ を初期値 $x^{(0)}=a$ として漸化式

$$x^{(\nu+1)} = \frac{1}{2}\left(x^{(\nu)} + \frac{a}{x^{(\nu)}}\right)$$

により定義する。

$$\lim_{\nu\to\infty} \frac{x^{(\nu+1)} - \sqrt{a}}{(x^{(\nu)} - \sqrt{a})^2} = \frac{1}{2\sqrt{a}}$$

より $\{x^{(\nu)}\}$ は $\sqrt{a}$ に漸近誤差定数 $\frac{1}{2\sqrt{a}}$ で 2 次収束する。

本数列 $\{x^{(\nu)}\}$ は $f(x)=x^2-a$ にニュートン法を適用して得られる。$a=2$ の場合の計算結果を表 3.1 に示す。2 次収束なので、反復ごとに正しい桁がおよそ 2 倍になる。■

例 3.3. $a>0$ とし、数列 $\{x^{(\nu)}\}$ を初期値 $x^{(0)}=a$ として漸化式

$$x^{(\nu+1)} = \frac{(x^{(\nu)})^3 + 3ax^{(\nu)}}{3(x^{(\nu)})^2 + a}$$

により定義する。

$$\lim_{\nu\to\infty} \frac{x^{(\nu+1)} - \sqrt{a}}{(x^{(\nu)} - \sqrt{a})^3} = \frac{1}{4a}$$

より $\{x^{(\nu)}\}$ は $\sqrt{a}$ に漸近誤差定数 $\frac{1}{4a}$ で 3 次収束する。

表 3.1　例 3.1, 例 3.2, 例 3.3 の計算結果

ν	例 3.1	例 3.2	例 3.3
0	2	2	2
1	1.5	1.5	1.428571428571429
2	1.4375	1.416666666666667	1.414213926776741
3	1.4208984375	1.414215686274510	1.414213562373095
4	1.416160345077515	1.414213562374690	
5	1.414782814334998	1.414213562373095	
	中略		
26	1.414213562373099		
27	1.414213562373096		
28	1.414213562373095		

本数列 $\{x^{(\nu)}\}$ は $f(x) = x^2 - a$ にハリー法を適用して得られる。$a = 2$ の場合の計算結果を表 3.1 に示す。3 次収束なので、反復ごとに正しい桁がおよそ 3 倍になる。■

表 3.1 は、$a = 2$ とした例 3.1, 例 3.2, 例 3.3 の計算結果である。真値と一致している数字に下線を引く。$|(x^{(\nu)})^2 - 2| < 10^{-15}$ となったら反復は終了する。

2　単独非線形方程式の反復解法

2.1　反復解法

$f(x)$ を関数としたとき、方程式

$$f(x) = 0 \tag{3.5}$$

を**単独非線形方程式**といい、$f(\alpha)=0$ となる α を方程式 (3.5) の**解** あるいは関数 $f(x)$ の**零点** という。$f(x)$ の零点は

$$f(x)=0 \iff x=g(x) \tag{3.6}$$

となる反復関数 $g(x)$ を用いて、適当な初期値 $x^{(0)}$ をとり反復列

$$x^{(\nu+1)}=g(x^{(\nu)}), \quad \nu=0,1,2,\ldots \tag{3.7}$$

により求める。このような解法を**反復解法**あるいは **1 点反復解法** という。

注意 3.3. 割線法

$$x^{(\nu+1)}=x^{(\nu)}-f(x^{(\nu)})\frac{x^{(\nu)}-x^{(\nu-1)}}{f(x^{(\nu)})-f(x^{(\nu-1)})}, \quad \nu=1,2,\ldots$$

のように $x^{(\nu+1)}=g(x^{(\nu)},x^{(\nu-1)})$ と表せる反復法は 2 点反復解法という。2 点反復解法の収束次数は必ずしも整数にならない。割線法の収束次数は黄金分割比 $\frac{1+\sqrt{5}}{2}=1.618\ldots$ になる。証明は [1, pp.64-65] をみよ。

$\epsilon>0$ を適当に与え、$|x^{(\nu)}-\alpha|<\epsilon$ となったとき反復を終了するのが望ましいのであるが、解 α は未知なので下記のいずれかを用いる。

差分 $|x^{(\nu+1)}-x^{(\nu)}|<\epsilon$ となれば反復を終了する。
相対差分 $|x^{(\nu+1)}-x^{(\nu)}|<\epsilon|x^{(\nu)}|$ となれば反復を終了する。
残差 $\delta>0$ を適当に与え、$|f(x^{(\nu)})|<\delta$ となれば反復を終了する。

3 つの反復終了条件は一長一短であるが、本書では**残差**を用いる。すなわち $f(x)$ を計算するときに混入する誤差の上界 $\delta>0$ を与え

$$|f(x^{(\nu)})|<\delta \tag{3.8}$$

となったときに反復を終了する。

注意 3.4. α が単純零点であれば δ は計算機イプシロン (単精度では $2^{-23}\fallingdotseq 1.2\times10^{-7}$、倍精度では $2^{-52}\fallingdotseq 2.2\times10^{-16}$) の数倍ないし数十倍にとればよい。$\delta$ を小さくとりすぎると反復が終了しないことがある。このような事態を避けるため、プログラミングに際して反復回数の上限を設けておく。

反復関数 $g(x)$ は、零点を持たない関数 $\phi(x)$ により

$$g(x) = x - \phi(x)f(x)$$

と表せる関数がよく用いられる。

(3.7) の反復列 $\{x^{(\nu)}\}$ が α に収束し $g(x)$ が α で連続であれば、$g(\alpha) = \alpha$ と $f(\alpha) = 0$ は同値になる。反復法は、関数 $f(x)$ の零点を求める問題を反復関数 $g(x)$ の不動点を求める問題に帰着させている。

例 3.4.

1. $f(x) = 0$ に対し、反復関数を

$$g(x) = x - \frac{f(x)}{f'(x^{(0)})}$$

とする方法が**簡易ニュートン法**である。$\phi(x) = \frac{1}{f'(x^{(0)})}$ としている。

2. $f(x) = 0$ に対し、反復関数を

$$g(x) = x - \frac{f(x)}{f'(x)}$$

とする方法が**ニュートン (Newton) 法**である。$\phi(x) = \frac{1}{f'(x)}$ としている。

3. $f(x) = 0$ に対し、反復関数を

$$g(x) = x - \frac{f(x)f'(x)}{(f'(x))^2 - \frac{1}{2}f(x)f''(x)}$$

とする方法が**ハリー (Halley) 法**である。$\phi(x) = \frac{f'(x)}{(f'(x))^2 - \frac{1}{2}f(x)f''(x)}$ としている。

■

2.2 単純零点と多重零点

α が $f(x)$ の $\boldsymbol{m}$ **重零点** (m は 1 以上の有理数) とは、α で有界な関数 $h(x)$ が存在し、

$$f(x) = (x - \alpha)^m h(x), \quad h(\alpha) \neq 0$$

となるときいう。α が $f(x)$ の 1 重零点のときは**単純零点** あるいは方程式 $f(x)=0$ の単解であるという。

m を自然数とし、$f(x)$ は α で C^m 級とする。α が m 重零点であることは、

$$f(\alpha)=f'(\alpha)=\cdots=f^{(m-1)}(\alpha)=0, f^{(m)}(\alpha)\neq 0$$

と同値になる ($f^{(0)}(\alpha)$ は $f(\alpha)$ を表す)。m が 2 以上の自然数のとき、m 重零点を**多重零点** という。α が $f(x)$ の多重零点のときは方程式 $f(x)=0$ の多重解あるいは重解という。

ニュートン法を含めほとんどの反復法の (α の近くでの) 収束の様相は、$f(x)$ の零点 α が単純か多重かにより大きく異なる。

2.3 縮小写像

反復法が収束するための十分条件を与える定理に縮小写像の原理がある。関数 $g(x)$ は区間 $I\subset\mathbb{R}$ 上で定義されているとする。$\alpha=g(\alpha)$ を満たす $\alpha\in I$ を $g(x)$ の**不動点**という。

閉区間 $J\subset I$ と定数 $\lambda (0<\lambda<1)$ が存在して

(i) $g(x)\in J\ (x\in J)$

(ii) $|g(x)-g(x')|\leqq\lambda|x-x'|\quad (x,x'\in J)$

を満たすとき、$g(x)$ を**縮小写像** という。

命題 3.2. (縮小写像の原理) 閉区間 J で定義された縮小写像 g は J にただ一つの不動点 α を持つ。任意の初期値 $x^{(0)}\in J$ に対し、反復

$$x^{(\nu+1)}=g(x^{(\nu)}) \tag{3.9}$$

は α に収束する。

証明 (収束性) J 内の任意の点 $x^{(0)}$ を選び反復列 (3.9) を作ると

$$\begin{aligned}|x^{(\nu+1)}-x^{(\nu)}|&=|g(x^{(\nu)})-g(x^{(\nu-1)})|\leqq\lambda|x^{(\nu)}-x^{(\nu-1)}|\\&\leqq\cdots\leqq\lambda^{\nu}|x^{(1)}-x^{(0)}|\end{aligned}$$

よって、$\mu > \nu$ に対し

$$
\begin{aligned}
|x^{(\mu)} - x^{(\nu)}| &\leqq |x^{(\mu)} - x^{(\mu-1)}| + \cdots + |x^{(\nu+1)} - x^{(\nu)}| \\
&\leqq (\lambda^{\mu-1} + \cdots + \lambda^{\nu})|x^{(1)} - x^{(0)}| \\
&\leqq \frac{\lambda^{\nu}(1-\lambda^{\mu-\nu})}{1-\lambda}|x^{(1)} - x^{(0)}| \\
&< \frac{\lambda^{\nu}}{1-\lambda}|x^{(1)} - x^{(0)}|
\end{aligned}
$$

$\lim_{\nu\to\infty}|x^{(\mu)} - x^{(\nu)}| = 0$ より、$\{x^{(\nu)}\}$ はコーシー列であるので極限値 α を持ち、J は閉区間であるので $\alpha \in J$ である。

(一意性) $g(x)$ は連続だから

$$
\alpha = \lim_{\nu\to\infty} x^{(\nu+1)} = \lim_{\nu\to\infty} g(x^{(\nu)}) = g(\alpha)
$$

が成り立つ。$\beta = g(\beta) \in J$ とすると

$$
|\beta - \alpha| = |g(\beta) - g(\alpha)| \leqq \lambda|\beta - \alpha|
$$

より、$\alpha = \beta$ となるので、α は $g(x)$ の唯一の不動点である。 □

命題 3.3. 関数 $g(x)$ は閉区間 J で定義された縮小写像で、$\alpha \in J$ は $g(x)$ の不動点とする。p を 2 以上の整数とし、$g(x)$ は J で C^p 級とする。初期値 $x^{(0)} \in J$ に対し反復

$$
x^{(\nu+1)} = g(x^{(\nu)})
$$

が α に p 次収束するための必要十分条件は

$$
g(\alpha) = \alpha, \quad g'(\alpha) = \cdots = g^{(p-1)}(\alpha) = 0, \quad g^{(p)}(\alpha) \neq 0
$$

である。このとき漸近誤差定数は $\frac{1}{p!}g^{(p)}(\alpha)$ となる。

証明　命題 3.2 より、$\{x^{(\nu)}\}$ は α に収束する。テイラーの定理より

$$
\begin{aligned}
g(x) =& g(\alpha) + g'(\alpha)(x-\alpha) + \cdots + \frac{1}{(p-1)!}g^{(p-1)}(\alpha)(x-\alpha)^{p-1} \\
&+ \frac{1}{p!}g^{(p)}(\alpha + \theta(x-\alpha))(x-\alpha)^p
\end{aligned} \tag{3.10}
$$

となる $\theta(0<\theta<1)$ が存在する。

(**必要条件**) (3.10) において $x=x^{(\nu)}$ とおくと、

$$\frac{x^{(\nu+1)}-g(\alpha)}{(x^{(\nu)}-\alpha)^p}=\frac{g'(\alpha)}{(x^{(\nu)}-\alpha)^{p-1}}+\cdots+\frac{g^{(p-1)}(\alpha)}{(p-1)!(x^{(\nu)}-\alpha)}+\frac{g^{(p)}(\alpha+\theta(x^{(\nu)}-\alpha))}{p!}$$

となる。$\nu\to\infty$ のとき左辺が有限の極限値 $C\neq 0$ を持つことより

$$g(\alpha)=\alpha,\quad g'(\alpha)=\cdots=g^{(p-1)}(\alpha)=0,\quad g^{(p)}(\alpha)\neq 0$$

で $C=\frac{g^{(p)}(\alpha)}{p!}$ である。

(**十分条件**) (3.10) は

$$g(x)=\alpha+\frac{1}{p!}g^{(p)}(\alpha+\theta(x-\alpha))(x-\alpha)^p$$

となる。$x=x^{(\nu)}$ とおくと

$$\frac{x^{(\nu+1)}-\alpha}{(x^{(\nu)}-\alpha)^p}=\frac{1}{p!}g^{(p)}(\alpha+\theta(x^{(\nu)}-\alpha))$$

よって、

$$\lim_{\nu\to\infty}\frac{x^{(\nu+1)}-\alpha}{(x^{(\nu)}-\alpha)^p}=\frac{1}{p!}g^{(p)}(\alpha)$$

となり、p 次収束し漸近誤差定数は $\frac{1}{p!}g^{(p)}(\alpha)$ である。 □

3 ニュートン法

3.1 ニュートン法の導出

関数 $f(x)$ は零点 α を内部に含む開区間 I で 2 回連続微分可能とする。初期値を $x^{(0)}\in I$ としたニュートン法

$$x^{(\nu+1)}=x^{(\nu)}-\frac{f(x^{(\nu)})}{f'(x^{(\nu)})},\quad \nu=0,1,2,\ldots$$

を 2 通りの方法で導出する。

A. $x^{(\nu)} \in I$ を α の近似値とするとテイラーの定理より

$$f(\alpha) = f(x^{(\nu)}) + (\alpha - x^{(\nu)}) f'(x^{(\nu)}) + \frac{1}{2!}(\alpha - x^{(\nu)})^2 f''(x^{(\nu)} + \theta(\alpha - x^{(\nu)}))$$

となる $\theta (0 < \theta < 1)$ が存在する。$|\alpha - x^{(\nu)}|$ が十分小さいとして、$(\alpha - x^{(\nu)})^2$ の項を無視すると

$$\alpha \fallingdotseq x^{(\nu)} - \frac{f(x^{(\nu)})}{f'(x^{(\nu)})}$$

となるので、右辺を $x^{(\nu+1)}$ とおく。

B. 曲線 $y = f(x)$ 上の点 $(x^{(\nu)}, f(x^{(\nu)}))$ における接線 $y - f(x^{(\nu)}) = f'(x^{(\nu)})(x - x^{(\nu)})$ と x 軸との交点の x 座標を $x^{(\nu+1)}$ とすると

$$x^{(\nu+1)} = x^{(\nu)} - \frac{f(x^{(\nu)})}{f'(x^{(\nu)})}$$

となる。図 3.1 参照。

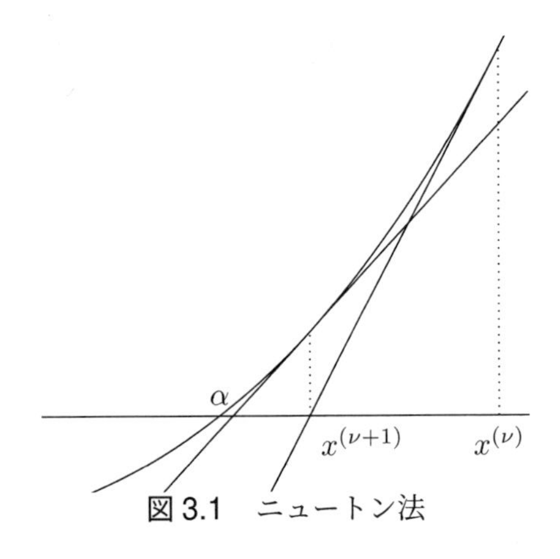

図 3.1　ニュートン法

A は冪級数 (整級数) を 1 次式で近似し、B は曲線を接線で近似しており両方とも線形近似の考えである。

歴史ノート 1. ニュートン法はアイザック・ニュートン が 1669 年に「無限個の項の方程式による解析について」で与えた。3 次方程式 $f_0(y) = y^3 - 2y - 5 = 0$

に対し、$y=2$ を $f_0(y)=0$ の近似解と考え $f_1(p)=f_0(2+p)=(2+p)^3-2(2+y)-5=-1+10p+6p^2+p^3$ を計算した。つぎに $f_0(2+p)=0$ を p の 1 次式で近似し $f_1(p)=0$ の近似解を $p=\frac{1}{10}[=0.1]=-\frac{f_1(0)}{f_1'(0)}=-\frac{f_0(2)}{f_0'(2)}$ で求めた。つづいて $f_2(q)=f_1(0.1+q)=0.061+11.23q+6.3q^2+q^3$ を計算し、$q=-\frac{0.061}{11.23}[=-0.0054]=-\frac{f_2(0)}{f_2'(0)}=-\frac{f_0(2.1)}{f_0'(2.1)}$ を求め、この操作をもう一段階繰り返し、2.09455147 を得た。関孝和も 1685 年に編集した「解隠題之法（かいいんだいのほう）」で $x^3+2x^2+3x-9=0$ に対しニュートンとほぼ同じ方法で近似解を与えた。

今日使われている (3.11) の形の算法は、ジョセフ・ラフソン が 1690 年に出版した『方程式の普遍的な解析』で代数方程式に対し与えた。そのためニュートン法はニュートン-ラフソン法とも呼ばれている。

3.2 ニュートン法の収束

1 点反復法 $x^{(\nu+1)}=g(x^{(\nu)})$ が初期値を不動点 α の近くにとると p 次収束するとき、**局所 p 次収束**するという。つぎの定理 3.1 は、ニュートン法が一定の条件を満たすとき、局所 2 次収束することを示している。

定理 3.1. $f(x)$ が単純零点 α を含む区間 I で C^2 級で、$f'(x)$ は I に零点を持たないものとする。このとき、閉区間 $J\subset I$ が存在して、初期値を $x^{(0)}\in J$ とする反復

$$x^{(\nu+1)}=x^{(\nu)}-\frac{f(x^{(\nu)})}{f'(x^{(\nu)})} \tag{3.11}$$

は

$$\lim_{\nu\to\infty}\frac{x^{(\nu+1)}-\alpha}{(x^{(\nu)}-\alpha)^2}=\frac{f''(\alpha)}{2f'(\alpha)} \tag{3.12}$$

を満たす。

証明 まず、$g(x)=x-f(x)/f'(x)$ が命題 3.2 の条件を満たすことを示す。

$$g'(x)=\frac{f(x)f''(x)}{(f'(x))^2}$$

より $g'(\alpha)=0$ である。$g'(x)$ は連続だから、λ $(0<\lambda<1)$ と $\epsilon>0$ が存在して $J=[\alpha-\epsilon,\alpha+\epsilon]\subset I$ において、$|g'(x)|<\lambda$ となる。任意の $x_0,x_1\in J$ に対し、平均値の定理より、$g(x_1)-g(x_0)=g'(\xi)(x_1-x_0)$ となる $\xi\in J$ が

表 3.2　$x^3 - 2x - 5 = 0$ に $x^{(0)} = 2$ としてニュートン法を適用 (例 3.5)

ν	$x^{(\nu)}$	$\lvert f(x^{(\nu)})\rvert$
0	$\underline{2}.000000000000000$	1.0
1	$\underline{2}.100000000000000$	6.10×10^{-2}
2	$\underline{2.0945}68121104185$	1.86×10^{-4}
3	$\underline{2.094551481}698199$	1.74×10^{-9}
4	$\underline{2.09455148154232}7$	1.78×10^{-15}
5	$\underline{2.09455148154232}7$	1.78×10^{-15}

存在する。よって、$|g(x_1) - g(x_0)| \leqq |g'(\xi)||x_1 - x_0| < \lambda|x_1 - x_0|$ より g は縮小写像である。命題 3.2 より、反復 (3.11) は α に収束する。

$$g''(x) = \frac{(f'(x))^2 f''(x) + f(x)f'(x)f'''(x) - 2f(x)(f''(x))^2}{(f'(x))^3}$$

より、

$$g''(\alpha) = \frac{f''(\alpha)}{f'(\alpha)}$$

である。命題 3.3 より

$$\lim_{\nu\to\infty} \frac{x^{(\nu+1)} - \alpha}{(x^{(\nu)} - \alpha)^2} = \frac{f''(\alpha)}{2f'(\alpha)}$$

が成り立つ。 □

例 3.5. ニュートンが扱った (歴史ノート 1,p.42) 関数 $f(x) = x^3 - 2x - 5$ に初期値 $x^{(0)} = 2$ としてニュートン法を適用した結果を表 3.2 に示す。1 回の反復毎に有効桁数が 2 倍になっており、4 回の反復で倍精度での限界の値が得られる。それ以上反復を行っても精度は改善されない。真値は 2.09455148154232659 である。本例では (3.8) の δ は $8 \cdot 2^{-52} = 2^{-49} \fallingdotseq 1.78 \times 10^{-15}$ より大きくとる必要がある。 ■

初期値を解の近くにとればニュートン法は収束するが、初期値が解から離れているときは収束しないことがある。

表 3.3 $\tan^{-1} x = 0$ にニュートン法を適用 (例 3.6)

ν	$x^{(\nu)}$	$x^{(\nu)}$
0	1.000000000000000	1.500000000000000
1	−0.570796326794897	−1.694079600553819
2	0.116859903998913	2.321126961438388
3	−0.001061022117045	−5.114087836777514
4	0.000000000796310	32.29568391421001
5	0.000000000000000	−1575.316950821204
6		3894976.007760882

例 3.6. 逆正接関数 $f(x) = \tan^{-1} x$ は $x = 0$ が唯一の零点である。表 3.3 に示すように、初期値を $x^{(0)} = 1$ にとると収束し、$x^{(0)} = 1.5$ とすると振動しながら発散する。$\beta(> 0)$ における接線が x 軸と $-\beta$ で交わるように β を (ニュートン法で) 求めると $\beta = 1.391745200270735$ となる。図 3.2 に $y = \tan^{-1} x$ のグラフと β および $-\beta$ における接線を示す。図 3.2 からわかるように、$|x^{(0)}| < \beta$ のときは収束し、$|x^{(0)}| > \beta$ のときは振動しながら発散する。$|x^{(0)}| = \beta$ のときは β と $-\beta$ を交互にとる。 ■

命題 3.4. $f(x)$ が単純零点 α を含む区間 I で C^3 級で、$f'(x)$ は I に零点を持たず、$f''(\alpha) = 0$ とする。このとき、閉区間 $J \subset I$ が存在して、初期値を $x^{(0)} \in J$ とするニュートン法 (3.11) は α に 3 次以上の収束する。

証明 命題 3.3 と (3.12) よりいえる。 □

例 3.7. $a > 0$ とする。$f(x) = x^2 - \frac{a}{x}$ の唯一の実の零点は $\sqrt[3]{a}$ で、$f'(\sqrt[3]{a}) \neq 0, f''(\sqrt[3]{a}) = 0$ である。a を初期値とするニュートン法

$$x^{(\nu+1)} = \frac{(x^{(\nu)})^4 + ax^{(\nu)}}{2(x^{(\nu)})^3 + a}$$

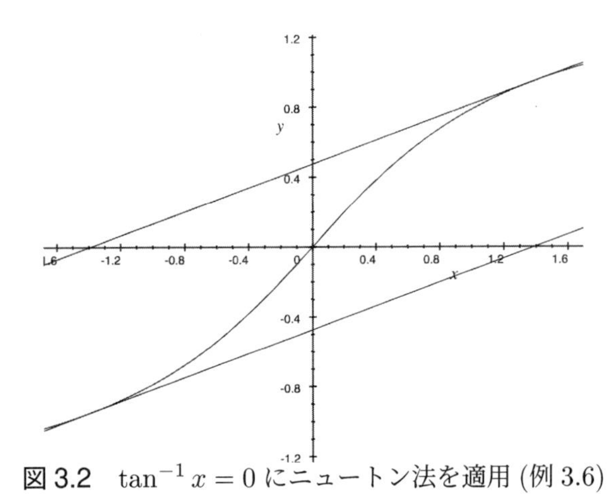

図 3.2　$\tan^{-1} x = 0$ にニュートン法を適用 (例 3.6)

表 3.4　ニュートン法が 3 次収束する例 (例 3.7)

ν	$x^{(\nu)}$	$\lvert f(x^{(\nu)})\rvert$
0	$\underline{1}.333333333333333$	2.77×10^{-1}
1	$\underline{1.2}60073260073260$	5.75×10^{-4}
2	$\underline{1.25992104989}6354$	5.59×10^{-12}
3	$\underline{1.259921049894873}$	2.22×10^{-16}

は

$$x^{(\nu+1)} - \sqrt[3]{a} = \frac{x^{(\nu)} + \sqrt[3]{a}}{2(x^{(\nu)})^3 + a}(x^{(\nu)} - \sqrt[3]{a})^3$$

を満たす。

$$\lim_{\nu\to\infty} \frac{x^{(\nu+1)} - \sqrt[3]{a}}{(x^{(\nu)} - \sqrt[3]{a})^3} = \frac{2}{3\sqrt[3]{a^2}}$$

より、$\sqrt[3]{a}$ に局所 3 次収束する。$a = 2$ とした計算結果を表 3.4 に示す。真値に一致している数字に下線を引く。$\nu = 1$ から $\nu = 2$ の反復のとき、有効桁数は 3.1 倍になっている。■

表 3.5 ニュートン法の減少率 (例 3.8)

ν	$x^{(\nu)}$	$\lvert f(x^{(\nu)})\rvert$
0	1000.000000000000000	1.00×10^9
1	666.667112778075193	2.96×10^8
2	444.445412269271287	8.78×10^7
	中略	
17	2.104403822434531	1.11×10^{-1}
18	2.094605697648467	6.05×10^{-4}
19	2.094551483197066	1.85×10^{-8}
20	2.094551481542327	1.78×10^{-15}

1 点反復解法 $x^{(\nu+1)} = g(x^{(\nu)})$ に対し、極限値

$$\lim_{x\to\infty} \frac{g(x)}{x} \tag{3.13}$$

が存在するとき、(3.13) を**減少率**という。$f(x)$ の零点が 0 に近く初期値の絶対値が大い場合、減少率が 1 に近いときは収束が遅く、減少率が 0 に近いときは収束が速い。$f(x)$ が多項式のときのニュートン法の減少率についてつぎの命題が成り立つ。

命題 3.5. $f(x)$ を n 次多項式とする。零点が 0 に近く、初期値の絶対値が大きいとき、$|x^{(\nu)}|$ が大きい間は、減少率 $1 - 1/n$ で零点に近づく。

証明 $f(x) = a_0 x^n + \cdots + a_n$ とすると

$$\lim_{x\to\infty} \frac{1}{x}\left(x - \frac{f(x)}{f'(x)}\right) = 1 - \frac{1}{n}$$

となるので、$|x^{(\nu)}| >> 0$ のとき、$x^{(\nu+1)}/x^{(\nu)} \fallingdotseq 1 - \frac{1}{n}$ となることからいえる。 □

例 3.8. 例 3.5 の関数 $f(x) = x^3 - 2x - 5$ に初期値 $x^{(0)} = 1000$ を用いてニュートン法を適用した結果を表 3.8 に示す。$\nu = 1, 2$ のときは減少率 2/3 で

0 に近づき、$\nu = 17, \ldots, 20$ のときは唯一の実の零点に 2 次収束している。 ■

命題 3.6. m を 2 以上の整数とし、α を $f(x)$ の m 重零点とする。$f(x)$ は α を含む区間 I において C^m 級で、$x \in I, x \neq \alpha$ のとき $f'(x) \neq 0$ とする。$x^{(0)} \in I, x^{(0)} \neq \alpha$ をとると、反復

$$x^{(\nu+1)} = x^{(\nu)} - \frac{f(x^{(\nu)})}{f'(x^{(\nu)})}$$

は縮小率 $1 - 1/m$ で線形収束する。すなわち

$$\lim_{\nu \to \infty} \frac{x^{(\nu+1)} - \alpha}{x^{(\nu)} - \alpha} = 1 - \frac{1}{m}$$

が成り立つ。

証明　α は m 重零点だから、α で有界な関数 $h(x)$ が存在し、

$$f(x) = (x - \alpha)^m h(x), \quad h(\alpha) \neq 0$$

と書ける。微分すると

$$f'(x) = m(x - \alpha)^{m-1} h(x) + (x - \alpha)^m h'(x)$$

となる。

$$\frac{f(x)}{f'(x)} = \frac{(x - \alpha)^m h(x)}{m(x - \alpha)^{m-1} h(x) + (x - \alpha)^m h'(x)} \tag{3.14}$$

より

$$x - \frac{f(x)}{f'(x)} - \alpha = x - \alpha - \frac{x - \alpha}{m + (x - \alpha)\dfrac{h'(x)}{h(x)}}$$

よって、

$$\frac{x - \dfrac{f(x)}{f'(x)} - \alpha}{x - \alpha} = 1 - \frac{1}{m + (x - \alpha)\dfrac{h'(x)}{h(x)}}$$

$x = x^{(\nu)}$ として $\nu \to \infty$ により得られる。 □

4 多重解に対する 2 次法

4.1 多重度が既知な場合の 2 次法

$f(x)$ の零点 α の多重度 m が事前にわかっているとき、α は $k(x) = \sqrt[m]{|f(x)|}$ の単解だから初期値を解の近くにとり、ニュートン法を適用すると 2 次収束する。$\mathrm{sign}(x)$ は符号関数 ($x > 0$ なら $+1$, $x = 0$ なら 0, $x < 0$ なら -1) とする。

$$k'(x) = \frac{1}{m}\frac{\sqrt[m]{|f(x)|}\cdot \mathrm{sign}(f(x))\cdot f'(x)}{|f(x)|}$$

より

$$\frac{k(x)}{k'(x)} = m\frac{f(x)}{f'(x)}$$

となる。反復法

$$x^{(\nu+1)} = x^{(\nu)} - m\frac{f(x^{(\nu)})}{f'(x^{(\nu)})} \tag{3.15}$$

をシュレーダー (Schröder) 法という。

歴史ノート 2. (3.15) は 1870 年にエルンスト・シュレーダー が「方程式を解く無限アルゴリズムについて」で発表した。修正ニュートン法と呼ばれることもある。シュレーダーは同論文で多重度に依存しない 2 次法 (3.16) も与えている。

命題 3.7. 命題 3.6 と同じ条件の下で、シュレーダー法

$$x^{(\nu+1)} = x^{(\nu)} - m\frac{f(x^{(\nu)})}{f'(x^{(\nu)})}$$

は m 重零点に 2 次収束する。すなわち

$$\lim_{\nu\to\infty}\frac{x^{(\nu+1)} - \alpha}{(x^{(\nu)} - \alpha)^2} = \frac{m}{2}\frac{f''(\alpha)}{f'(\alpha)}$$

が成り立つ。

証明 (3.14) を用いると証明できる。 □

初期値 $x^{(0)}$ を $f(x)=(x-\alpha)^m h(x)$ の零点 α の近くにとり、$|f(x^{(\nu)})|<\delta$ で反復が終了したとする。

$$|(x^{(\nu)}-\alpha)^m h(x^{(\nu)})|<\delta$$

より、

$$|x^{(\nu)}-\alpha|<\left|\frac{\delta}{h(x^{(\nu)})}\right|^{1/m}$$

となる。m 重零点の有効数字の桁数は、計算桁数の $1/m$ 程度であることがわかる。たとえば、2 重解を $\delta=10^{-15}$ で求めたとき、$|h(x^{(\nu)})|\fallingdotseq 1$ とすると誤差は $\sqrt{10^{-15}}=3.2\times 10^{-8}$ 程度である。このことは、ニュートン法にもシュレーダー法にも当てはまる。

4.2 多重度に依存しない 2 次法

ニュートン法は単解に対しては 2 次収束であるが、多重解に対しては線形収束である。単解に対しても重解に対しても 2 次収束する解法について述べる。

$f(x)=(x-\alpha)^m h(x), (h(\alpha)\neq 0)$ に対し、α は

$$u(x)=\frac{f(x)}{f'(x)}=\frac{x-\alpha}{m+(x-\alpha)\frac{h'(x)}{h(x)}}$$

の単純な零点であるので、初期値を α の近くにとり $u(x)$ にニュートン法を適用すると α に 2 次収束する。$u'(x)=1-f(x)f''(x)/(f'(x))^2$ より、$u(x)$ に対するニュートン法は

$$x^{(\nu+1)}=x^{(\nu)}-\frac{f(x^{(\nu)})f'(x^{(\nu)})}{(f'(x^{(\nu)}))^2-f(x^{(\nu)})f''(x^{(\nu)})} \tag{3.16}$$

である。(3.16) の名称は確定していない。ここでは**多重度に依存しない 2 次法**と呼ぶ。

注意 3.5. 著者によっては、(3.15) ではなく (3.16) をシュレーダー法と呼んでいるので注意が必要である。

表 3.6 多重解の収束 (例 3.9)

	ニュートン法	シュレーダー法	2 次法
ν	$x^{(\nu)}$	$x^{(\nu)}$	$x^{(\nu)}$
0	3.0	3.0	3.0
1	2.60	2.20	1.89
2	2.35	2.015	1.99
3	2.19	2.00012	1.999969
4	2.10	2.0000000067	1.99999999953
	中略		
24	2.00000011		
25	2.000000056		
26	2.0000000024		

例 3.9. 関数

$$f(x) = x^3 - 5x^2 + 8x - 4 = (x-1)(x-2)^2$$

に初期値 $x^{(0)} = 3$ を用いてニュートン法、$m = 2$ としてシュレーダー法および多重度に依存しない 2 次法 (2 次法と略す) を適用した結果を表 3.6 に示す。$|f(x^{(\nu)})| < 10^{-15}$ となったとき反復を停止する。

ニュートン法では $f(x^{(26)}) = 8.88 \times 10^{-16}$ で、シュレーダー法は $f(x^{(4)}) = 8.88 \times 10^{-16}$ で、2 次法は $f(x^{(4)}) = 0$ となりそれぞれ反復が終了する。ニュートン法は縮小率 1/2 の線形収束、シュレーダー法と 2 次法は 2 次収束であるが、シュレーダー法の誤差は 6.7×10^{-9}, 2 次法の誤差は -4.7×10^{-10} である。丸め誤差のためこれ以上改善されない。 ■

5　ハリー法

5.1 ハリー法の導出

関数 $f(x)$ は零点 α を内部に含む区間 I で C^3 級であるとする。ハリー法

$$x^{(\nu+1)} = x^{(\nu)} - \frac{f(x^{(\nu)})f'(x^{(\nu)})}{(f'(x^{(\nu)}))^2 - \frac{1}{2}f(x^{(\nu)})f''(x^{(\nu)})}, \tag{3.17}$$

は、$h(x) = f(x)/\sqrt{|f'(x)|}$ にニュートン法を適用することにより導くことができる。$x \in I, x \neq \alpha$ のとき $f'(x) > 0$ の場合

$$h'(x) = \frac{2(f'(x))^2 - f(x)f''(x)}{2f'(x)\sqrt{f'(x)}}$$

より

$$x - \frac{h(x)}{h'(x)} = x - \frac{f(x)f'(x)}{(f'(x))^2 - \frac{1}{2}f(x)f''(x)}$$

となる。$f'(x) < 0$ のときも同様である。

歴史ノート 3. トマ・ファント・ド・ラニー は 1692 年に出版した『根の抽出と近似のための新しく短縮された方法』で $\sqrt[3]{a^3+b}$ の近似値 $a + \dfrac{ab}{3a^3+b}$ を与えた。$f(x) = x^3 - a^3 - b, x^{(0)} = a$ に対し、(3.17) を適用すると $x^{(1)} = a - \dfrac{(-b)3a^2}{(3a^2)^2 - \frac{1}{2}(-b)6a} = a + \dfrac{ab}{3a^3+b}$ であるので、ド・ラニーは 3 乗根をハリー法で求めたことになる。ド・ラニーは $f(x) = x^4 - a^4 - b$ も考察しているが、ハリー法は適用してない。一方、エドマンド・ハリー は、1694 年に論文「任意の方程式の根を見出す新しく、正確で、容易な方法」で $\sqrt[n]{a^n+b} = a + \frac{ab}{na^n + \frac{1}{2}(n-1)b}$ を $n = 2, \ldots, 7$ に対し与えた。ハリーはド・ラニーの誤りを訂正しているので、当時同じ研究をしていたハリーはド・ラニーの書を見て自身が独立に得ていた結果を急いで出版したのだと思われる。今日、反復法 (3.17) はハリー法と呼ばれている。

5.2 ハリー法の収束

定理 3.2. $f(x)$ が単純零点 α を含む区間 I で C^4 級で、$f'(x)$ は I に零点を持たず、$2f'(\alpha)f'''(\alpha) - 3(f''(\alpha))^2 \neq 0$ とする。このとき、閉区間 $J \subset I$ が存在して、初期値を $x^{(0)} \in J$ とするハリー法 (3.17) は α に 3 次収束する。

証明 $f'(\alpha)\neq 0$ より $f'(\alpha)>0$ と仮定して一般性を失わない。$h(x)=f(x)/\sqrt{f'(x)}$ とおく。α は $h(x)$ の単純零点である。

$$h'(x)=\frac{f'(x)\sqrt{f'(x)}-\frac{f(x)f''(x)}{2\sqrt{f'(x)}}}{f'(x)}=\sqrt{f'(x)}-\frac{f(x)f''(x)}{2f'(x)\sqrt{f'(x)}}$$

より $h'(\alpha)=\sqrt{f'(\alpha)}>0$ なので閉区間 $J\subset I$ が存在して $h'(x)>0\ (x\in J)$ である。$h(x)$ は J で C^3 級である。

$$\begin{aligned}
&h''(x)\\
=&\frac{f''(x)}{2\sqrt{f'(x)}}-\frac{(f'(x)f''(x)+f(x)f'''(x))(f'(x))^{\frac{3}{2}}}{2(f'(x))^3}-\frac{\frac{3}{2}f(x)(f''(x))^2\sqrt{f'(x)}}{2(f'(x))^3}\\
=&-\frac{f(x)f'''(x)}{2(f'(x))^{\frac{3}{2}}}+\frac{3f(x)(f''(x))^2}{4(f'(x))^{\frac{5}{2}}}\\
&h'''(x)\\
=&-\frac{(f'(x)f'''(x)+f(x)f''''(x))(f'(x))^{\frac{3}{2}}-\frac{3}{2}f(x)f''(x)f'''(x)\sqrt{f'(x)}}{2(f'(x))^3}\\
&+\frac{3((f'(x)(f''(x))^2+2f(x)f''(x)f'''(x))(f'(x))^{\frac{5}{2}}}{4(f'(x))^5}-\frac{\frac{5}{2}f(x)(f'(x))^{\frac{3}{2}}(f''(x))^3}{4(f'(x))^5}
\end{aligned}$$

$f(\alpha)=0, f'(\alpha)>0$ より

$$h''(\alpha)=0, h'''(\alpha)=-\frac{f'''(\alpha)}{2\sqrt{f'(\alpha)}}+\frac{3(f''(\alpha))^2}{4(f'(\alpha))^{\frac{3}{2}}}\neq 0$$

が成り立つ。命題 3.4 により、$h(x)=0$ に対するニュートン法すなわち $f(x)=0$ に対するハーリー法は 3 次収束する。 □

6 正則関数に対するニュートン法

ここまで実数解のみを扱ってきたが、複素数計算ができるシステムでは複素数解を扱うこともできる。

2.3 節でのべた縮小写像の原理は複素数平面においてもほぼ同様に成り立つ。$g(z)$ は複素数平面の閉集合 D で定義された複素関数で

(i) $z \in D$ のとき $g(z) \in D$

(ii) 定数 $\lambda(0 < \lambda < 1)$ が存在して、任意の $z, z' \in D$ に対し、

$$|g(z) - g(z')| \leqq \lambda |z - z'|$$

を満たすとき、$g(z)$ を**縮小写像** という。

命題 3.8. (**縮小写像の原理 (複素数平面)**)　D を複素数平面の閉集合、$g(z)$ は D で定義された縮小写像とすると $g(z)$ の不動点 α が存在し、任意の初期値 $z^{(0)} \in D$ に対し、反復

$$z^{(\nu+1)} = g(z^{(\nu)}) \tag{3.18}$$

は α に収束する。

証明　命題 3.2 の証明と同様である。 □

命題 3.9. D を複素数平面の閉集合、$g(z)$ は D で定義された縮小写像、α を $g(z)$ の不動点とする。p を 2 以上の整数とし、$g(z)$ は D で正則とする。初期値 $z^{(0)} \in I$ に対し反復

$$z^{(\nu+1)} = g(z^{(\nu)})$$

が α に p 次収束するための必要十分条件は

$$g(\alpha) = \alpha, \quad g'(\alpha) = \cdots = g^{(p-1)}(\alpha) = 0, \quad g^{(p)}(\alpha) \neq 0$$

である。このとき漸近誤差定数は $\frac{1}{p!}g^{(p)}(\alpha)$ となる。

証明　命題 3.3 と同様である。 □

定理 3.3. (**複素ニュートン法**) $f(z)$ が単純零点 α を含む領域 D で正則で、$f'(z)$ は D に零点を持たないものとする。閉集合 $E \subset D$ が存在して、初期値 $z^{(0)} \in E$ をとった反復

$$z^{(\nu+1)} = z^{(\nu)} - \frac{f(z^{(\nu)})}{f'(z^{(\nu)})}$$

に対し、

$$\lim_{\nu \to \infty} \frac{z^{(\nu+1)} - \alpha}{(z^{(\nu)} - \alpha)^2} = \frac{f''(\alpha)}{2f'(\alpha)}$$

表 3.7 複素ニュートン法 (例 3.10)

ν	$z^{(\nu)}$	$\lvert f(z^{(\nu)})\rvert$
0	$-\underline{1.0}00000000000000 + \underline{1.}000000000000000i$	1.00
1	$-\underline{1.0}50000000000000 + \underline{1.1}50000000000000i$	1.09×10^{-1}
2	$-\underline{1.0472}64047006978 + \underline{1.13}6063165626148i$	9.40×10^{-4}
3	$-\underline{1.04727573}4970192 + \underline{1.1359398}96438709i$	7.11×10^{-8}
4	$-\underline{1.047275740771163} + \underline{1.135939889088928}i$	1.78×10^{-15}

が成立する。

証明 定理 3.1 とほぼ同様である。 □

例 3.10. 例 3.5 の関数 $f(z) = z^3 - 2z - 5$ に初期値 $z^{(0)} = -1.0 + 1.0i$ を用いてニュートン法を適用した結果を表 3.7 に示す。$-1.047275740771163 + 1.135939889088928i$ に 2 次収束している。 ■

7 多変数の非線形方程式

$\mathbb{R}^n$ は n 次元ユークリッド空間とし、$\boldsymbol{x} = (x_1, \ldots, x_n)^T \in \mathbb{R}^n$ のノルム $||\boldsymbol{x}||$ は最大値ノルム

$$||\boldsymbol{x}|| = ||\boldsymbol{x}||_\infty = \max_{i=1,\ldots,n} |x_i|$$

とする。

7.1 多変数の縮小写像

D を $\mathbb{R}^n$ の閉集合とする。写像 $\boldsymbol{g} : D \to D$ に対し $\boldsymbol{\alpha} = \boldsymbol{g}(\boldsymbol{\alpha})$ となる点 $\boldsymbol{\alpha} \in D$ を $\boldsymbol{g}$ の不動点という。

(i) $\boldsymbol{x} \in D$ のとき $\boldsymbol{g}(\boldsymbol{x}) \in D$

(ii) 定数 $\lambda (0 < \lambda < 1)$ が存在して、任意の $\boldsymbol{x}, \boldsymbol{x}' \in D$ に対し、
$||\boldsymbol{g}(\boldsymbol{x}) - \boldsymbol{g}(\boldsymbol{x}')|| \leqq \lambda ||\boldsymbol{x} - \boldsymbol{x}'||$

を満たすとき $\boldsymbol{g}$ を縮小写像という。

命題 3.10.（縮小写像の原理（多変数））　閉集合 $D \subset \mathbb{R}^n$ で定義された縮小写像 $\boldsymbol{g}$ は D にただ一つの不動点 $\boldsymbol{\alpha}$ を持つ。任意の初期値 $\boldsymbol{x}^{(0)} \in D$ に対し、反復

$$\boldsymbol{x}^{(\nu+1)} = \boldsymbol{g}(\boldsymbol{x}^{(\nu)}) \tag{3.19}$$

は $\boldsymbol{\alpha}$ に収束する。

証明　命題 3.2 と同様である。　□

7.2 連立方程式のニュートン法

非線形連立方程式

$$\begin{cases} f_1(x_1, \ldots, x_n) = 0 \\ \cdots \\ f_n(x_1, \ldots, x_n) = 0 \end{cases}$$

はベクトル記法を用いて

$$\boldsymbol{f}(\boldsymbol{x}) = \boldsymbol{0}, \quad \boldsymbol{x} = (x_1, \ldots, x_n)^T$$

と表せる。$\boldsymbol{f}(\boldsymbol{x})$ のヤコビ (Jacobi) 行列を

$$\boldsymbol{J}(\boldsymbol{x}) = (J_{ij}(\boldsymbol{x})) = \begin{pmatrix} \frac{\partial f_1}{\partial x_1} & \cdots & \frac{\partial f_1}{\partial x_n} \\ & \cdots & \\ \frac{\partial f_n}{\partial x_1} & \cdots & \frac{\partial f_n}{\partial x_n} \end{pmatrix}$$

によって定義する。

ヤコビ行列が存在して非特異（逆行列を持つ）のとき、$\boldsymbol{f}(\boldsymbol{x}) = \boldsymbol{0}$ に対する**ニュートン法** は、

$$\boldsymbol{x}^{(\nu+1)} = \boldsymbol{x}^{(\nu)} - \boldsymbol{J}(\boldsymbol{x}^{(\nu)})^{-1} \boldsymbol{f}(\boldsymbol{x}^{(\nu)})$$

である。プログラミングに当たっては、ヤコビ行列の逆行列を計算するのではなく、

$$\boldsymbol{x}^{(\nu+1)} = \boldsymbol{x}^{(\nu)} + \boldsymbol{d}^{(\nu)} \tag{3.20}$$

とおき、$\boldsymbol{d}^{(\nu)}$ を未知ベクトルとする連立 1 次方程式

$$\boldsymbol{J}(\boldsymbol{x}^{(\nu)})\boldsymbol{d}^{(\nu)} = -\boldsymbol{f}(\boldsymbol{x}^{(\nu)})$$

を LU 分解などによって解き、$\boldsymbol{d}^{(\nu)}$ を (3.20) に代入する。$||\boldsymbol{f}(\boldsymbol{x})||$ を計算する際の丸め誤差の上界の一つを δ とするとき、$||\boldsymbol{f}(\boldsymbol{x}^{(\nu)})|| < \delta$ となったときに反復を終了する。

定理 3.4. $\boldsymbol{f}(\boldsymbol{x}) = \boldsymbol{0}$ の解 $\boldsymbol{\alpha}$ を含む閉領域 D で $f_1, \ldots, f_n$ は C^2 級で、$\boldsymbol{J}(\boldsymbol{x})$ は非特異であるとする。ニュートン法

$$\boldsymbol{x}^{(\nu+1)} = \boldsymbol{x}^{(\nu)} - \boldsymbol{J}(\boldsymbol{x}^{(\nu)})^{-1}\boldsymbol{f}(\boldsymbol{x}^{(\nu)})$$

は $\boldsymbol{\alpha}$ に広義 2 次収束する。すなわち、初期値 $\boldsymbol{x}^{(0)} \in D$ を $\boldsymbol{\alpha}$ の十分近くにとれば、$M >$ が存在して

$$||\boldsymbol{x}^{(\nu+1)} - \boldsymbol{\alpha}|| \leqq M||\boldsymbol{x}^{(\nu)} - \boldsymbol{\alpha}||^2$$

となる。

証明 多変数関数のテイラーの定理により

$$\begin{aligned}0 = f_i(\boldsymbol{\alpha}) =& f_i(\boldsymbol{x}^{(\nu)}) + \sum_{j=1}^{n} \frac{\partial f_i(\boldsymbol{x}^{(\nu)})}{\partial x_j} \cdot (\alpha_j - x_j^{(\nu)}) \\ &+ \frac{1}{2!} \sum_{j,k=1}^{n} \frac{\partial^2 f_i(\boldsymbol{x}^{(\nu)} + \theta_i(\boldsymbol{\alpha} - \boldsymbol{x}^{(\nu)}))}{\partial x_j \partial x_k} \cdot (\alpha_j - x_j^{(\nu)})(\alpha_k - x_k^{(\nu)})\end{aligned}$$

となる $\theta_i (0 < \theta_i < 1)$ が存在する。

$$M = \max_{i,j,k} \max_{\boldsymbol{x} \in D} \left| \frac{\partial^2 f_i(\boldsymbol{x})}{\partial x_j \partial x_k} \right|$$

とおくと

$$\left| f_i(\boldsymbol{x}^{(\nu)}) + \sum_{j=1}^{n} \frac{\partial f_i(\boldsymbol{x}^{(\nu)})}{\partial x_j} \cdot (\alpha_j - x_j^{(\nu)}) \right| \leqq \frac{n^2}{2} M||\boldsymbol{\alpha} - \boldsymbol{x}^{(\nu)}||^2$$

ベクトル表示すると

$$||\boldsymbol{f}(\boldsymbol{x}^{(\nu)}) + \boldsymbol{J}(\boldsymbol{x}^{(\nu)})(\boldsymbol{\alpha} - \boldsymbol{x}^{(\nu)})|| \leqq \frac{n^2}{2} M ||\boldsymbol{\alpha} - \boldsymbol{x}^{(\nu)}||^2$$

したがって、

$$\begin{aligned}||\boldsymbol{x}^{(\nu+1)} - \boldsymbol{\alpha}|| &= ||\boldsymbol{x}^{(\nu)} - \boldsymbol{\alpha} - \boldsymbol{J}(\boldsymbol{x}^{(\nu)})^{-1}\boldsymbol{f}(\boldsymbol{x}^{(\nu)})|| \\ &= || - \boldsymbol{J}(\boldsymbol{x}^{(\nu)})^{-1}((\boldsymbol{J}(\boldsymbol{x}^{(\nu)})(\boldsymbol{\alpha} - \boldsymbol{x}^{(\nu)}) + \boldsymbol{f}(\boldsymbol{x}^{(\nu)}))|| \\ &\leqq ||\boldsymbol{J}(\boldsymbol{x}^{(\nu)})^{-1}|| \cdot ||\boldsymbol{J}(\boldsymbol{x}^{(\nu)})(\boldsymbol{\alpha} - \boldsymbol{x}^{(\nu)}) + \boldsymbol{f}(\boldsymbol{x}^{(\nu)}))|| \\ &\leqq \frac{n^2}{2} M ||\boldsymbol{J}(\boldsymbol{x}^{(\nu)})^{-1}|| \cdot ||\boldsymbol{\alpha} - \boldsymbol{x}^{(\nu)}||^2\end{aligned}$$

$||\boldsymbol{J}|| : D \to \mathbb{R} \quad \boldsymbol{x} \mapsto ||\boldsymbol{J}(\boldsymbol{x})||$ は連続で零点を持たないから最小値を $m > 0$ とすると、$||\boldsymbol{J}(\boldsymbol{x}^{(\nu)})^{-1}|| \leqq m^{-1}$ となる。以上より

$$||\boldsymbol{x}^{(\nu+1)} - \boldsymbol{\alpha}|| \leqq \frac{n^2}{2m} M ||\boldsymbol{x} - \boldsymbol{\alpha}||^2$$

となるので、α に広義2次収束する。 □

命題 3.11. 正則な複素関数

$$f(z) = u(x, y) + iv(x, y) \ (z = x + iy)$$

に対する複素ニュートン法は連立非線形方程式

$$\begin{cases} u(x, y) = 0 \\ v(x, y) = 0 \end{cases} \tag{3.21}$$

に対するニュートン法に一致する。

証明　$f'(z) = u_x + iv_x$ より複素ニュートン法の反復関数は

$$g(z) = z - \frac{f(z)}{f'(z)} = x + iy - \frac{u + iv}{u_x + iv_x} = x + iy - \frac{uu_x + vv_x + i(-uv_x + vu_x)}{u_x^2 + v_x^2}$$

である。(3.21) に対する連立ニュートン法の反復関数はコーシー・リーマンの

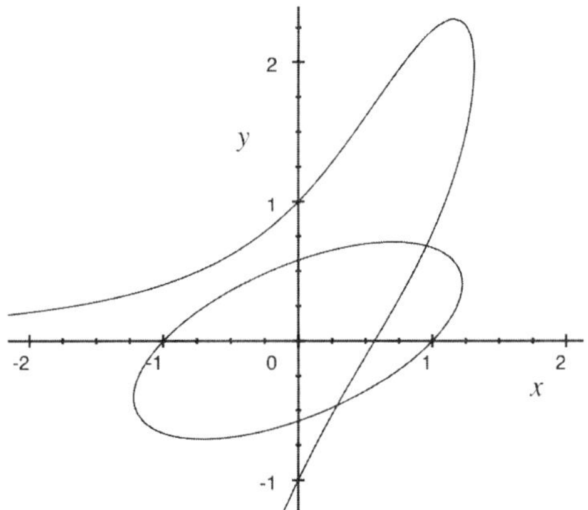

図 3.3 $f_1(x,y) = x^2 - 2xy + 3y^2 - 1 = 0,\ f_2(x,y) = xe^x + y^2 - 3xy - 1 = 0$

関係式 $u_x = v_y, u_y = -v_x$ より

$$
\begin{aligned}
\boldsymbol{g}(\boldsymbol{x}) &= \begin{pmatrix} x \\ y \end{pmatrix} - \begin{pmatrix} u_x & u_y \\ v_x & v_y \end{pmatrix}^{-1} \begin{pmatrix} u \\ v \end{pmatrix} \\
&= \begin{pmatrix} x \\ y \end{pmatrix} - \frac{1}{u_x v_y - v_x u_y} \begin{pmatrix} v_y & -u_y \\ -v_x & u_x \end{pmatrix} \begin{pmatrix} u \\ v \end{pmatrix} \\
&= \begin{pmatrix} x \\ y \end{pmatrix} - \frac{1}{u_x^2 + v_x^2} \begin{pmatrix} uu_x + vv_x \\ -uv_x + vu_x \end{pmatrix}
\end{aligned}
$$

となり、複素ニュートン法に一致する。 □

例 3.11. 連立非線形連立方程式

$$
\begin{cases} f_1(x,y) = x^2 - 2xy + 3y^2 - 1 = 0 \\ f_2(x,y) = xe^x + y^2 - 3xy - 1 = 0 \end{cases}
$$

を初期値 $x^{(0)} = 1, y^{(0)} = 1$ とするニュートン法で解く。2 曲線のグラフを図 3.3 に示す。(傾いた楕円が $f_1(x,y) = 0$ のグラフである。)

$$
J(x,y) = \begin{pmatrix} 2x - 2y & -2x + 6y \\ e^x + xe^x - 3y & 2y - 3x \end{pmatrix}
$$

表 3.8　連立非線形方程式に対するニュートン法 (例 3.11)

ν	$x^{(\nu)}$	$y^{(\nu)}$	$\|\|\boldsymbol{f}(x^{(\nu)}, y^{(\nu)})\|\|$
0	1.000000000000000	1.000000000000000	1.00
1	1.013017583780706	0.750000000000000	1.94×10^{-1}
2	$\underline{0.959}506916849445$	$\underline{0.6}82889200947664$	9.19×10^{-3}
3	$\underline{0.9561}11517274608$	$\underline{0.6795}31465474503$	2.26×10^{-5}
4	$\underline{0.956100673}847757$	$\underline{0.6795238200}68373$	2.62×10^{-10}
5	$\underline{0.956100673745748}$	$\underline{0.679523820035714}$	4.44×10^{-16}

$||\boldsymbol{f}(x^{(\nu)}, y^{(\nu)})|| = \max\{|f_1(x^{(\nu)}, y^{(\nu)})|, |f_2(x^{(\nu)}, y^{(\nu)})|\}$

よりニュートン法は

$$\begin{pmatrix} x^{(\nu+1)} \\ y^{(\nu+1)} \end{pmatrix} = \begin{pmatrix} x^{(\nu)} \\ y^{(\nu)} \end{pmatrix} - \begin{pmatrix} 2x - 2y & -2x + 6y \\ e^x + xe^x - 3y & 2y - 3x \end{pmatrix}^{-1} \begin{pmatrix} x^{(\nu)} \\ y^{(\nu)} \end{pmatrix}$$

となる。

$$\begin{pmatrix} x^{(\nu)} \\ y^{(\nu)} \end{pmatrix} = \begin{pmatrix} 2x - 2y & -2x + 6y \\ e^x + xe^x - 3y & 2y - 3x \end{pmatrix} \begin{pmatrix} d_x^{(\nu)} \\ d_y^{(\nu)} \end{pmatrix}$$

をガウスの消去法 (LU 分解) で解いて計算した結果を表 3.8 に示す。反復ごとに有効桁数が 2 倍になっている。 ■

第4章

代数方程式

代数方程式の解 (多項式の零点) は前章の反復法で求めることができるが、代数方程式に特化して開発された方法がある。本章では1点反復解法のラゲール法、同時反復解法のワイエルシュトラス法とメアリー-エーリッヒ-アバース法を取り上げる。いずれも、代数学の基本定理 (n 次代数方程式は複素数の範囲で n 個の解を持つ) に基づいた算法である。

1 ラゲール法

1.1 大域的収束性と局所的収束性

ニュートン法は例 3.6 (p.45) で見たように、初期値によっては解に収束しないことがある。解に近い初期値から出発するとその解に収束する性質を**局所的収束性**という。これに対し、(有限個の点を除く) 任意の初期値から出発したとき必ずどれか1つの解に収束するという性質を**大域的収束性**という。

代数方程式に対する大域的収束性を持つ算法に2次収束する**平野法**や3次収束するハリー法やラゲール法がある。本書ではラゲール法を取り上げる。

注意 4.1. 平野法は平野菅保が提案し室田一雄が証明をつけた方法で、詳細は [1][6] をみよ。ハリー法の局所収束性は定理 3.2(p.52) で述べたが、大域的収束性についてはデーヴィス-ドーソン [24] がある種の実関数に対し証明している。数値実験によれば、代数方程式に対するハリー法は大域的収束性を持つと考えられる。

1.2 代数方程式の解がすべて相異なる実数の場合のラゲール法

n 次代数方程式 $f(x) = 0$ が n 個の相異なる実数解を持つとする。このとき、解と係数の関係より係数はすべて実数であり、$f(x) = a_0 \prod_{i=1}^{n}(x - \alpha_i)$ と表せる。ここで、$\alpha_1 < \alpha_2 < \cdots < \alpha_n$ として一般性を失わない。1つの解の近似値を x として固定し、λ を実のパラメータとして

$$S(\lambda) = \sum_{i=1}^{n} \left(\frac{\lambda - \alpha_i}{x - \alpha_i} \right)^2 \tag{4.1}$$

とおく。X を未知数とする2次方程式

$$\begin{aligned} \phi(X) &= \left(S(\lambda) - \left(\frac{\lambda - X}{x - X} \right)^2 \right) (x - X)^2 \\ &= (x - X)^2 S(\lambda) - (\lambda - X)^2 = 0 \end{aligned} \tag{4.2}$$

を考える。$\lambda \neq x$ かつ $x \neq \alpha_i$ $(i = 1, \ldots, n)$ のとき、

$$\phi(x) = -(\lambda - x)^2 < 0 \tag{4.3}$$

である。また $i = 1, \ldots, n$ に対し

$$S(\lambda) > \left(\frac{\lambda - \alpha_i}{x - \alpha_i} \right)^2$$

より

$$\phi(\alpha_i) = (x - \alpha_i)^2 S(\lambda) - (\lambda - \alpha_i)^2 > 0 \tag{4.4}$$

となる。

$$\phi(x) < 0, \phi(\alpha_1) > 0, \ldots, \phi(\alpha_n) > 0,$$

より $\phi(X) = 0$ は2つの実数解 $x' < x''$ を持つ。

補題 4.1. $\phi(X) = 0$ の実数解 $x' < x''$ は以下の区間に存在する。

1. $x < \alpha_1$ のとき

$$x < x' < \alpha_1 < \cdots < \alpha_n < x'', \text{ または } x' < x < x'' < \alpha_1$$

2. $\alpha_i < x < \alpha_{i+1}$ $(1 \leqq i \leqq n-1)$ のとき

$$\alpha_i < x' < x < x'' < \alpha_{i+1}$$

3. $x > \alpha_n$ のとき

$$x' < \alpha_1 < \cdots < \alpha_n < x'' < x, \text{ または } \alpha_n < x' < x < x''$$

証明 (4.3) と (4.4) より明らか。 □

$\mu = \lambda - x$ とおくと

$$\left(\frac{\lambda - \alpha_i}{x - \alpha_i}\right)^2 = \left(\frac{\mu}{x - \alpha_i}\right)^2 + \frac{2\mu}{x - \alpha_i} + 1 \tag{4.5}$$

となる。さらに

$$S_1 = S_1(x) = \frac{f'(x)}{f(x)} = \sum_{i=1}^{n} \frac{1}{x - \alpha_i}$$
$$S_2 = S_2(x) = \left(\frac{f'(x)}{f(x)}\right)^2 - \frac{f''(x)}{f(x)} = \sum_{i=1}^{n} \frac{1}{(x - \alpha_i)^2}$$

とおくと

$$S(\lambda) = \sum_{i=1}^{n} \left(\frac{\lambda - \alpha_i}{x - \alpha_i}\right)^2 = \mu^2 S_2 + 2\mu S_1 + n$$

となる。$\eta = x - X$ とおくと $\phi(X) = 0$ は

$$(\eta^2 S_2 - 1)\mu^2 + 2\eta(\eta S_1 - 1)\mu + (n-1)\eta^2 = 0 \tag{4.6}$$

と表せる。

2 次方程式 $\phi(X) = 0$ の解 x', x'' が $f(x) = 0$ の解に近くなるように (4.1) のパラメータ λ あるいは μ を選ぶ。(4.6) は μ の 2 次方程式であり、その解はパラメータ η の連続関数である。$\mu = \lambda - x$ は実数値しかとらないので、μ が実数になるような $|\eta|$ の最大値を見つければよい。$|\eta|$ の値が大きくなると μ の値が複素数になるので、$|\eta|$ の値が最大になるのは μ の 2 次方程式 (4.6) の判別式 D が 0 になるときである。

$$\begin{aligned} D/4 =& \eta^2(\eta S_1 - 1)^2 - (n-1)\eta^2(\eta^2 S_2 - 1) \\ =& \eta^2[(S_1^2 - (n-1)S_2)\eta^2 - 2\eta S_1 + n] \end{aligned}$$

より、$D=0$ とすると

$$(S_1^2-(n-1)S_2)\eta^2-2\eta S_1+n=0$$

となる。η^2 で割って、$1/\eta$ について解くと

$$\begin{aligned}\frac{1}{\eta}=&\frac{S_1\pm\sqrt{(1-n)S_1^2+n(n-1)S_2}}{n}\\=&\frac{f'(x)\pm\sqrt{(n-1)^2(f'(x))^2-n(n-1)f(x)f''(x)}}{nf(x)}\end{aligned}$$

である。逆数をとると

$$X=x-\frac{nf(x)}{f'(x)\pm\sqrt{(n-1)^2(f'(x))^2-n(n-1)f(x)f''(x)}} \tag{4.7}$$

となる。

x を $f(x)=0$ の近似解、μ を (4.6) の重解、パラメータ λ を

$$\lambda=\mu+x=-\frac{\eta(\eta S_1-1)}{\eta^2S_2-1}+x$$

と選んだときの $\phi(X)=0$ の 2 つの解 x', x'' が (4.7) の X である。補題 4.1 により、X は x よりも $f(x)=0$ のよい近似解と考えられる。

n 個の実数解を持つ n 次代数方程式 $f(x)=0$ に対する**ラゲール** (Laguerre) **法**は、反復停止条件 $\delta>0$ と初期値 $x^{(0)}$ を与え反復

$$x^{(\nu+1)}=x^{(\nu)}-\frac{nf(x^{(\nu)})}{f'(x^{(\nu)})\pm\sqrt{(n-1)^2(f'(x^{(\nu)}))^2-n(n-1)f(x^{(\nu)})f''(x^{(\nu)})}} \tag{4.8}$$

を行い、$|f(x^{(\nu)}|<\delta$ となったところで停止する。複号 $\pm$ はいずれをとってもよいが、反復を通して固定しておく。

歴史ノート 4. エドモン・ラゲール は 1880 年『数値方程式の解法に関する注意』[26] において上記の $S(\lambda), S_1, S_2$ などを用いて

$$\frac{1}{X-x}=\frac{-f'\pm\sqrt{(n-1)^2(f')^2-n(n-1)ff''}}{nf}$$

を導いた。ラゲール法の大域的収束定理は 1960 年にエミール・デュラン [13] が与えた。

1.3 代数方程式の解がすべて実数の場合のラゲール法の性質

前節では代数方程式の解がすべて相異なる実数であると仮定してラゲール法を導出したが、ラゲール法は重解の場合でも適用できる。本節では、定理 4.1 を除き、すべての解が実数であればよい。

命題 4.1. n 次代数方程式 $f(x)=0$ の解はすべて実数とし、α は $f(x)=0$ の単解とする。複号を $\mathrm{sign}(f'(\alpha))$ にとったラゲール法

$$x^{(\nu+1)} = x^{(\nu)} - \frac{nf(x^{(\nu)})}{f'(x^{(\nu)}) + \mathrm{sign}(f'(\alpha))\sqrt{H(x^{(\nu)})}}$$

は α に局所 3 次収束する。ここで

$$H(x) = (n-1)^2(f'(x))^2 - n(n-1)f(x)f''(x)$$

である。

証明 α を $f(x)=0$ の任意の単解とし、ラゲール法の反復関数を

$$g(x) = x - \frac{nf(x)}{f'(x) + \mathrm{sign}(f'(\alpha))\sqrt{H(x)}}$$

とおく。簡単のため $f^{(k)}(x), g^{(k)}(x), H^{(k)}(x)$ を $f^{(k)}, g^{(k)}, H^{(k)}$ と表す。

$$\begin{aligned}
H' =&(n-1)(n-2)f'f'' - n(n-1)ff''' \\
g' =&1 - \frac{nf'}{f' + \mathrm{sign}(f'(\alpha))\sqrt{H}} \\
&+ \frac{nf}{(f' + \mathrm{sign}(f'(\alpha))\sqrt{H})^2}\left[f'' + \mathrm{sign}(f'(\alpha))\frac{H'}{2\sqrt{H}}\right] \\
g'' =&\frac{-nf''}{f' + \mathrm{sign}(f'(\alpha))\sqrt{H}} \\
&+ \frac{2nf'}{(f' + \mathrm{sign}(f'(\alpha))\sqrt{H})^2}\left[f'' + \mathrm{sign}(f'(\alpha))\frac{H'}{2\sqrt{H}}\right] \\
&+ nf\left(f'' + \mathrm{sign}(f'(\alpha))\frac{H'}{2\sqrt{H}}\right)'
\end{aligned}$$

である。

$$\begin{aligned}
&\sqrt{H(\alpha)} = \sqrt{(n-1)^2(f'(\alpha))^2} = (n-1)|f'(\alpha)| \\
&H'(\alpha) = (n-1)(n-2)f'(\alpha)f''(\alpha) \\
&f'(\alpha) + \mathrm{sign}(f'(\alpha))\sqrt{H(\alpha)} = f'(\alpha) + \mathrm{sign}(f'(\alpha))(n-1)|f'(\alpha)| \\
&\qquad\qquad\qquad\qquad\qquad\quad = nf'(\alpha)
\end{aligned}$$

より

$$g(\alpha) = 0, \quad g'(\alpha) = 0, \quad g''(\alpha) = 0$$

となる。初期値が α に近いときには、命題3.3(p.40) より反復 $x^{(\nu+1)} = g(x^{(\nu)})$ は α に少なくとも3次収束する。 □

ラゲール法が大域的収束性を持つことはつぎの定理からわかる。

定理 4.1. n 次代数方程式 $f(x) = 0$ の解はすべて相異なる実数とする。解を $\alpha_1 < \alpha_2 < \cdots < \alpha_n$ とし、数直線を $\pm\infty$ でつなぎ

$$\begin{aligned}
&I_0 = (-\infty, \alpha_1) \cup (\alpha_n, \infty), \\
&I_1 = (\alpha_1, \alpha_2), \ldots, I_{n-1} = (\alpha_{n-1}, \alpha_n)
\end{aligned}$$

と n 個の部分に分割する。反復関数 $L_\pm(x)$ を

$$L_\pm(x) = x - \frac{nf(x)}{f'(x) \pm \sqrt{(n-1)^2(f'(x))^2 - n(n-1)f(x)f''(x)}} \tag{4.9}$$

により定義し、初期値 $x_\pm^{(0)} \in \mathbb{R}$ に対し反復列 $\{x_+^{(\nu)}\}$ および $\{x_-^{(\nu)}\}$ を

$$x_+^{(\nu+1)} = L_+(x_+^{(\nu)}), \quad x_-^{(\nu+1)} = L_-(x_-^{(\nu)})$$

により定義する。このとき、

1. $x_+^{(0)}, x_-^{(0)} \in I_i (1 \leqq i \leqq n-1)$ に対し $\{x_\pm^{(\nu)}\}$ は α_i または α_{i+1} に収束する。$f'(\alpha_i) > 0$ のときは $\{x_+^{(\nu)}\}$ が α_i に収束し、$f'(\alpha_i) < 0$ のときは $\{x_-^{(\nu)}\}$ が α_i に収束する。
2. n が偶数のとき、$x_\pm^{(0)} \in I_0$ に対して $\{x_\pm^{(\nu)}\}$ は α_1 または α_n に収束する。

表 4.1 ラゲール法の収束 (例 4.1)

$x_{\pm}^{(0)}$	ν	$x_{+}^{(\nu)}$	$f(x_{+}^{(\nu)})$	ν	$x_{-}^{(\nu)}$	$f(x_{-}^{(\nu)})$
-1000	5	8.0_{15}	0.0	5	1.0_{15}	-1.4×10^{-14}
0.8	8	8.0_{15}	0.0	6	1.0_{15}	0.0
1.6	6	1.9_{15}	0.0	3	1.0_{15}	0.0
3.2	6	$2.0_{14}1$	0.0	5	4.0_{15}	0.0
6.4	4	8.0_{15}	0.0	5	$4.0_{14}2$	-8.5×10^{-14}
12.8	4	8.0_{15}	0.0	6	1.0_{15}	0.0
1000	4	8.0_{15}	0.0	5	1.0_{15}	0.0

3. n が奇数のとき、初期値 $x_{\pm}^{(0)}\in I_0$ に対して $\{x_{+}^{(\nu)}\}$ と $\{x_{-}^{(\nu)}\}$ の一方は α_1 または α_n に収束し、他方は発散 (振動) する。

証明 $x_{\pm}^{(0)}\in I_i=(\alpha_i,\alpha_{i+1})(i=1,\ldots,n-1)$ をとる。$f'(\alpha_i)>0$ のときは $f'(\alpha_{i+1})<0$ かつ $f(x_{\pm}^{(0)})>0$ である。$f'(\alpha_i)<0$ のときは $f'(\alpha_{i+1})>0$ かつ $f(x_{\pm}^{(0)})<0$ である。$f'(\alpha_i)>0$ の場合を考える。

$$x_{+}^{(\nu+1)}=x_{+}^{(\nu)}+\frac{nf(x_{+}^{(\nu)})}{f'(x_{+}^{(\nu)})+\sqrt{H(x_{+}^{(\nu)})}}$$

とおくと補題 4.1 より

$$\alpha_i<x_{+}^{(\nu+1)}<x_{+}^{(\nu)}<x_{+}^{(0)}$$

より $\{x_{+}^{(\nu)}\}$ は単調減少で下に有界だから収束し、極限値は α_i である。他の場合も補題 4.1 により同様に示せる。 □

例 4.1. 偶数次数の例。$f(x)=x^4-15x^3+70x^2-120x+64=(x-1)(x-2)(x-4)(x-8)$ に初期値 $x^{(0)}=-1000,0.8,1.6,3.2,6.4,12.8,1000,$ として反復

$$x_{\pm}^{(\nu+1)}=L_{\pm}(x_{\pm}^{(\nu)}),\quad (\text{複号同順})$$

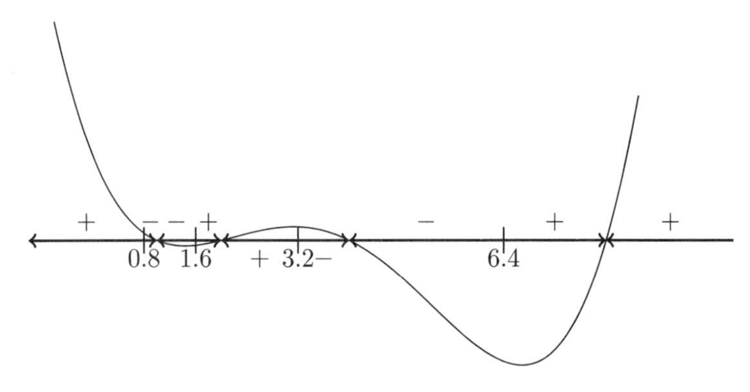

図 4.1　ラゲール法の収束 (例 4.1)

の計算結果を表 4.1 に示す。0_{15} は 0 が 15 個続くことを表す記号である。図 4.1 に初期値と極限を表示する。すべての初期値に対し、右隣か左隣の解に収束している。ただし、-1000 の左隣は $-1000 \to -\infty = +\infty \to 8$ より 8 である。■

例 4.2. 奇数次数の例。$f(x) = x^5 - 14x^4 + 55x^3 - 50x^2 - 56x + 64 = (x+1)(x-1)(x-2)(x-4)(x-8)$ に初期値 $-2.4, 12.0 \in I_0 = (-\infty, -1) \cup (8, +\infty)$ としてラゲール法を適用した結果を表 4.2 に示す。$f'(-1) > 0, f'(8) > 0$ より $\{x_+^{(\nu)}\}$ はそれぞれ近い方の零点に収束するが、$\{x_-^{(\nu)}\}$ は振動する。■

例 4.1 で初期値が ± 1000 でも $4 \sim 5$ 回の反復で解に収束するのは、ラゲール法の減少率 (p.47) が 0 であることによる。

命題 4.2. $f(x)$ を n 次多項式で零点はすべて実数とすると

$$\lim_{x \to \pm\infty} \frac{1}{x} \left(x - \frac{nf(x)}{f'(x) \pm \sqrt{H(x)}} \right) = 0$$

となる。

表 4.2 奇数次 ($n=5$) 代数方程式にラゲール法を適用

ν	$x_+^{(\nu)}$	$x_-^{(\nu)}$
0	−2.400000000000000	−2.400000000000000
1	−1.039480230030528	−9.554036162552332
2	−1.000002549918758	12.399421692446474
3	−1.000000000000000	−80.367661834326327
4		9.152431407121043
5		12.463740480200869
6		−72.096263830432036
0	12.800000000000000	12.800000000000000
1	8.084775738395358	−47.333238602801728
2	8.000003075860898	9.335844760456233
3	8.000000000000000	13.562738396831897
4		−27.481532820326379
5		9.703690161833620
6		16.338939228355631

証明 $f(x) = a_0x^n + a_1x^{n-1} + \cdots + a_n$ とおく。

$$H(x) = (4n^2(n-1)a_0a_2 + (n-1)^2a_1^2)x^{2n-4} + O(x^{2n-5})$$

より

$$\lim_{x\to\pm\infty} \frac{1}{x}\left(x - \frac{na_0x^n + O(x^{n-1})}{na_0x^{n-1} + O(x^{n-2})}\right) = \lim_{x\to\pm\infty}\left(1 - \frac{na_0 + O(x^{-1})}{na_0 + O(x^{-1})}\right) = 0$$

となる。すなわち、減少率は 0 である。 □

1.4 複素ラゲール法

複素ラゲール法の導入に先立ち複素数の平方根を定義しておく。0 でない複素数 $w = re^{i\theta}$ ($r > 0, -\pi < \theta \leqq \pi$) に対し、方程式 $z^2 = w$ は 2 つの解

$w = \pm\sqrt{r}e^{i\theta/2}$ を持つ。w の平方根を

$$\sqrt{w} = \sqrt{r}e^{i\theta/2}$$

により定義する。w^2 の平方根は $\sqrt{w^2} = \mathrm{sign}(\mathrm{Re}(w))w$ となる。ここで、$\mathrm{sign}(\mathrm{Re}(w))$ は w の実部の符号である。

複素ラゲール法 は代数方程式 $f(z) = 0$ に対し、初期値 $z^{(0)}$ と反復停止条件 $\delta >$ を与え、反復

$$z^{(\nu+1)} = z^{(\nu)} - \frac{nf(z^{(\nu)})}{f'(z^{(\nu)}) \pm \sqrt{H(z^{(\nu)})}}$$

を行い、$|f(z^{(\nu)})| < \delta$ となったところで停止する。複号は + か − のどちらか一方に固定しておく。複素ラゲール法は実代数方程式の複素数解を求めることも複素代数方程式の複素数解を求めることもできる。

命題 4.3. ζ は n 次複素代数方程式 $f(z) = 0$ の単解とする。複号を $\mathrm{sign}(\mathrm{Re}(f'(\zeta)))$ にとった複素ラゲール法

$$z^{(\nu+1)} = z^{(\nu)} - \frac{nf(z^{(\nu)})}{f'(z^{(\nu)}) + \mathrm{sign}(\mathrm{Re}(f'(\zeta)))\sqrt{H(z^{(\nu)})}}$$

は ζ に局所 3 次収束する。ここで

$$H(z) = (n-1)^2(f'(z))^2 - n(n-1)f(z)f''(z)$$

である。

証明　複素ラゲール法の反復関数

$$g(z) = x - \frac{nf(z)}{f'(z) + \mathrm{sign}(\mathrm{Re}(f'(\zeta)))\sqrt{H(z)}}$$

に対しても実ラゲール法と同様の

$$\begin{aligned} g' =& 1 - \frac{nf'}{f' + \mathrm{sign}(\mathrm{Re}(f'(\zeta)))\sqrt{H}} \\ &+ \frac{nf}{(f' + \mathrm{sign}(\mathrm{Re}(f'(\zeta)))\sqrt{H})^2}\left[f'' + \mathrm{sign}(\mathrm{Re}(f'(\zeta)))\frac{H'}{2\sqrt{H}}\right] \end{aligned}$$

表 4.3　複素ラゲール法を $z^3-2z-5=0$ に適用 (例 4.3)

ν	$z_+^{(\nu)}$	$f(z_+^{(\nu)})$
0	3.000000000000000	16.0
1	$\underline{2.09}0648823216454$	4.34×10^{-2}
2	$\underline{2.09455148}2160036$	6.90×10^{-9}
3	$\underline{2.09455148154232}7$	1.78×10^{-15}

ν	$z_-^{(\nu)}$	$f(z_-^{(\nu)})$
0	3.000000000000000	16.0
1	20.235881789028451	8.241×10^{3}
2	-2.030053838695167	9.31
3	$-\underline{1}.221665766485117+\underline{1}.234598715278722i$	1.69
4	$-\underline{1.04}6951079068972+\underline{1.135}856403322278i$	2.54×10^{-3}
5	$-\underline{1.04727574077}2635+\underline{1.13593988908}7849i$	1.39×10^{-11}
6	$-\underline{1.047275740771163}+\underline{1.135939889088928}i$	1.60×10^{-15}

などが成立するので、命題 4.1 と同様に証明できる。　□

例 4.3. $f(z)=z^3-2z-5$ の零点を初期値 $z^{(0)}=3$ として複素ラゲール法で計算した結果を表 4.3 に示す。係数も初期値も実数であるが、$L_-(x^{(2)})$ の平方根の中が負であるので、$x^{(3)}$ 以降は虚数になり $-1.04736+1.1359i$ に収束している。　■

複素代数方程式 $f(z)=0$ に対しては、定理 4.1 のような大域的収束性は知られてないが、数値実験によれば大域的収束性が成立すると考えられる。

例 4.4. 複素係数の n 次多項式 $f(z)=c_0z^n+\cdots+c_n$ の係数と初期値 $z^{(0)}$ を実部と虚部の絶対値が 10 以下になるように乱数で与える。$f(z)=0$ に複素ラゲール法を適用し、$|f(z^{\nu)})|<10^{-8}$ となれば収束とみなす。$n=2,3,\ldots,10$ のそれぞれに対し 1000 回づつ試行するとすべて成功率 100% で、$n=20,30,\ldots,100$ のときはそれぞれ $96.4\%, 92.5\%, \ldots, 78.4\%$ である。次数

を大きくすると成功率が下がるのは丸め誤差が原因と思われる。 ■

複素代数方程式 $f(z)=0$ に対するハリー法も例 4.4 に類似の結果が成り立つ。

2　代数方程式のすべての解を同時に求める連立法

n 次代数方程式 $f(z)=0$ の n 個の解を $\zeta_1,\ldots,\zeta_n$(m 重解の場合は同じ解を m 個とる) とする。$\boldsymbol{\zeta}=(\zeta_1,\ldots,\zeta_n)^T$ を $\mathbb{C}^n$ におけるベクトルと考え、$\boldsymbol{\zeta}$ に収束するベクトル列 $\{\boldsymbol{z}^{(\nu)}\}=\{(z_1^{(\nu)},\ldots,z_n^{(\nu)})^T\}$ により n 個の解を同時に求める方法を連立法、あるいは同時反復解法という。

2.1 代数方程式の解の存在範囲

定理 4.2. (代数学の基本定理) n 次代数方程式は複素数の範囲で n 個の解を持つ。

証明　[32, pp.48-51] などをみよ。 □

定理 4.3. **(デカルト (Descartes) の符号律)** 実係数多項式 $f(x)=a_0x^n+a_1x^{n-1}+\cdots+a_n$ の係数列 $a_0,a_1,\cdots,a_n$ の符号の変化する数 (0 になるものは飛ばして数える) を W とすれば、$f(x)$ の正の零点の数は W またはそれよりも偶数個少ない。

証明　[32, p.101] などをみよ。 □

例 4.5. $f(x)=x^3-2x-5$ とする。係数の符号の列は

$$+\quad 0\quad -\quad -$$

より、$W=1$ である。したがって、正の零点はただ1つ。 ■

命題 4.4. 複素多項式 $f(z)=a_0z^n+a_1z^{n-1}+\cdots+a_n(a_0a_n\neq 0)$ の零点の絶対値は

$$|a_0|r^n-|a_1|r^{n-1}-\cdots-|a_n|=0 \tag{4.10}$$

のただ 1 つの正の解 r_0 を超えない。

証明 デカルトの符号律より (4.10) はただ 1 つの正の解 r_0 を持つ。$r > r_0$ のとき (4.10) の左辺は正である。よって、$|z| > r_0$ とすれば

$$|a_0 z^n + a_1 z^{n-1} + \cdots + a_n| \geqq |a_0||z^n| - (|a_1 z^{n-1}| + \cdots + |a_n|) > 0$$

したがって、$|z| > r_0$ となる零点は存在しない。 □

命題 4.5. 複素多項式 $f(z) = a_0 z^n + a_1 z^{n-1} + \cdots + a_n (a_0 a_n \neq 0)$ の零点の絶対値は

$$M = \max_{k=1,\ldots,n} \left\{ \left| \frac{a_k}{a_0} \right| \right\}$$

とおくと $1 + M$ を超えない。

証明 $r > 1 + M$ とする。

$$\begin{aligned} &\frac{|a_1|}{r|a_0|} + \frac{|a_2|}{r^2|a_0|} + \cdots + \frac{|a_n|}{r^n|a_0|} \\ <&M \left(\frac{1}{1+M} + \frac{1}{(1+M)^2} + \cdots + \frac{1}{(1+M)^n} \right) < \frac{1}{1+M} \frac{M}{1 - \frac{1}{1+M}} = 1 \end{aligned}$$

よって、

$$|a_1| r^{n-1} + |a_2| r^{n-2} + \cdots + |a_n| < |a_0| r^n$$

となる。したがって、$r > r_0$ であるので、$r_0 \leqq 1 + M$ である。 □

命題 4.6. 複素多項式 $f(z) = a_0 z^n + a_1 z^{n-1} + \cdots + a_n (a_0 a_n \neq 0)$ の零点の絶対値は

$$G = \max_{k=1,\ldots,n} \left\{ \sqrt[k]{n \left| \frac{a_k}{a_0} \right|} \right\} \tag{4.11}$$

を超えない。

証明 $r > G$ のとき、$k = 1, \ldots, n$ に対し

$$\frac{1}{r^k} \left| \frac{a_k}{a_0} \right| < \frac{1}{n}$$

より

$$\frac{1}{r}\frac{|a_1|}{|a_0|}+\cdots+\frac{1}{r^n}\frac{|a_n|}{|a_0|}<1$$

となるので、命題 4.5 と同様に $r_0 < r$ となる。 □

2.2 ワイエルシュトラス法

複素多項式 $f(z) = a_0z^n + a_1z^{n-1} + \cdots + a_n(a_0a_n \neq 0)$ の n 個の零点を $\zeta_1, \ldots, \zeta_n$ とすると

$$f(z) = a_0(z-\zeta_1)(z-\zeta_2)\cdots(z-\zeta_n) = a_0\prod_{j=1}^{n}(z-\zeta_j)$$

と表せる。ζ_j に収束する反復列を $\{z_j^{(\nu)}\}$ とすると

$$f'(z_j^{(\nu)}) = a_0\sum_{l=1}^{n}\prod_{k\neq l}(z_j^{(\nu)}-\zeta_k)$$

となる。ζ_k を $z_k^{(\nu)}$ で置き換えると $\sum$ は $l=j$ 以外は 0 になるので、

$$f'(z_j^{(\nu)}) \fallingdotseq a_0\prod_{k\neq j}(z_j^{(\nu)}-z_k^{(\nu)}) \tag{4.12}$$

と書ける。$f(x) = 0$ の解 ζ_j を求めるニュートン法の反復

$$z_j^{(\nu)} - \frac{f(z_j^{(\nu)})}{f'(z_j^{(\nu)})}$$

を (4.12) で近似したものを $z_j^{(\nu+1)}$ とおくと

$$z_j^{(\nu+1)} = z_j^{(\nu)} - \frac{f(z_j^{(\nu)})}{a_0\prod_{k\neq j}(z_j^{(\nu)}-z_k^{(\nu)})}, \quad j=1,\ldots,n \tag{4.13}$$

となる。

n 次多項式 $f(z)$ に対する連立法 (4.13) を**ワイエルシュトラス** (Weierstrass) **法**という。

歴史ノート 5. ワイエルシュトラス法の名称は、1891 年にカール・ワイエルシュトラス が代数学の基本定理に新しい証明を与えた「ある変数のすべての有理関数は同じ変数の 1 次関数の積として表現できるという定理の新しい証明」において (4.13) を用いたことに由来する。代数方程式の同時反復解法としては、1960 年以降に、エミール・デュラン (1960)、キリル・ドチェフ (1962)、イモ・ケルナー (1966) らが独立に (4.13) を再発見しているので、デュラン-ケルナー法あるいはワイエルシュトラス-ドチェフ法などとも呼ばれている。あるいは単に連立法 (2 次法) ともいう。

ワイエルシュトラス法はニュートン法を近似して用いているため、一定の条件のもとで広義 2 次収束する。

定理 4.4. $\zeta_1, \ldots, \zeta_n$ を $f(z)$ の単純零点とし、初期値 $\boldsymbol{z}^{(0)} = (z_1^{(0)}, z_2^{(0)}, \ldots, z_n^{(0)})$ を $\boldsymbol{\zeta} = (\zeta_1, \ldots, \zeta_n)$ の近くにとる。各 ν に対し、$|z_j^{(\nu)} - \zeta_j| (j = 1, \ldots, n)$ が同程度の大きさであればワイエルシュトラス法は広義 2 次収束する。

証明 $\epsilon_j^{(\nu)} = z_j^{(\nu)} - \zeta_j (j = 1, \ldots, n)$ とおく。

$$
\begin{aligned}
&\epsilon_j^{(\nu+1)} \\
=&\epsilon_j^{(\nu)} - \frac{f(z_j^{(\nu)})}{\displaystyle\prod_{k \neq j} (z_j^{(\nu)} - z_k^{(\nu)})} = \epsilon_j^{(\nu)} - \epsilon_j^{(\nu)} \prod_{k \neq j} \frac{z_j^{(\nu)} - \zeta_k}{z_j^{(\nu)} - z_k^{(\nu)}} \\
=&\epsilon_j^{(\nu)} - \epsilon_j^{(\nu)} \prod_{k \neq j} \left(1 + \frac{\epsilon_k^{(\nu)}}{z_j^{(\nu)} - z_k^{(\nu)}} \right) \\
=&\epsilon_j^{(\nu)} - \epsilon_j^{(\nu)} \left[1 + \sum_{k \neq j} \frac{\epsilon_k^{(\nu)}}{z_j^{(\nu)} - z_k^{(\nu)}} + \sum_{\substack{k \neq j \\ l \neq j}} \frac{\epsilon_k^{(\nu)}}{z_j^{(\nu)} - z_k^{(\nu)}} \frac{\epsilon_l^{(\nu)}}{z_j^{(\nu)} - z_l^{(\nu)}} + \cdots \right] \\
=& - \epsilon_j^{(\nu)} \sum_{k \neq j} \frac{\epsilon_k^{(\nu)}}{z_j^{(\nu)} - z_k^{(\nu)}} - \epsilon_j^{(\nu)} \sum_{\substack{k \neq j \\ l \neq j}} \frac{\epsilon_k^{(\nu)}}{z_j^{(\nu)} - z_k^{(\nu)}} \frac{\epsilon_l^{(\nu)}}{z_j^{(\nu)} - z_l^{(\nu)}} + \cdots
\end{aligned}
$$

$\tilde{\epsilon}_j^{(\nu)} = \max_{k \neq j} |\epsilon_k^{(\nu)}|$ とおく。

$$|\epsilon_j^{(\nu+1)}| \leqq |\epsilon_j^{(\nu)}| \left(\tilde{\epsilon}_j^{(\nu)} \left| \sum_{k \neq j} \frac{1}{z_j^{(\nu)} - z_k^{(\nu)}} + O(\tilde{\epsilon}_j^{(\nu)}) \right| \right)$$

仮定より $\epsilon_j^{(\nu)}$ は $\tilde{\epsilon}_j^{(\nu)}$ と同程度の大きさであるので、

$$\epsilon_j^{(\nu+1)} = O(\epsilon_j^{(\nu)} \tilde{\epsilon}_j^{(\nu)}) = O((\epsilon_j^{(\nu)})^2)$$

より

$$||\boldsymbol{z}^{(\nu+1)} - \boldsymbol{\zeta}|| = O(||\boldsymbol{z}^{(\nu)} - \boldsymbol{\zeta}||^2)$$

となり $\{\boldsymbol{z}^{(\nu)}\}$ は $\boldsymbol{\zeta}$ に広義 2 次収束する。 □

n 個の零点の重心を

$$\beta = \frac{\zeta_1 + \cdots + \zeta_n}{n} = -\frac{a_1}{n a_0}$$

とする。円板 $|z - \beta| \leqq r$ が $f(z)$ のすべての零点を含むように r をとり

$$z_j^{(0)} = \beta + r \exp\left(i \left(\frac{2\pi(j-1)}{n} + \frac{\pi}{2n} \right) \right), \quad j = 1, \ldots, n \tag{4.14}$$

を初期値にとる。プログラミングにおいて r は、命題 4.5 あるいは命題 4.6 により求めるのが容易と思われる。

また、変数変換を行い

$$f(z + \beta) = c_0 z^n + c_2 z^{n-2} + \cdots + c_0$$

をつくり、

$$\hat{f}(z) = |c_0| z^n - (|c_2| z^{n-2} + \cdots + |c_0|) = 0 \tag{4.15}$$

の唯一の正の解を r_0 とし、$r_0 \geqq r$ を適当に選ぶ方法はアバース (Aberth) の初期値とよばれる。

例 4.6. $f(z) = z^5 - 3z^4 + 9z^3 - 37z^2 + 80z - 50$ にワイエルシュトラス法を適用する。解の重心は $\frac{3}{5}$ で、(4.15) は

$$\hat{f}(z) = z^5 - 5.4z^3 - 25.12z^2 - 43.376z - 13.68704$$

表 4.4 $f(z) = z^5 - 3z^4 + 9z^3 - 37z^2 + 80z - 50$ にワイエルシュトラス法を適用 (例 4.6)

ν	$z_1^{(\nu)}$	$z_2^{(\nu)}$	$z_3^{(\nu)}$
0	$4.3 + 1.2i$	$0.6 + 3.9i$	$-3.1 + 1.2i$
1	$3.5 + 0.96i$	$0.28 + 3.2i$	$-1.7 + 1.4i$
8	$1.9_3 3 + 1.0_3 6i$	$-1.0_6 3 + 2.9_6 6i$	$1.0_3 7 - 0.0_3 5i$
9	$1.9_6 7 + 0.9_6 5i$	$-0.9_{10} 6 + 2.9_{10} 8i$	$1.0_6 3 + 0.0_6 5i$
10	$2.0_{13} 9 + 1.0_{12} 2i$	$-1.0_{15} + 3.0_{15} i$	$0.9_{13} 1 - 0.0_{12} 2i$
11	$2.0_{15} + 1.0_{15} i$	$-1.0_{15} + 3.0_{15} i$	$1.0_{15} - 0.0_{15} i$

ν	$z_4^{(\nu)}$	$z_5^{(\nu)}$	$\|\|f(\boldsymbol{z}^{(\nu)})\|\|$
0	$-1.7 - 3.1i$	$2.9 - 3.1i$	1.6×10^3
1	$-1.3 - 3.1i$	$2.3 - 2.5i$	4.0×10^2
8	$-0.9_9 8 - 3.0_{10} 6i$	$2.0_5 1 - 1.0_4 3i$	4.6×10^{-2}
9	$-1.0_{14} 6 - 3.0_{13} 1i$	$2.0_8 8 - 0.9_7 9i$	2.9×10^{-5}
10	$-1.0_{15} - 3.0_{15} i$	$2.0_{14} 1 - 1.0_{14} 4i$	1.1×10^{-11}
11	$-1.0_{15} - 3.0_{15} i$	$2.0_{15} - 1.0_{15} i$	1.0×10^{-14}

となる。$\hat{f}(z) = 0$ の唯一の正の解をニュートン法で求めると $r_0 = 3.8741\ldots$ となるので、$r = 3.875$ にとれる。($\hat{f}(3) < 0 < \hat{f}(4)$ より $r = 4$ と取ってもよい。)

表 4.4 に $z_j^{(\nu)} (j = 1, \ldots, 5, \nu = 0, 1, 8, 9, 10, 11)$ と残差ノルム $||f(\boldsymbol{z}^{(\nu)})|| = \max_{1 \leqq j \leqq 5} |f(z_j^{(\nu)})|$ を示す。下付きの数字は同じ数字の繰り返し回数を表す。たとえば、$0.9_3 5$ は 0.9995 を表す。■

2.3 メアリー-エーリッヒ-アバース法

ワイエルシュトラス法の補正項を

$$W_j(z) = \frac{f(z)}{a_0 \prod_{k \neq j} (z - \zeta_k)}, \quad j = 1, \ldots, n$$

とする。

$$\log W_j(z) = \log f(z) - \log a_0 - \sum_{k\neq j} \log(z - \zeta_k)$$

の両辺を微分すると

$$\frac{W_j'(z)}{W_j(z)} = \frac{f'(z)}{f(z)} - \sum_{k\neq j} \frac{1}{z - \zeta_k} \tag{4.16}$$

となる。ζ_j に収束する反復列を $\{z_j^{(\nu)}\}$ とする。(4.16) の z に $z_j^{(\nu)}$ を代入し、ζ_k を $z_k^{(\nu)}$ に置き換えると

$$\frac{W_j'(z_j^{(\nu)})}{W_j(z_j^{(\nu)})} = \frac{f'(z_j^{(\nu)})}{f(z_j^{(\nu)})} - \sum_{k\neq j} \frac{1}{z_j^{(\nu)} - z_k^{(\nu)}} \tag{4.17}$$

となる。$W_j(z) = 0$ の解 ζ_j を求めるニュートン法の反復

$$z_j^{(\nu)} - \frac{W_j(z_j^{(\nu)})}{W_j'(z_j^{(\nu)})}$$

を (4.17) で近似したものを $z_j^{(\nu+1)}$ とおくと

$$z_j^{(\nu+1)} = z_j^{(\nu)} - \frac{1}{\dfrac{f'(z_j^{(\nu)})}{f(z_j^{(\nu)})} - \displaystyle\sum_{k\neq j} \frac{1}{z_j^{(\nu)} - z_k^{(\nu)}}}, \quad j = 1, \ldots, n \tag{4.18}$$

が得られる。(4.18) は**メアリー-エーリッヒ-アバース法**と呼ばれる。

歴史ノート 6. (4.18) と同等の式はニュートン法の改良としてフォン・ハンス・メアリー が 1954 年に「代数方程式の反復解法について」で与えた。同時反復法として 1967 年にルイス・エーリッヒ 、1973 年にオリバー・アバース が再発見しているので、エーリッヒ-アバース法、メアリー-エーリッヒ-アバース法あるいは連立法 (3 次法) などと呼ばれる。メアリー (Maehly) 法と呼ぶのが適切と思われるが定着してないので、メアリー-エーリッヒ-アバース法と呼ぶことにする。

定理 4.5. $\zeta_1, \ldots, \zeta_n$ を $f(z)$ の単純零点とする。$z_1^{(0)}, z_2^{(0)}, \ldots, z_1^{(0)}$ をそれぞれ $\zeta_1, \ldots, \zeta_n$ の近くにとる。各 ν に対し、$|z_j^{(\nu)} - \zeta_j| (j = 1, \ldots, n)$ が同程度の大きさであれば、メアリー・エーリッヒ・アバース法は広義 3 次収束する。

証明 $z_i^{(\nu)} - \zeta_i = O(\epsilon), \quad i = 1, \ldots, n$ とする。

$$\frac{f'(z)}{f(z)} = \frac{1}{z - \zeta_i} + \sum_{j \neq i} \frac{1}{z - \zeta_j}$$

より

$$\begin{aligned}
\frac{f'(z_i^{(\nu)})}{f(z_i^{(\nu)})} &= \frac{1}{z_i^{(\nu)} - \zeta_i} + \sum_{j \neq i} \frac{1}{z_i^{(\nu)} - \zeta_j} \\
&= \frac{1}{z_i^{(\nu)} - \zeta_i} + \sum_{j \neq i} \left(\frac{1}{z_i^{(\nu)} - \zeta_j} - \frac{z_j^{(\nu)} - \zeta_j}{(z_i^{(\nu)} - z_j^{(\nu)})(z_i^{(\nu)} - \zeta_j)} \right)
\end{aligned}$$

よって、

$$z_i^{(\nu)} - \zeta_i = \left[\frac{f'(z_i^{(\nu)})}{f(z_i^{(\nu)})} - \sum_{j \neq i} \left(\frac{1}{z_i^{(\nu)} - \zeta_j} - \frac{z_j^{(\nu)} - \zeta_j}{(z_i^{(\nu)} - z_j^{(\nu)})(z_i^{(\nu)} - \zeta_j)} \right) \right]^{-1}$$

ここで、

$$\begin{aligned}
&\left[\frac{f'(z_i^{(\nu)})}{f(z_i^{(\nu)})} - \sum_{j \neq i} \frac{1}{z_i^{(\nu)} - \zeta_j} \right]^{-1} = z_i^{(\nu)} - \zeta_i = O(\epsilon), \\
&\sum_{j \neq i} \frac{z_j^{(\nu)} - \zeta_j}{(z_i^{(\nu)} - z_j^{(\nu)})(z_i^{(\nu)} - \zeta_j)} = O(\epsilon)
\end{aligned}$$

より

$$z_i^{(\nu)} - \zeta_i = \left[\frac{f'(z_i^{(\nu)})}{f(z_i^{(\nu)})} - \sum_{j \neq i} \frac{1}{z_i^{(\nu)} - z_j^{(\nu)}} \right]^{-1} [1 + O(\epsilon^2)]$$

したがって、

$$\zeta_i = z_i^{(\nu)} - \left[\frac{f'(z_i^{(\nu)})}{f(z_i^{(\nu)})} - \sum_{j \neq i} \frac{1}{z_i^{(\nu)} - \zeta_j} \right]^{-1} + O(\epsilon^3)$$

□

表 4.5　$f(z) = z^5 - 3z^4 + 9z^3 - 37z^2 + 80z - 50$ にメアリー・エーリッヒ・アバース法を適用 (例 4.7)

ν	$z_1^{(\nu)}$	$z_2^{(\nu)}$	$z_3^{(\nu)}$
0	$4.3 + 1.2i$	$0.6 + 3.9i$	$-3.1 + 1.2i$
1	$3.0 + 0.8i$	$-0.04 + 2.5i$	$-0.97 + 1.47i$
2	$2.2 + 0.7i$	$-0.7 + 4.5i$	$-1.04 + 6.1i$
3	$1.95 + 0.93i$	$-0.8 + 3.2i$	$0.38 - 0.006i$
4	$2.0_2 19 + 1.0_2 13i$	$-1.0_2 47 + 2.998i$	$1.02 - 0.004i$
5	$1.9_7 3 + 1.0_6 1i$	$-0.9_7 5 + 2.9_8 3i$	$0.9_6 4 + 0.0_6 4i$
6	$2.0_{15} + 1.0_{15}i$	$-1.0_{15} + 3.0_{15}i$	$1.0_{15} - 0.0_{15}i$

ν	$z_4^{(\nu)}$	$z_5^{(\nu)}$	$\|\|f(\boldsymbol{z}^{(\nu)})\|\|$
0	$-1.7 - 3.1i$	$2.9 - 3.1i$	1.6×10^3
1	$-1.1 - 3.0i$	$2.1 - 1.9i$	2.0×10^2
2	$-1.0_3 1 - 2.9_3 i$	$1.9 - 1.2i$	8.6×10^3
3	$-0.9_5 7 - 3.0_6 7i$	$1.96 - 1.004i$	1.2×10^2
4	$-1.0_{13} 2 - 2.9_{13} 7i$	$1.9_4 7 - 0.9_3 8i$	2.0×10^0
5	$-1.0_{15} - 3.0_{15}i$	$1.9_9 8 - 0.9_9 6i$	2.0×10^{-5}
6	$-1.0_{15} - 3.0_{15}i$	$2.0_{15} 8 - 1.0_{15}i$	7.9×10^{-15}

例 4.7. $f(z) = z^5 - 3z^4 + 9z^3 - 37z^2 + 80z - 50$ にメアリー・エーリッヒ・アバース法を適用する。初期値は例 4.6 と同じとする。表 4.5 に $z_j^{(\nu)}(j = 1, \ldots, 5, \nu = 0, 1, 2, \ldots, 6)$ と残差ノルム $||f(\boldsymbol{z}^{(\nu)})||$ を示す。ワイエルシュトラス法が 11 回の反復で収束するのに対し、メアリー・エーリッヒ・アバース法は 6 回の反復で収束している。 ■

3　非線形方程式・代数方程式の解法選択の指針

非線形方程式には代数方程式を含める。C 言語でプログラミングする際は、実数係数の方程式の実数解を求めるときは `double` 型、係数に関わらず複素数

解を求めるときは `double complex` 型で計算する。

1. 単独非線形方程式
   i 解が単解で近似値 a が分かっているときは a を初期値とするニュートン法かハリー法
   ii 解の近似値 a と重複度 m が分かっているときは a を初期値とするシュレーダー法
   iii 解の近似値 a が重解であることは分かっているが、重複度 m が不明なときは a を初期値とする多重度に依存しない 2 次法
2. 連立非線形方程式
   解の近似値 $\boldsymbol{a}$ が分かっているときは $\boldsymbol{a}$ を初期値とする連立ニュートン法
3. 代数方程式の絶対値最大の解はすべての解の絶対値の上限 (たとえば、$f(z) = \sum_{i=0}^{n} a_i z^{n-i} = 0$ に対し $M = \max_{1 \leqq i \leqq n} \dfrac{|a_i|}{|a_0|}$ とおき $z^{(0)} = \pm(1+M)$) を初期値とするラゲール法
4. 代数方程式のすべての解を求めるときはワイエルシュトラス法かメアリー・エーリッヒ・アバース法

実数解の近似値を初期値とする反復解法では、未知数が 2 つまでなら 3 章図 3.3(p.59) のような曲線のグラフが描けるソフトウェア (フリーやクラウドだと Gnuplot, GeoGebra など、ちなみに図 3.3 は Mac 付属の Grapher による) でグラフを描くと近似値を求めることができる。未知数 1 つの場合は x 切片が解になり x 軸に接していれば接点が重解、未知数 2 つの場合は 2 曲線の交点が解で接していれば接点が重解である。

$f(z)$ が複素正則関数のときの近似零点は、$f(z) = u(x,y) + iv(x,y)$ $(z = x+iy)$ と実部と虚部に分けて、連立方程式

$$\begin{cases} u(x,y) = 0 \\ v(x,y) = 0 \end{cases}$$

の近似解 (2 曲線 $u = 0, v = 0$ の交点) を求めればよい。

第5章

数値積分

定積分や無限積分の値を数値として求めることが数値積分である。通常の定積分 (特異点を持たない有限区間の積分) は、被積分関数 $f(x)$ の原始関数 $F(x)$ が分かれば、

$$\int_a^b f(x)dx = F(b) - F(a)$$

により解決する。しかしながら、自然科学や工学に現れる積分は、原始関数が初等関数や特殊関数で表せないこともある。表せても計算に手間がかかることが多い。さらに観測値や測定値などは原始関数を持たない。このような場合に利用するのが数値積分である。

よく用いられる数値積分公式は次のように分類することができる。

1. 補間型 (複合公式を含む)
2. 変数変換型
3. 加速法の利用

本章では補間型公式としてニュートン-コーツ公式とガウス型公式を取り上げる。ガウス型公式は被積分関数を直交多項式の零点に関し補間するので、直交多項式についても説明する。変数変換型公式の二重指数関数型公式、ロンバーグ積分法などの加速法を用いる積分公式は 7 章で扱う。7 章の最後で数値積分公式選択の指針を述べる。

1 補間多項式

本節では、補間型積分公式の基礎となる補間多項式について述べる。関数 $f(x)$ の点 $x_0, x_1, \cdots, x_n$ における値 $y_0, y_1, \cdots, y_n$ が与えられているとき、$x(\neq x_i)$ における関数値 $f(x)$ を推定することを**補間**という。$x_0, x_1, \cdots, x_n$ は**分点**、**補間点**などと呼ばれる。多項式 $p(x)$ が $p(x_i) = y_i, i = 0, 1, \cdots, n$ を満たすとき、$p(x)$ は $f(x)$ の $x_0, x_1, \cdots, x_n$ に関する**補間多項式**と呼ばれる。

命題 5.1. $n+1$ 個の相異なる点 $x_0, x_1, \cdots, x_n$ と $n+1$ 個の値 $y_0, y_1, \cdots, y_n$ が与えられているとき、$n+1$ 個の点 (x_i, y_i) を通るたかだか n 次 (n 次以下) の多項式 $p(x)$ はただ一つ存在する。

証明 $p(x) = a_0x^n + a_1x^{n-1} + \cdots + a_{n-1}x + a_n$ とおく。$p(x)$ が補間多項式となるのは、$a_0, \cdots, a_n$ が x_i^{n-j} $(0 \leqq i, j \leqq n)$ を係数とする連立 1 次方程式

$$\left\{\begin{array}{r} a_0x_0^n + a_1x_0^{n-1} + \cdots + a_{n-1}x_0 + a_n = y_0 \\ a_0x_1^n + a_1x_1^{n-1} + \cdots + a_{n-1}x_1 + a_n = y_1 \\ \cdots \\ a_0x_n^n + a_1x_n^{n-1} + \cdots + a_{n-1}x_n + a_n = y_n \end{array}\right. \tag{5.1}$$

の解となるときである。(5.1) の係数の作る行列式はファンデルモンドの行列式

$$\left|\begin{array}{cccc} x_0^n & x_0^{n-1} & \cdots & x_0 \ 1 \\ x_1^n & x_1^{n-1} & \cdots & x_1 \ 1 \\ & & & \cdots \\ x_n^n & x_n^{n-1} & \cdots & x_n \ 1 \end{array}\right| = (x_0 - x_1)(x_0 - x_2)\cdots(x_{n-1} - x_n) \neq 0$$

で 0 ではないので、ただ一つの解を持つ。 □

命題 5.1 により、$n+1$ 個の異なる点 $x_0, x_1, \cdots, x_n$ における補間多項式は一意的に定まるが、補間多項式の見かけ上の形は種々のものがある。

$i = 0, \cdots, n$ に対し、n 次多項式 $l_i(x)$ を

$$l_i(x) = \frac{(x - x_0)\cdots(x - x_{i-1})(x - x_{i+1})\cdots(x - x_n)}{(x_i - x_0)\cdots(x_i - x_{i-1})(x_i - x_{i+1})\cdots(x_i - x_n)} \tag{5.2}$$

とおき、

$$p_n(x) = l_0(x)f(x_0) + \cdots + l_n(x)f(x_n) \tag{5.3}$$

とする。**クロネッカー** (Kronecker) **のデルタ**を

$$\delta_{i,j} = \begin{cases} 1 & i = j \text{ のとき }, \\ 0 & i \neq j \text{ のとき} \end{cases}$$

としたとき、$l_i(x_j) = \delta_{i,j}$ となるので、$p_n(x_i) = l_i(x_i)f(x_i) = f(x_i), i = 0, \cdots, n$ である。すなわち、$p_n(x)$ は $f(x)$ の $x_0, x_1, \cdots, x_n$ に関する n 次補間多項式である。(5.3) で与えられる n 次補間多項式 $p_n(x)$ を n 次**ラグランジュ** (Lagrange) **補間多項式**という。

$$\omega_n(x) = (x - x_0)(x - x_1)\cdots(x - x_n)$$

とおくと

$$\omega_n'(x_i) = (x_i - x_0)\cdots(x_i - x_{i-1})(x_i - x_{i+1})\cdots(x_i - x_n)$$

より (5.3) は

$$p_n(x) = \omega_n(x)\sum_{i=0}^{n}\frac{f(x_i)}{(x - x_i)\omega_n'(x_i)} \tag{5.4}$$

と表せる。

例 5.1. $x_0, x_1 (x_0 \neq x_1)$ に関する 1 次ラグランジュ補間多項式は、

$$p_1(x) = \frac{x - x_1}{x_0 - x_1}f(x_0) + \frac{x - x_0}{x_1 - x_0}f(x_1)$$

である。$p_1(x_0) = f(x_0), p_1(x_1) = f(x_1)$ は容易にわかる。 ■

例 5.2. 相異なる 3 点 x_0, x_1, x_2 に関する 2 次ラグランジュ補間多項式は

$$\begin{aligned} p_2(x) =& \frac{(x - x_1)(x - x_2)}{(x_0 - x_1)(x_0 - x_2)}f(x_0) + \frac{(x - x_0)(x - x_2)}{(x_1 - x_0)(x_1 - x_2)}f(x_1) \\ &+ \frac{(x - x_0)(x - x_1)}{(x_2 - x_0)(x_2 - x_1)}f(x_2) \end{aligned}$$

である。$p_2(x_i) = f(x_i),\ (i = 0, 1, 2)$ も容易にわかる。 ■

命題 5.2. $p_n(x)$ を $f(x)$ の相異なる $n+1$ 個の点 $x_0, \ldots, x_n$ に関する n 次補間多項式とし、$x_0, \ldots, x_n, \bar{x}$ を含む最小の閉区間を I とする。$f(x)$ が区間 I で C^{n+1} 級のとき

$$f(\bar{x}) = p_n(\bar{x}) + \frac{f^{(n+1)}(\xi)}{(n+1)!}\omega_n(\bar{x})$$

となる $\xi \in I$ が存在する。ここで、$\omega_n(x) = (x - x_0)(x - x_1)\cdots(x - x_n)$ である。

証明 $\bar{x} = x_i$ のときは $f(\bar{x}) = p_n(\bar{x}), \omega_n(\bar{x}) = 0$ だから成立する。

$\bar{x} \neq x_i, (i = 0, \ldots, n)$ とする。定数 K と関数 $\phi(x)$ を

$$K = \frac{f(\bar{x}) - p_n(\bar{x})}{\omega_n(\bar{x})} \tag{5.5}$$
$$\phi(x) = f(x) - p_n(x) - K\omega_n(x)$$

により定義する。$p_n(x)$ は n 次多項式、$\omega_n(x)$ は最高次の係数が 1 の $n+1$ 次多項式だから、

$$\phi^{(n+1)}(x) = f^{(n+1)}(x) - (n+1)!K$$

となる。$\phi(x)$ の作り方より

$$\phi(x_i) = 0 \ (i = 0, \ldots, n), \quad \phi(\bar{x}) = 0$$

となる。$x_0, x_1, x_n, \bar{x}$ を小さい順に並べ替えて $\xi_0^{(0)} < \xi_1^{(0)} < \cdots < \xi_{n+1}^{(0)}$ とする。ロルの定理により $\phi'(\xi_i^{(1)}) = 0,\ \xi_i^{(0)} < \xi_i^{(1)} < \xi_{i+1}^{(0)},\ (i = 0, \ldots, n)$ となる $\xi_i^{(1)}$ が存在する。ふたたびロルの定理を適用すると $\phi''(\xi_i^{(2)}) = 0,\ \xi_i^{(1)} < \xi_i^{(2)} < \xi_{i+1}^{(1)},\ (i = 0, \ldots, n-2)$ となる $\xi_i^{(2)}$ が存在する。

この論法を繰り返すことにより $\phi^{(n+1)}(x)$ は区間 $(\xi_0^{(n)}, \xi_1^{(n)})$ に少なくとも 1 個の零点 $\xi_0^{(n+1)} \in (\xi_0^{(n)}, \xi_1^{(n)}) \subset I$ を持つことがいえる。$\xi = \xi_0^{(n+1)}$ とおくと $f^{(n+1)}(\xi) = (n+1)!K$ が成り立つ。$K = f^{(n+1)}(\xi)/(n+1)!$ を (5.5) に代入すると求める結果が得られる。 □

命題 5.2 の $\frac{f^{(n+1)}(\xi)}{(n+1)!}\omega_n(\bar{x})$ は補間多項式の剰余項である。

2　ニュートン補間多項式

ラグランジュ補間多項式 (5.3) あるいは (5.4) は補間点 $x_0, \ldots, x_n$ における関数値 $f(x_0), \ldots, f(x_n)$ に関し展開した形であるが、n 次補間多項式 $p_n(x)$ が多項式列 $\omega_0(x), \ldots, \omega_{n-1}(x)$ に関し展開した形であれば、新たに補間点と関数値の組 $(x_{n+1}, f(x_{n+1}))$ を付け加えると $\omega_n(x)$ の項が加わるだけである。そのような補間多項式にニュートン補間多項式がある。

$n+1$ 個の補間点 $x_0, \ldots, x_n$ おける関数値 $f(x_0), \ldots, f(x_n)$ が与えられているとき、差分商 $f[x_0, \ldots, x_n]$ は補間点の個数に関し帰納的に定義される。

$$
\begin{aligned}
&f[x_i] = f(x_i), \quad i = 0, \ldots, n \\
&f[x_i, x_j] = \frac{f[x_j] - f[x_i]}{x_j - x_i}, \quad i \neq j \\
&f[x_i, x_j, x_k] = \frac{f[x_j, x_k] - f[x_i, x_j]}{x_k - x_i}, \quad (i-j)(j-k)(k-i) \neq 0 \\
&\cdots \\
&f[x_0, \ldots, x_n] = \frac{f[x_1, \ldots, x_n] - f[x_0, \ldots, x_{n-1}]}{x_n - x_0}
\end{aligned}
$$

$f[x_{i_0}, \ldots, x_{i_k}]$ は $\boldsymbol{k}$ **階差分商**という。

補題 5.1. n 階差分商は

$$
f[x_0, \ldots, x_n] = \sum_{i=0}^{n} \frac{f(x_i)}{\prod_{\substack{j=0 \\ j \neq i}}^{n} (x_i - x_j)}
$$

$$
= \frac{f(x_0)}{(x_0 - x_1) \cdots (x_0 - x_n)} + \cdots + \frac{f(x_n)}{(x_n - x_0) \cdots (x_n - x_{n-1})}
$$

と表される。

証明　差分商の階数 n に関する数学的帰納法で示す。$n = 1$ のとき

$$
f[x_0, x_1] = \frac{f(x_1) - f(x_0)}{x_1 - x_0} = \frac{f(x_0)}{x_0 - x_1} + \frac{f(x_1)}{x_1 - x_0}
$$

となり成立している。$n-1$ のとき成立すると仮定する。

$$f[x_0,\dots,x_n] = \frac{f[x_1,\dots,x_n]-f[x_0,\dots,x_{n-1}]}{x_n-x_0}$$

$$=\frac{1}{x_n-x_0}\left(\sum_{i=1}^{n}\frac{f(x_i)}{\prod_{\substack{j=1\\ j\neq i}}^{n}(x_i-x_j)}-\sum_{i=0}^{n-1}\frac{f(x_i)}{\prod_{\substack{j=0\\ j\neq i}}^{n-1}(x_i-x_j)}\right)=\sum_{i=0}^{n}\frac{f(x_i)}{\prod_{\substack{j=0\\ j\neq i}}^{n}(x_i-x_j)}$$

□

系 5.1. $f[x_0,\dots,x_n]$ は $x_0,\dots,x_n$ に関する対称式である。したがって、$x_0,\dots,x_n$ の順序によらない。

定理 5.1. **(ニュートン補間多項式)** 相異なる $n+1$ 個の点 $x_0,\dots,x_n$ に対する $f(x)$ の n 次補間多項式 $p_n(x)$ は

$$\begin{aligned} p_n(x) =& f[x_0]+f[x_0,x_1](x-x_0)+\cdots \\ &+f[x_0,\dots,x_n](x-x_0)\cdots(x-x_{n-1}) \end{aligned} \tag{5.6}$$

と表せる。

証明 n に関する数学的帰納法で (5.6) を示す。

$n=0$ のとき、$p_0(x)=f(x_0)=f[x_0]$ となり成立している。

$n=1$ のとき、1 次補間多項式は 2 点 $(x_0,f(x_0))$, $(x_1,f(x_1))$ を通る直線なので

$$p_1(x)=f(x_0)+\frac{f(x_1)-f(x_0)}{x_1-x_0}(x-x_0)=f[x_0]+f[x_0,x_1](x-x_0)$$

となるので成立している。

$n=m$ $(m>1)$ のとき (5.6) が成り立つと仮定する。

$$c_{m+1}=\frac{f(x_{m+1})-p_m(x_{m+1})}{(x_{m+1}-x_0)\cdots(x_{m+1}-x_m)}$$
$$p(x)=p_m(x)+c_{m+1}(x-x_0)\cdots(x-x_m)$$

表5.1　例5.3の差分表

i	x_i	$f_{i,i}$	$f_{i,i+1}$	$f_{i,i+2}$	$f_{i,i+3}$	$f_{i,i+4}$
0	-3	-6	$\frac{15}{2}$	$-\frac{7}{2}$	0	$\frac{1}{2}$
1	-1	9	-3	$-\frac{7}{2}$	$\frac{5}{2}$	
2	0	6	-10	4		
3	1	-4	-2			
4	2	-6				

とおくと、$p(x)$ はたかだか $m+1$ 次多項式で

$$p(x_i) = f(x_i), \quad i = 0, \ldots, m+1$$

を満たすので、$m+1$ 次補間多項式になる。c_{m+1} は $m+1$ 次ラグランジュ補間多項式の最高次の係数に一致するので (5.3) より

$$c_{m+1} = \sum_{i=0}^{m+1} \frac{f(x_i)}{(x_i - x_0)\cdots(x_i - x_{i-1})(x_i - x_{i+1})\cdots(x_i - x_m)}$$

一方、補題5.1より

$$c_{m+1} = f[x_0, \ldots, x_{m+1}]$$

となる。よって $n = m+1$ のときにも (5.6) が成り立つ。 □

(5.6) は補間点の間隔が任意の場合のニュートン補間多項式である。補間点が n 個から $n+1$ 個に増えたとき、

$$p_n(x) = p_{n-1}(x) + f[x_0, \ldots, x_n](x - x_0)\cdots(x - x_{n-1})$$

により、帰納的に新しい補間多項式が求められる。

例 5.3. $(-3,-6), (-1,9), (0,6), (1,-4), (2,-6)$ に対するニュートン補間多項式を求める。

$f_{i,i+k} = f[x_i, \ldots, x_{i+k}]$ とおくと、求める多項式は

$$\begin{aligned} p_4(x) =& f_{0,0} + f_{0,1}(x+3) + f_{0,2}(x+3)(x+1) \\ &+ f_{0,3}(x+3)(x+1)x + f_{0,4}(x+3)(x+1)x(x-1) \end{aligned}$$

と書ける。$f_{i,i+k}$ は漸化式

$$f_{i,i} = y_i$$
$$f_{i,i+k} = \frac{f_{i+1,i+k} - f_{i,i+k-1}}{x_{i+k} - x_i}$$

を用いて**差分表** (表 5.1) により求めるとニュートン補間多項式は

$$p_4(x) = -6 + \frac{15}{2}(x+3) - \frac{7}{2}(x+3)(x+1) + \frac{1}{2}(x+3)(x+1)x(x-1)$$

である。係数は差分表の第 1 行の第 3 列以降である。 ■

ニュートン補間多項式の特別な場合で補間点が等間隔の補間多項式は、ニュートン前進補間多項式と呼ばれている。

$f(x)$ を関数とし、分点の間隔 (増分)$h > 0$ を固定しておく。**前進差分演算子** Δ を

$$\Delta^0 f(x) = f(x)$$
$$\Delta^k f(x) = \Delta^{k-1} f(x+h) - \Delta^{k-1} f(x), \quad k = 1, 2, \ldots$$

により定義する。$\Delta^k f(x)$ は ***k* 階差分** (あるいは k 階前進差分) という。

$x_0, \ldots, x_n$ が等間隔のとき、差分商は差分を用いて表せる。

補題 5.2. $x_i = x_0 + ih (i = 0, \ldots, n)$ とすると

$$f[x_0, \cdots, x_n] = \frac{\Delta^n f(x_0)}{n! h^n}$$

証明 差分の階数 n に関する数学的帰納法で示す。

$n = 1$ のとき

$$f[x_0, x_1] = \frac{f(x_1) - f(x_0)}{x_1 - x_0} = \frac{f(x_0 + h) - f(x_0)}{h} = \frac{\Delta f(x_0)}{1! h}$$

より成立している。

$n-1$ のとき成立すると仮定する。

$$
\begin{aligned}
f[x_0,\cdots,x_n] &= \frac{f[x_1,\cdots,x_n]-f[x_0,\cdots,x_{n-1}]}{x_n-x_0} \\
&= \frac{\dfrac{\Delta^{n-1}f(x_1)}{(n-1)!h^{n-1}}-\dfrac{\Delta^{n-1}f(x_0)}{(n-1)!h^{n-1}}}{nh} = \frac{\Delta^n f(x_0)}{n!h^n}
\end{aligned}
$$

以上より示せた。 □

定理 5.2. (ニュートン前進補間多項式) 等間隔の $n+1$ 個の点 $x_i = x_0+ih, (i = 0,\ldots,n)$ に対する $f(x)$ の n 次補間多項式 $p_n(x)$ は

$$
\begin{aligned}
p_n(x) =& f(x_0) + \frac{x-x_0}{h}\Delta f(x_0) + \frac{(x-x_0)(x-x_1)}{2!h^2}\Delta^2 f(x_0) + \cdots \\
&+ \frac{(x-x_0)(x-x_1)\cdots(x-x_{n-1})}{n!h^n}\Delta^n f(x_0) \qquad (5.7)
\end{aligned}
$$

である。

証明　定理 5.1 と補題 5.2 より

$$
\begin{aligned}
p_n(x) =& f(x_0) + \sum_{k=1}^{n} f[x_0,\ldots,x_k](x-x_0)\ldots(x-x_{k-1}) \\
=& f(x_0) + \sum_{k=1}^{n} \frac{(x-x_0)(x-x_1)\cdots(x-x_{k-1})}{k!h^k}\Delta^k f(x_0)
\end{aligned}
$$

となり成立する。 □

系 5.2. (ニュートン前進補間多項式) $x = x_0 + sh$ のとき、ニュートンの前進補間多項式は次のように表せる。

$$
\begin{aligned}
p_n(x_0+sh) =& f(x_0) + s\Delta f(x_0) + \frac{s(s-1)}{2!}\Delta^2 f(x_0) + \cdots \\
&+ \frac{s(s-1)\cdots(s-n+1)}{n!}\Delta^n f(x_0) \qquad (5.8)
\end{aligned}
$$

証明　$x = x_0 + sh$ のとき $x - x_i = (s-i)h$ より、

$$
\frac{(x-x_0)(x-x_1)\cdots(x-x_{k-1})}{h^k} = s(s-1)\cdots(s-k+1)
$$

表 5.2 例 5.4 の差分表

i	x_i	$\Delta^0 f(x_i)$	$\Delta^1 f(x_i)$	$\Delta^2 f(x_i)$	$\Delta^3 f(x_i)$
0	-3	-16	18	-24	96
1	-1	2	-6	72	
2	1	-4	66		
3	3	62			

となる。これを (5.7) に代入すれば得られる。 □

例 5.4. $(-3,-16),(-1,2),(1,-4),(3,62)$ に対するニュートン前進補間多項式を求める。

求める多項式は

$$p_3(x) =f(x_0) + \frac{1}{2}\Delta f(x_0)(x+3) + \frac{1}{2!2^2}\Delta^2 f(x_0)(x+3)(x+1) + \frac{1}{3!2^3}\Delta^3 f(x_0)(x+3)(x+1)(x-1)$$

と書ける。$\Delta^k f(x_i)$ は漸化式

$$\Delta^0 f(x_i) = y_i$$
$$\Delta^k f(x_i) = \Delta^{k-1} f(x_{i+1}) - \Delta^{k-1} f(x_i)$$

を用いて差分表 (表 5.2) により求める。ニュートン前進補間多項式は

$$p_4(x) = -16 + 9(x+3) - 3(x+3)(x+1) + 2(x+3)(x+1)x(x-1)$$

である。 ■

歴史ノート 7. アイザック・ニュートン は『自然哲学の数学的諸原理』(1687,『プリンキピア』と略す) で補間点が等間隔と任意間隔の多項式補間を与えた。後に前者はニュートン前進補間、後者はニュートン補間と名づけられた。
関孝和は没後 1712 年に出版された『括要算法』において任意間隔で任意次数の多項式補間を与えた。差分商を表で計算するもので本質的にニュートン補間と同じものである。(5.6) を x に関し展開して昇冪で表したものであるが、$p_n(x)$ から $p_{n+1}(x)$ を求めることはできない。

3　ニュートン-コーツ公式

定積分 $\int_a^b f(x)dx$ の近似値を求める公式を**数値積分公式**という。$f(x)$ を点 $x_0, x_1, \cdots, x_n, (a \leqq x_0 < \cdots < x_n \leqq b)$ に関する n 次補間多項式 $p_n(x)$ で近似して得られる数値積分公式

$$\int_a^b p_n(x)dx = \sum_{i=0}^{n} W_i f(x_i), \quad W_i = \int_a^b l_i(x)dx \tag{5.9}$$

を**補間型積分公式** という。ここで $l_i(x)$ は (5.2) で定義した多項式である。

次の命題は補間型積分公式の誤差の上限を与える。

命題 5.3. 関数 $f(x)$ は区間 $[a, b]$ で C^{n+1} 級とする。$I(f) = \int_a^b f(x)dx$ に補間型積分公式を適用した値を $I_n(f) = \int_a^b p_n(x)dx$ とすると、

$$|I(f) - I_n(f)| \leqq \frac{||f^{(n+1)}||_\infty}{(n+1)!} \left| \int_a^b \omega_n(x)dx \right|$$

を満たす。ここで $\omega_n(x) = (x - x_0)(x - x_1) \cdots (x - x_n)$ である。

証明　命題 5.2 から直ちに導かれる。 □

区間 $[a, b]$ の n 等分点

$$x_i = a + ih \ (i = 0, \ldots, n) : h = \frac{b-a}{n}$$

を補間点にとった補間型積分公式を**閉じた $n+1$ 点ニュートン-コーツ (Newton-Cotes) 公式**、あるいは閉じた $n+1$ 点ニュートン-コーツ則、という。区間 $[a, b]$ の $n+1$ 等分点

$$x_i = a + ih \ (i = 0, \ldots, n+1) : h = \frac{b-a}{n+1}$$

のうち両端を除いた $x_1, \ldots, x_n$ を補間点にとった補間型積分公式を**開いた n 点ニュートン-コーツ公式**という。

注意 5.1. テキストによっては「閉じた」、「開いた」をそれぞれ「閉型」、「開型」と呼んでいる。

歴史ノート 8. ジェームズ・グレゴリー は1668年に出版した『幾何学演習』において、曲線の下側の面積を2階差分が一定という仮定のもとで台形則とその剰余項 (命題 5.4 に相当する式) で表した。この式からシンプソン則が導けるので、放物線で補間してシンプソン則を陰に導いたことになる。このことは2次以上の補間型数値積分の起源と考えることもできる。
アイザック・ニュートン は『プリンキピア』(1687) で等間隔および任意間隔の多項式補間を与え、補間により曲線の下側の面積の近似値を求めることができること「とくに間隔が小さくかつ等しいとき有益である」と注釈で述べた。そして例として閉じた4点則 (シンプソン 3/8 則) を与えた。
『プリンキピア』第2版 (1713) の校正にあたったロジャー・コーツ は遺作『様々な計量の諸調和』(1722) において、閉じたニュートン-コーツ公式の3点則 (シンプソン則) から11点則の係数を記した。

例 5.5. 閉じた2点ニュートン-コーツ公式を**台形則**という。$x_0 = a, x_1 = b, h = b - a$ とおくと、例 5.1 より、

$$\int_a^b p_1(x)dx = \int_a^b \left(\frac{x-b}{a-b}f(a) + \frac{x-a}{b-a}f(b)\right)dx$$
$$= \frac{1}{2}(b-a)(f(a)+f(b)) \tag{5.10}$$

となる。$f(x) \geqq 0$ のとき、(5.10) は4点 $(a, 0), (a, f(a)), (b, 0), (b, f(b))$ で囲まれた台形の面積 (図 5.1 の灰色の部分) に一致する。■

ニュートン-コーツ公式の剰余項を求めるのに用いる積分の平均値を述べる。

補題 5.3. (**積分の平均値の定理**) 関数 $f(x), g(x)$ が $[a, b]$ で連続、$g(x)$ は $[a, b]$ に零点を持たないならば、

$$\int_a^b f(x)g(x)dx = f(\xi)\int_a^b g(x)dx$$

となる $\xi \in (a, b)$ が存在する。

証明 $f(x)$ は $[a, b]$ で連続だから最大値 M と最小値 m を持つ：

$$m \leqq f(x) \leqq M$$

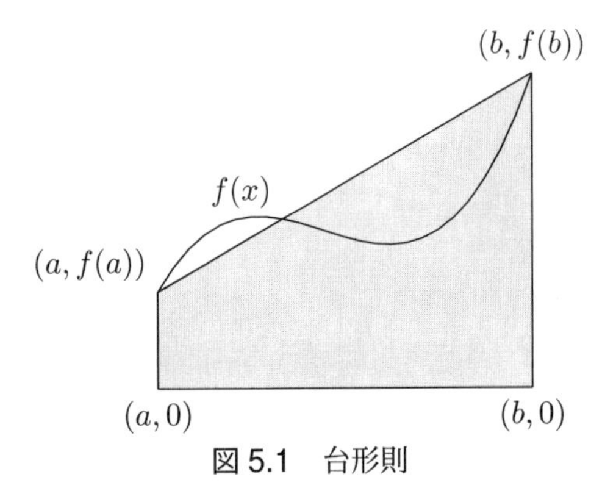

図 5.1　台形則

$g(x)$ は $[a, b]$ で連続で零点を持たないから定符号で、$[a, b]$ で $g(x) > 0$ として一般性を失わない。

$$m \int_a^b g(x)dx \leqq \int_a^b f(x)g(x)dx \leqq M \int_a^b g(x)dx$$

より

$$m \leqq \frac{\int_a^b f(x)g(x)dx}{\int_a^b g(x)dx} \leqq M$$

となる。中間値の定理により

$$f(\xi) = \frac{\int_a^b f(x)g(x)dx}{\int_a^b g(x)dx}$$

となる $\xi \in (a, b)$ が存在する。 □

命題 5.4. (台形則の剰余項) $f(x)$ が区間 $[a, b]$ で C^2 級のとき

$$\int_a^b f(x)dx = \frac{1}{2}(b-a)(f(a)+f(b)) - \frac{1}{12}(b-a)^3 f''(\xi) \tag{5.11}$$

となる $\xi \in (a, b)$ が存在する。

証明　部分積分を 2 回用いることにより

$$
\begin{aligned}
&\int_a^b (b-x)(x-a)f''(x)dx \\
=&\left[(b-x)(x-a)f'(x)\right]_a^b - \int_a^b (a+b-2x)f'(x)dx \\
=&-\left[(a+b-2x)f(x)\right]_a^b - \int_a^b 2f(x)dx = (b-a)(f(a)+f(b)) - 2\int_a^b f(x)dx
\end{aligned}
$$

となるので、

$$
\int_a^b f(x)dx = \frac{1}{2}(b-a)(f(a)+f(b)) - \frac{1}{2}\int_a^b (b-x)(x-a)f''(x)dx
$$

が成り立つ。$g(x)=(b-x)(x-a)$ は $[a,b]$ で非負だから、積分の平均値の定理により $\xi \in (a,b)$ が存在して、

$$
\int_a^b (b-x)(x-a)f''(x)dx = f''(\xi)\int_a^b (b-x)(x-a)dx = \frac{1}{6}(b-a)^3 f''(\xi)
$$

となるので (5.11) が得られる。 □

例 5.6. 閉じた 3 点ニュートン-コーツ公式を**シンプソン** (Simpson) **則**という。ニュートン前進補間多項式を用いてシンプソン則を導く。

$x_0 = a, x_1 = \frac{1}{2}(a+b), x_2 = b, h = x_1 - x_0, x = x_0 + sh$ とおく。2 次のニュートン前進補間多項式は系 5.2 より

$$
p_2(x) = p_2(x_0+sh) = f(x_0) + s\Delta f(x_0) + \frac{1}{2}s(s-1)\Delta^2 f(x_0)
$$

である。シンプソン則は

$$
\begin{aligned}
\int_a^b p_2(x)dx =& h\int_0^2 (f(x_0) + s\Delta f(x_0) + \frac{1}{2}s(s-1)\Delta^2 f(x_0))ds \\
=& h(2f(x_0) + 2\Delta f(x_0) + \frac{1}{3}\Delta^2 f(x_0)) \\
=& \frac{b-a}{2}\left(\frac{1}{3}f(a) + \frac{4}{3}f\left(\frac{a+b}{2}\right) + \frac{1}{3}f(b)\right) \\
=& \frac{b-a}{6}\left(f(a) + 4f\left(\frac{a+b}{2}\right) + f(b)\right) \qquad (5.12)
\end{aligned}
$$

となる。ラグランジュ補間多項式を用いて導くと計算は少し面倒になる。 ■

命題 5.5. $f(x)$ が区間 $[a,b]$ で C^4 級のとき、

$$\int_a^b f(x)dx = \frac{b-a}{6}\left(f(a)+4f\left(\frac{a+b}{2}\right)+f(b)\right)-\frac{1}{2880}(b-a)^5 f^{(4)}(\xi)$$

となる $\xi \in (a,b)$ が存在する。

証明 $h=\frac{1}{2}(b-a), x_0=a, x_1=x_0+h, x_2=b$ とおくと $x_1=\frac{1}{2}(a+b)$ となる。$y\in[0,h]$ に対し

$$F(y)=\int_{x_1-y}^{x_1+y} f(x)dx-\frac{y}{3}\left(f(x_1-y)+4f(x_1)+f(x_1+y)\right)$$

とおく。$F(h)$ はシンプソン則の剰余項であり、明かに $F(0)=0$ である。

$$\begin{aligned}F'(y)=&f(x_1+y)+f(x_1-y)-\frac{1}{3}\left(f(x_1-y)+4f(x_1)+f(x_1+y)\right)\\&-\frac{y}{3}\left(-f'(x_1-y)+f'(x_1+y)\right)\end{aligned}$$

となるので $F'(0)=0$ である。また

$$\begin{aligned}F''(y)=&f'(x_1+y)-f'(x_1-y)-\frac{2}{3}\left(-f'(x_1-y)+f'(x_1+y)\right)\\&-\frac{y}{3}\left(f''(x_1-y)+f''(x_1+y)\right)\\=&\frac{1}{3}\left(-f'(x_1-y)+f'(x_1+y)\right)-\frac{y}{3}\left(f''(x_1-y)+f''(x_1+y)\right)\end{aligned}$$

より $F''(0)=0$ である。$F(0)=0, F'(0)=0, F''(0)=0$ に注意しながら部分積分を2回繰り返すと

$$\begin{aligned}\int_0^h F'''(y)(h-y)^2dy=&\left[F''(y)(h-y)^2\right]_0^h+2\int_0^h F''(y)(h-y)dy\\=&2\left[F'(y)(h-y)\right]_0^h+2\int_0^h F'(y)dy=2F(h)\end{aligned}$$

が成り立つ。平均値の定理より

$$F'''(y)=-\frac{y}{3}\left(-f'''(x_1-y)+f'''(x_1+y)\right)=-\frac{2y^2}{3}f^{(4)}(\xi(y))$$

となる $\xi(y) \in (x_1 - y, x_1 + y)$ が存在して

$$F(h) = \frac{1}{2}\int_0^h F'''(y)(h-y)^2 dy = -\frac{1}{3}\int_0^h f^{(4)}(\xi(y))y^2(h-y)^2 dy$$

となる。積分の平均値の定理より $\xi(\eta) \in (x_1 - \eta, x_1 + \eta)$ が存在して

$$\begin{aligned} F(h) &= -\frac{1}{3}f^{(4)}(\xi(\eta))\int_0^h y^2(h-y)^2 dy = -\frac{1}{90}h^5 f^{(4)}(\xi(\eta)) \\ &= -\frac{(b-a)^5}{2880}f^{(4)}(\xi(\eta)) \end{aligned}$$

となる。 □

たかだか n 次の多項式に対し正確な値を与える数値積分公式は**少なくとも n 次の精度を持つ**という。命題 5.4 より台形則は少なくとも 1 次の精度を持ち、命題 5.5 よりシンプソン則は少なくとも 3 次の精度を持つ。

定理 5.3. **(閉じた $\boldsymbol{n+1}$ 点ニュートン-コーツ公式の剰余項)** $I(f) = \int_a^b f(x)dx$ に閉じた $n+1$ 点ニュートン-コーツ公式を適用した値を $I_{n+1}(f)$ とし、剰余を $E_{n+1}(f) = I(f) - I_{n+1}(f)$ とする。

1. n が偶数の場合。関数 $f(x)$ は区間 $[a,b]$ で C^{n+2} 級とする。

$$E_{n+1}(f) = \frac{K_n}{(n+2)!}f^{(n+2)}(\xi), \quad a < \xi < b$$

となる。ここで、

$$K_n = \int_a^b x\omega_n(x)dx < 0$$

である。

2. n が奇数の場合。関数 $f(x)$ は区間 $[a,b]$ で C^{n+1} 級とする。

$$E_{n+1}(f) = \frac{K_n}{(n+1)!}f^{(n+1)}(\xi), \quad a < \xi < b$$

となる。ここで、

$$K_n = \int_a^b \omega_n(x)dx < 0$$

である。

証明　[19, pp.303-314] をみよ。 □

定理 5.3 を

$$h = (b-a)/n, \quad \pi_n(x) = x(x-1)\cdots(x-n)$$

を用いて書き直す。

系 5.3. 定理 5.3 と同じ仮定のもとで

$$E_{n+1}(f) = \begin{cases} \dfrac{M_n h^{n+3}}{(n+2)!} f^{(n+2)}(\xi), & M_n = \displaystyle\int_0^n t\pi_n(t)dt < 0 \quad n：偶数 \\ \dfrac{M_n h^{n+2}}{(n+1)!} f^{(n+1)}(\xi), & M_n = \displaystyle\int_0^n \pi_n(t)dt < 0 \quad n：奇数 \end{cases}$$

を満たす。

証明　$x = a + ht$ と変数変換する。n が偶数のとき、$\int_0^n \pi_n(t)dt = 0$ より

$$\begin{aligned} K_n &= \int_a^b x\omega_n(x)dx = \int_0^n (a+ht)h^{n+1}\pi_n(t)\cdot hdt \\ &= ah^{n+2}\int_0^n \pi_n(t)dt + h^{n+3}\int_0^n t\pi_n(t)dt = h^{n+3}\int_0^n t\pi_n(t)dt \end{aligned}$$

である。n が奇数のとき、

$$K_n = \int_a^b \omega_n(x)dx = \int_0^n h^{n+1}\pi_n(t)\cdot hdt = h^{n+2}\int_0^n \pi_n(t)dt$$

である。 □

系 5.3 より閉じた $n+1$ 点ニュートン-コーツ公式は $n+1$ が偶数のときは少なくとも n 次、$n+1$ が奇数のときは少なくとも $n+1$ 次の精度を持つ。

例 5.7. シンプソン則の剰余項を系 5.3 により求める。3 点則なので $n=2$ で、

$$M_2 = \int_0^2 t^2(t-1)(t-2)dt = -\frac{4}{15}$$

である。

$$E_3(f) = -\frac{4h^5}{15\cdot 4!}f^{(4)}(\xi) = -\frac{h^5}{90}f^{(4)}(\xi) = -\frac{(b-a)^5}{2880}f^{(4)}(\xi)$$

命題 5.5 の結果が導けた。 ■

例 5.8. 開いた 1 点ニュートン-コーツ公式を**中点則**という。$x_0 = \frac{1}{2}(b+a), h = b-a$ にとる。$p_0(x) = f((a+b)/2)$ (定数関数) より、

$$\int_a^b p_0(x)dx = \int_a^b f\left(\frac{a+b}{2}\right)dx = (b-a)f\left(\frac{a+b}{2}\right) \tag{5.13}$$

となる。$f(x)$ が $[a.b]$ で連続で正のときは、積分区間を底辺とし、中点 $\frac{1}{2}(a+b)$ の関数値を高さとする長方形 (矩形、図 5.2 の灰色の部分) の面積に一致する。中点則は矩形則とも呼ばれる。 ■

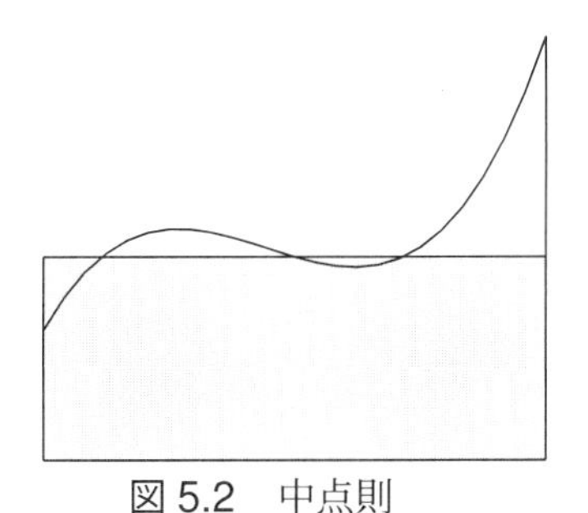

図 5.2　中点則

命題 5.6. $f(x)$ が区間 $[a,b]$ で C^2 級のとき、

$$\int_a^b f(x)dx = (b-a)f\left(\frac{a+b}{2}\right) + \frac{1}{24}(b-a)^3 f''(\xi)$$

となる $\xi \in (a,b)$ が存在する。

証明 部分積分により

$$\int_0^{(b-a)/2} \left(\frac{b-a}{2} - t\right)^2 \left(f''\left(\frac{a+b}{2} - t\right) + f''\left(\frac{a+b}{2} + t\right)\right) dt$$
$$=2\int_a^b f(x)dx - 2(b-a)f\left(\frac{a+b}{2}\right)$$

が示せる。この式に積分の平均値の定理と中間値の定理を用いると示すことができる。 □

$[a,b]$ で $f''(x)$ の変化が大きくないとき、中点則の誤差の絶対値は台形則の誤差の絶対値の半分で符号は反対である。命題 5.4 の ξ と命題 5.6 の ξ は一般には異なることに注意。

閉区間 $[a,b]$ を $n+2$ 等分し、分点を

$$h = \frac{b-a}{n+2}, \quad x_i = a + ih,\ i = -1, 0, 1, \ldots, n, n+1$$

とおく。$[a,b]$ で連続な関数 $f(x)$ に対し、両端を除いた分点 $x_0, x_1 \ldots, x_n$ を補間点とするたかだか n 次補間多項式を $p_n(x)$ とする。

$$I(f) = \int_a^b f(x)dx$$

に対する開いた $n+1$ 点ニュートン-コーツ公式は

$$I_{n+1}(f) = \int_a^b p_n(x)dx$$

である。

定理 5.4. (開いた $n+1$ 点ニュートン-コーツ公式の剰余項) 上記の記号のもとで、$I_{n+1}(f)$ の剰余を $E_{n+1}(f) = I(f) - I_{n+1}(f)$ とする。

1. n が偶数の場合。関数 $f(x)$ は区間 $[a,b]$ で C^{n+2} 級とすると

$$E_{n+1}(f) = \frac{K_n}{(n+2)!} f^{(n+2)}(\xi), \quad a < \xi < b$$

となる。ここで、

$$K_n = \int_a^b x\omega_n(x)dx > 0$$

である。

2. n が奇数の場合。関数 $f(x)$ は区間 $[a,b]$ で C^{n+1} 級とすると

$$E_{n+1}(f) = \frac{K_n}{(n+1)!} f^{(n+1)}(\xi), \quad a < \xi < b$$

となる。ここで、

$$K_n = \int_a^b \omega_n(x)dx > 0$$

である。

証明 [19, pp.303-314] をみよ。 □

高次のニュートン・コーツ公式は以下の難点がある。

1. 等間隔の補間点の数を大きくしても補間多項式が被補間関数に収束しない現象 (**ルンゲの現象**) が生じることがある。
2. 9 点則、11 点則などで係数に負数が現れ桁落ちが生じることがある。

積分値を高精度で求めるには高次のニュートン・コーツ公式を用いるのでなく、別の方法、たとえば積分区間を小さな区間幅に分割し、それぞれの小区間に低次のニュートン・コーツ公式を適用するという複合ニュートン・コーツ公式が用いられる。

例 5.9. 閉じたニュートン・コーツ 9 点則 NC_9 は $f_i = f(x_i)$ とおくと

$$\int_a^b f(x)dx = \frac{b-a}{28350}(989f_0 + 5888f_1 - 928f_2 + 10496f_3 - 4540f_4 + 10496f_5 - 928f_6 + 5888f_7 + 989f_8) - \frac{2368}{467775}h^{11}f^{(10)}(\xi)$$

である。NC_9 を用いて $I_1 = \int_{-1}^1 e^x dx$ と $I_2 = \int_{-1}^1 \frac{dx}{1+25x^2}$ を計算した結果を次表に示す。

I	NC_9	$NC_9 - I$
$\int_{-1}^1 e^x dx$	2.350402388519790	1.23×10^{-9}
$\int_{-1}^1 \frac{dx}{1+25x^2}$	0.300097781425582	-2.49×10^{-1}

I_1 は問題なく計算できているが、$I_2 = \frac{2}{5}\tan^{-1}5 = 0.549360306778$ はルンゲの現象のため 1 桁も一致してない。 ■

注意 5.2. ルンゲの現象は解析関数の複素積分表示を用いて説明できる。[10, pp.164-174] に $f(x) = \frac{1}{1+25x^2}$ を例にとったルンゲの現象の詳細な解説がある。

4　複合ニュートン-コーツ公式

積分区間 $[a,b]$ を n 等分し、各小区間にニュートン-コーツ公式を適用し和を取った公式を**複合ニュートン-コーツ公式**という。

例 5.10. **複合台形則** $h = (b-a)/n, x_i = a + ih \ (i = 0, \ldots, n)$ とおき、n 個の小区間 $[x_{i-1}, x_i] \ (i = 1, \ldots, n)$ に台形則を適用し和をとる。

$$T_n = \frac{h}{2}\left(f(x_0) + 2\sum_{i=1}^{n-1} f(x_i) + f(x_n)\right)$$ ■

積分区間の分割を等間隔としない複合台形則も考えられるが、本書では複合台形則は分点を等間隔にとった等間隔複合台形則のみを扱う。

命題 5.7. $f(x)$ は区間 $[a,b]$ で C^2 級とする。

$$\int_a^b f(x)dx = T_n - \frac{h^2}{12}\left(f'(b) - f'(a)\right) + o(h^2), \quad h \to +0 \tag{5.14}$$

証明　(5.11) より

$$\int_{x_{i-1}}^{x_i} f(x)dx = \frac{1}{2}h\left(f(x_{i-1}) + f(x_i)\right) - \frac{h^3}{12}f''(\xi_i), \quad x_{i-1} < \xi_i < x_i$$

$i = 1, \ldots, n$ の和をとると

$$\int_a^b f(x)dx = T_n - \sum_{i=1}^{n} \frac{h^3}{12} f''(\xi_i)$$

定積分の定義より

$$\lim_{n\to\infty} \frac{b-a}{n} \sum_{i=1}^{n} f''(\xi_i) = \int_a^b f''(x)dx = f'(b) - f'(a)$$

$n \to \infty$ と $h \to +0$ は同値なので

$$\begin{aligned}
&\lim_{h\to+0} \frac{1}{h^2}\left(\int_a^b f(x)dx - T_n + \frac{h^2}{12}(f'(b)-f'(a))\right) \\
&= \lim_{h\to+0} \frac{1}{h^2}\left(-\sum_{i=1}^{n} \frac{h^3}{12} f''(\xi_i) + \frac{h^2}{12}(f'(b)-f'(a))\right) \\
&= \lim_{h\to+0} \left(-\sum_{i=1}^{n} \frac{h}{12} f''(\xi_i) + \frac{1}{12}(f'(b)-f'(a))\right) = 0
\end{aligned}$$

が成り立つ。したがって、

$$\int_a^b f(x)dx = T_n - \frac{h^2}{12}\left(f'(b)-f'(a)\right) + o(h^2), \quad h \to +0$$

がいえる。 □

例 5.11. 複合シンプソン則 $h = (b-a)/2n, x_i = a + ih (i = 0, \ldots, 2n)$ とおき、n 個の小区間 $[x_{2i-2}, x_{2i}]$ にシンプソン則を適用し和をとる。

$$S_n = \frac{h}{3}\left(f(x_0) + 4\sum_{i=1}^{n} f(x_{2i-1}) + 2\sum_{i=1}^{n-1} f(x_{2i}) + f(x_{2n})\right)$$ ■

命題 5.8. $f(x)$ が $[a, b]$ で C^4 級のときは

$$\int_a^b f(x)dx = S_n - \frac{h^4}{180}\left(f^{(3)}(b) - f^{(3)}(a)\right) + o(h^4), \quad h \to +0$$

となる。

証明　命題 5.5 を用いると命題 5.7 と同様に証明できる。 □

例 5.12.

$$I = \int_0^2 e^x dx = e^2 - 1 = 6.389056098930650$$

に対し複合台形則 T_n と複合シンプソン則 S_n $(n = 2, 4, 8, \ldots, 1024)$ で計算した結果を表 5.3 に示す。n を 2 倍にすると h は 1/2 になるので、台形則の誤差

はおよそ $(\frac{1}{2})^2 = \frac{1}{4}$、シンプソン則の誤差はおよそ $(\frac{1}{2})^4 = \frac{1}{16}$ になっていることが見て取れる。 ■

表 5.3　$I = \int_0^2 e^x dx$ を複合台形則 T_n と複合シンプソン則 S_n で計算する

n	T_n	$T_n - I$	S_n	$S_n - I$
1	8.38905610	2.00	6.420727804255610	3.17×10^{-02}
2	6.91280988	5.24×10^{-01}	6.391210186666918	2.15×10^{-03}
4	6.52161011	1.33×10^{-01}	6.389193725416423	1.38×10^{-04}
8	6.42229782	3.32×10^{-02}	6.389064748549738	8.65×10^{-06}
16	6.39737302	8.32×10^{-03}	6.389056640285886	5.41×10^{-07}
32	6.39113573	2.08×10^{-03}	6.389056132777153	3.38×10^{-08}
64	6.38957603	5.20×10^{-04}	6.389056101046241	2.12×10^{-09}
128	6.38918608	1.30×10^{-04}	6.389056099062878	1.32×10^{-10}
256	6.38908860	3.25×10^{-05}	6.389056098938915	8.26×10^{-12}
512	6.38906422	8.12×10^{-06}	6.389056098931164	5.13×10^{-13}
1024	6.38905813	2.03×10^{-06}	6.389056098930681	3.11×10^{-14}

例 5.13. 複合中点則　$h = (b-a)/n, x_i = a + (i - \frac{1}{2})h (i = 1, \ldots, n)$ とおき、n 個の小区間 $[x_{i-1}, x_i]$ に中点則を適用する。

$$M_n = h \sum_{i=1}^{n} f(x_i)$$

■

命題 5.9. $f(x)$ が $[a, b]$ で C^2 級のときは

$$\int_a^b f(x)dx = M_n + \frac{h^2}{24}(f'(b) - f'(a)) + o(h^2), \quad h \to +0$$

となる。

証明　命題 5.6 を用いると命題 5.7 と同様に証明できる。 □

5 直交多項式

関数 $w(x)$ は開区間 (a,b) $(-\infty \leqq a < b \leqq \infty)$ または閉区間 $[a,b]$ $(-\infty < a < b < \infty)$ で連続かつ正の値を取り、積分

$$\int_a^b w(x)|x|^k dx, \quad k = 0, 1, \ldots$$

が有限の値を持つとする。

2つの多項式 $f(x), g(x)$ に対して、

$$(f,g)_w = \int_a^b w(x)f(x)g(x)dx \tag{5.15}$$

とおく。$(f,g)_w$ は f と g の重み関数 (あるいは密度関数) に関する**内積** といい、$(f,g)_w = 0$ のとき f と g は**直交する**という。

$(f,g)_w$ は

(i) $(f,f)_w \geqq 0$, 等号成立は $f = 0$ のとき
(ii) $(f,g)_w = (g,f)_w$
(iii) $(f+g,h)_w = (f,h)_w + (g,h)_w$
(iv) 実数 α に対し、$(\alpha f, g)_w = (f, \alpha g)_w = \alpha(f,g)_w$

を満たす。(i)~(iv) は実ベクトルの内積の公理である。

f の $\boldsymbol{L^2}$ **ノルム**は

$$||f||_w = \sqrt{(f,f)_w} = \left(\int_a^b w(x)(f(x))^2 dx\right)^{\frac{1}{2}}$$

により定義する。L^2 ノルムはベクトルノルムの3条件 (p.19) を満たす。

n 次多項式 $\phi_n(x)$ の系 $\{\phi_n\}$ が重み関数 w に関する**直交多項式系**であるとは

$$(\phi_n, \phi_m)_w = \lambda_n \delta_{n,m}$$

となるときいう。ここで λ_n は正の実数、$\delta_{n,m}$ はクロネッカーのデルタ (p.84) である。L^2 ノルムの定義により $\lambda_n = (||\phi_n||_w)^2$ となる。すべての n に対し $\lambda_n = 1$ のとき、$\{\phi_n(x)\}$ は**正規直交多項式系**という。

命題 5.10. 任意の直交多項式系は1次独立である。

証明 $\{\phi_n\}$ を重み関数 w に関する直交多項式系とする。任意の非負整数 m をとり

$$c_0\phi_0 + \cdots + c_m\phi_m = 0, \quad c_0, \ldots, c_m \in \mathbb{R}$$

とおく。ϕ_k $(k \leqq m)$ との内積をとると直交性より

$$c_k(\phi_k, \phi_k)_w = 0$$

である。$(\phi_k, \phi_k)_w \neq 0$ より $c_k = 0$ となる。 □

命題 5.11. 任意の直交多項式系から正規直交多項式系を構成することができる。

証明 数学的帰納法により示す。構成はグラム-シュミットの直交化法による。$\phi_0, \ldots, \phi_n$ を重み関数 w に関する正規直交多項式系とする。

$$\begin{aligned}\psi_{n+1}(x) =& x^{n+1} - \sum_{k=0}^{n}(x^{n+1}, \phi_k)_w\phi_k(x) \\ \phi_{n+1}(x) =& \frac{\psi_{n+1}(x)}{\sqrt{(\psi_{n+1}, \psi_{n+1})_w}}\end{aligned}$$

とおく。$j = 0, \ldots, n$ に対し、

$$\begin{aligned}(\psi_{n+1}, \phi_j)_w =& (x^{n+1}, \phi_j)_w - \sum_{k=0}^{n}(x^{n+1}, \phi_k)_w(\phi_k(x), \phi_j)_w \\ =& (x^{n+1}, \phi_j)_w - (x^{n+1}, \phi_j)_w = 0\end{aligned}$$

より

$$(\phi_{n+1}, \phi_j)_w = \frac{(\psi_{n+1}, \phi_j)_w}{\sqrt{(\psi_{n+1}, \psi_{n+1})_w}} = 0$$

となる。また

$$(\phi_{n+1}, \phi_{n+1})_w = \frac{(\psi_{n+1}, \psi_{n+1})_w}{(\psi_{n+1}, \psi_{n+1})_w} = 1$$

となるので、$\phi_0, \ldots, \phi_{n+1}$ は w に関する正規直交多項式系である。 □

命題 5.12. 任意の n 次多項式は $\phi_0, \phi_1, \ldots, \phi_n$ の 1 次結合で表せる。

証明 n に関する数学的帰納法で示す。

$n=0$ のとき、$p(x)=c \neq 0$ は $\frac{c}{\phi_0}\phi_0$ より表せる。

$n-1$ 次多項式が $\phi_0, \phi_1, \ldots, \phi_{n-1}$ の 1 次結合で表せると仮定する。任意の n 次多項式を $p(x)$ とし、$p(x), \phi_n(x)$ の x^n の係数をそれぞれ c, μ_n とする。$p(x) - \frac{c}{\mu_n}\phi_n(x)$ は $n-1$ 次多項式だから

$$p(x) - \frac{c}{\mu_n}\phi_n(x) = c_0\phi_0(x) + \cdots + c_{n-1}\phi_{n-1}(x)$$

と表せるので、$p(x)$ は $\phi_0, \phi_1, \ldots, \phi_n$ の 1 次結合で表せる。 □

命題 5.13. $q(x)$ をたかだか $n-1$ 次多項式とすると、$(\phi_n, q)_w = 0$ である。

証明 命題 5.12 より実数 $c_0, \ldots, c_{n-1}$ が存在して

$$q(x) = c_0\phi_0(x) + \cdots + c_{n-1}\phi_{n-1}(x)$$

と表せる。

$$(\phi_n, q(x))_w = c_0(\phi_n(x), \phi_0(x))_w + \cdots + c_{n-1}(\phi_n(x), \phi_{n-1}(x))_w = 0$$

となる。 □

命題 5.14. $n \geqq 1$ のとき、$\phi_n(x)$ のすべての零点は単純で開区間 (a, b) に存在する。

証明 $n \geqq 1$ のとき、命題 5.13 より

$$(\phi_n(x), 1)_w = \int_a^b w(x)\phi_n(x)dx = 0$$

となり、$w(x) > 0$ なので $\phi_n(x)$ は (a, b) 内に少なくとも 1 つの零点を持つ。それらのうち、重複度が奇数のものを小さい順に

$$x_1, \ldots, x_m \ (a < x_1 < \cdots < x_m < b)$$

とする。$\phi_n(x)$ は n 次多項式だから $m \leqq n$ である。

$m=n$ であることを背理法により示す。$m<n$ と仮定する。

$$\psi_m(x)=(x-x_1)\cdots(x-x_m)$$

とおくと命題 5.13 より

$$(\phi_n(x),\psi_m(x))_w=\int_a^b w(x)\phi_n(x)\psi_m(x)dx=0$$

である。$\phi_n(x)\psi_m(x)$ は、因数がすべて 1 次式の偶数乗なので、(a,b) で非負である。よって

$$(\phi_n(x),\psi_m(x))_w>0$$

となり矛盾が生じるので $m=n$ である。

さらに、$\phi_n(x)$ の次数は n なので $x_1,\cdots,x_m$ の中に多重零点はない。 □

命題 5.15. (**3 項漸化式**) $\phi_{-1}(x)=0$ とおく。$\{\phi_n\}_{n=0,1,\dots}$ を直交多項式系とし、$\phi_n(x)$ の最高次の係数を μ_n とすると

$$\phi_n(x)=(\alpha_n x+\beta_n)\phi_{n-1}(x)+\gamma_n\phi_{n-2}(x),\quad n=1,2,\dots \tag{5.16}$$

が成り立つ。ここで、

$$\begin{aligned}
\alpha_n &= \mu_n/\mu_{n-1}, && n=1,2,\dots\\
\beta_n &= -\frac{\alpha_n(x\phi_{n-1},\phi_{n-1})_w}{(\phi_{n-1},\phi_{n-1})_w}, && n=1,2,\dots\\
\gamma_1 &= 0 &&\\
\gamma_n &= -\frac{\mu_n\mu_{n-2}(\phi_{n-1},\phi_{n-1})_w}{(\mu_{n-1})^2(\phi_{n-2},\phi_{n-2})_w}, && n=2,3,\dots
\end{aligned}$$

である。

証明　$n=1$ のとき、

$$\phi_1(x)=(\alpha_1 x+\beta_1)\phi_0(x)$$

の両辺の x の係数を比較すると $\mu_1=\alpha_1\mu_0$ であるので、

$$\alpha_1=\mu_1/\mu_0$$

である。$\phi_1(x)$ と $\phi_0(x)$ の内積をとると

$$0 = (\phi_1, \phi_0)_w = \alpha_1(x\phi_0, \phi_0)_w + \beta_1(\phi_0, \phi_0)_w$$

より

$$\beta_1 = -\frac{\alpha_1(x\phi_0, \phi_0)_w}{(\phi_0, \phi_0)_w},$$

である。γ_1 は任意なので $\gamma_1 = 0$ ととる。

$n > 1$ のとき

$$\mu_{n-1}\phi_n(x) - \mu_n x\phi_{n-1}(x)$$

はたかだか $n-1$ 次だから、命題 5.12 より

$$\mu_{n-1}\phi_n(x) - \mu_n x\phi_{n-1}(x) = c_0\phi_0(x) + \cdots + c_{n-1}\phi_{n-1}(x) \tag{5.17}$$

となる定数 $c_0, \ldots, c_{n-1}$ が存在する。(5.17) と $\phi_j(x)$ $(j < n-2)$ の内積を求めると

$$-\mu_n(x\phi_{n-1}, \phi_j)_w = c_j(\phi_j, \phi_j)_w, \quad j = 0, \ldots, n-3 \tag{5.18}$$

となる。$x\phi_j(x)$ は $j+1$ 次多項式だから命題 5.13 より

$$(\phi_{n-1}, x\phi_j)_w = 0$$

が成り立つので、(5.18) より

$$c_j(\phi_j, \phi_j)_w = -\mu_n(\phi_{n-1}, x\phi_j)_w = 0$$

である。$(\phi_j, \phi_j)_w > 0$ より

$$c_j = 0, \quad j = 0, \ldots, n-3$$

がいえる。したがって (5.17) は

$$\mu_{n-1}\phi_n(x) - \mu_n x\phi_{n-1}(x) = c_{n-2}\phi_{n-2}(x) + c_{n-1}\phi_{n-1}(x) \tag{5.19}$$

とかける。$x\phi_{n-2}(x) - (\mu_{n-2}/\mu_{n-1})\phi_{n-1}(x)$ はたかだか $n-2$ 次多項式だから命題 5.12 より

$$x\phi_{n-2}(x) = (\mu_{n-2}/\mu_{n-1})\phi_{n-1}(x) + d_{n-2}\phi_{n-2}(x) + \cdots + d_0\phi_0(x)$$

となる定数 $d_0, \ldots, d_{n-2}$ が存在する。(5.19) と $\phi_{n-2}(x)$ の内積をとると

$$
\begin{aligned}
c_{n-2}(\phi_{n-2}, \phi_{n-2})_w &= -\,\mu_n(\phi_{n-1}, x\phi_{n-2})_w \\
&= -\,\mu_n(\mu_{n-2}/\mu_{n-1})(\phi_{n-1}, \phi_{n-1})_w
\end{aligned}
$$

となるので

$$
c_{n-2} = -\frac{\mu_n \mu_{n-2}(\phi_{n-1}, \phi_{n-1})_w}{\mu_{n-1}(\phi_{n-2}, \phi_{n-2})_w} \tag{5.20}
$$

となる。同様に (5.19) と $\phi_{n-1}(x)$ の内積をとると

$$
c_{n-1} = \frac{-\mu_n(x\phi_{n-1}, \phi_{n-1})_w}{(\phi_{n-1}, \phi_{n-1})_w} \tag{5.21}
$$

が得られる。(5.20) と (5.21) を (5.19) に代入して整理すると

$$
\begin{aligned}
\phi_n(x) = &\left(\frac{\mu_n}{\mu_{n-1}} x - \frac{\mu_n(x\phi_{n-1}, \phi_{n-1})_w}{\mu_{n-1}(\phi_{n-1}, \phi_{n-1})_w} \right) \phi_{n-1}(x) \\
&- \frac{\mu_n \mu_{n-2}(\phi_{n-1}, \phi_{n-1})_w}{(\mu_{n-1})^2(\phi_{n-2}, \phi_{n-2})_w}
\end{aligned}
$$

となる。右辺の係数を順に $\alpha_n, \beta_n, \gamma_n$ とおけばよい。 □

定理 5.5. (**クリストッフェル-ダルブー** (Christoffel-Darboux) **の恒等式**) $\{\phi_k\}$ を直交多項式系とするとき

$$
(x-t)\sum_{k=0}^{n-1} \frac{\phi_k(x)\phi_k(t)}{(||\phi_k||_w)^2} = \frac{\mu_{n-1}}{\mu_n(||\phi_{n-1}||_w)^2}(\phi_n(x)\phi_{n-1}(t) - \phi_{n-1}(x)\phi_n(t)) \tag{5.22}
$$

が成り立つ。ここで μ_n は $\phi_n(x)$ の最高次 x^n の係数である。

証明　3 項漸化式

$$
\phi_j(x) = (\alpha_j x + \beta_j)\phi_{j-1}(x) + \gamma_j \phi_{j-2}(x)
$$

の両辺に $\phi_{j-1}(t)$ を掛けると

$$
\phi_j(x)\phi_{j-1}(t) = (\alpha_j x + \beta_j)\phi_{j-1}(t)\phi_{j-1}(x) + \gamma_j \phi_{j-1}(t)\phi_{j-2}(x) \tag{5.23}
$$

となる。x と t を交換すると

$$\phi_j(t)\phi_{j-1}(x) = (\alpha_j t + \beta_j)\phi_{j-1}(x)\phi_{j-1}(t) + \gamma_j \phi_{j-1}(x)\phi_{j-2}(t) \tag{5.24}$$

となる。(5.23) から (5.24) を辺々減じると

$$\begin{aligned} &\phi_j(x)\phi_{j-1}(t) - \phi_j(t)\phi_{j-1}(x) \\ =&\alpha_j(x-t)\phi_{j-1}(t)\phi_{j-1}(x) + \gamma_j(\phi_{j-1}(t)\phi_{j-2}(x) - \phi_{j-1}(x)\phi_{j-2}(t)) \end{aligned} \tag{5.25}$$

が成り立つ。$j > 1$ のとき (5.25) の両辺を $\alpha_j(\phi_{j-1}, \phi_{j-1})_w$ で割り

$$\frac{\gamma_j}{\alpha_j} = -\frac{(\phi_{j-1}, \phi_{j-1})_w}{\alpha_{j-1}(\phi_{j-2}, \phi_{j-2})_w}$$

を用いると

$$\begin{aligned} &\frac{\phi_j(x)\phi_{j-1}(t) - \phi_{j-1}(x)\phi_j(t)}{\alpha_j(\phi_{j-1}, \phi_{j-1})_w} - \frac{\phi_{j-1}(x)\phi_{j-2}(t) - \phi_{j-2}(x)\phi_{j-1}(t)}{\alpha_{j-1}(\phi_{j-2}, \phi_{j-2})_w} \\ =&\frac{(x-t)\phi_{j-1}(x)\phi_{j-1}(t)}{(\phi_{j-1}, \phi_{j-1})_w} \end{aligned} \tag{5.26}$$

が得られる。(5.25) において $j = 1$ とおき、$\phi_{-1}(x) = 0$ に注意すると

$$\phi_1(x)\phi_0(t) - \phi_0(x)\phi_1(t) = \alpha_1(x-t)\phi_0(x)\phi_0(t)$$

だから

$$\frac{\phi_1(x)\phi_0(t) - \phi_0(x)\phi_1(t)}{\alpha_1(\phi_0, \phi_0)_w} = \frac{(x-t)\phi_0(x)\phi_0(t)}{(\phi_0, \phi_0)_w} \tag{5.27}$$

が成り立つ。(5.26) の辺々を $j = 2, \ldots, n$ について加えると

$$\begin{aligned} &\frac{\phi_n(x)\phi_{n-1}(t) - \phi_{n-1}(x)\phi_n(t)}{\alpha_n(\phi_{n-1}, \phi_{n-1})_w} - \frac{\phi_1(x)\phi_0(t) - \phi_0(x)\phi_1(t)}{\alpha_1(\phi_0, \phi_0)_w} \\ =&(x-t)\sum_{j=2}^{n} \frac{\phi_{j-1}(x)\phi_{j-1}(t)}{(\phi_{j-1}, \phi_{j-1})_w} \end{aligned} \tag{5.28}$$

(5.28) の左辺第 2 項を右辺に移項して、(5.27) を代入すれば

$$\frac{\phi_n(x)\phi_{n-1}(t) - \phi_{n-1}(x)\phi_n(t)}{\alpha_n(\phi_{n-1}, \phi_{n-1})_w} = (x-t)\sum_{j=1}^{n} \frac{\phi_{j-1}(x)\phi_{j-1}(t)}{(\phi_{j-1}, \phi_{j-1})_w}$$

となる。 右辺の添字を 1 つ大きくし、$\alpha_n = \mu_n/\mu_{n-1}$ を用いると求める式が得られる。 □

命題 5.16. $\phi_n(x)$ の零点を $x_1, \ldots, x_n$ $(a < x_1 < \cdots < x_n < b)$ とする。定理 5.5 と同じ記号のもとで $i = 1, 2, \ldots, n$ に対し

$$\sum_{k=0}^{n-1} \frac{\phi_k(x_i)^2}{(||\phi_k||_w)^2} = \frac{\mu_{n-1}\phi_n'(x_i)\phi_{n-1}(x_i)}{\mu_n(||\phi_{n-1}||_w)^2} \tag{5.29}$$

が成り立つ。

証明 (5.22) の両辺を $x - t$ で割ると、

$$\sum_{k=0}^{n-1} \frac{\phi_k(x)\phi_k(t)}{(||\phi_k||_w)^2} = \frac{\mu_{n-1}}{\mu_n(||\phi_{n-1}||_w)^2} \frac{\phi_n(x)\phi_{n-1}(t) - \phi_{n-1}(x)\phi_n(t)}{x - t} \tag{5.30}$$

となる。

$$\begin{aligned} &\lim_{t\to x} \frac{\phi_n(x)\phi_{n-1}(t) - \phi_{n-1}(x)\phi_n(t)}{x - t} \\ =&\lim_{t\to x} \frac{(\phi_n(t) - \phi_n(x))\phi_{n-1}(t) - (\phi_{n-1}(t) - \phi_{n-1}(x))\phi_n(t)}{t - x} \\ =&\phi_n'(x)\phi_{n-1}(x) - \phi_{n-1}'(x)\phi_n(x) \end{aligned}$$

より、(5.30) の両辺の $t \to x$ とした極限値は

$$\sum_{k=0}^{n-1} \frac{\phi_k(x)^2}{(||\phi_k||_w)^2} = \frac{\mu_{n-1}}{\mu_n(||\phi_{n-1}||_w)^2} (\phi_n'(x)\phi_{n-1}(x) - \phi_{n-1}'(x)\phi_n(x))$$

である。$x = x_i$ とおき、$\phi_n(x_i) = 0$ に注意すると

$$\sum_{k=0}^{n-1} \frac{\phi_k(x_i)^2}{(||\phi_k||_w)^2} = \frac{\mu_{n-1}\phi_n'(x_i)\phi_{n-1}(x_i)}{\mu_n(||\phi_{n-1}||_w)^2}$$

となる。 □

$i = 1, \ldots, n$ に対し、(5.29) の逆数

$$w_i = \frac{1}{\displaystyle\sum_{k=0}^{n-1} \frac{\phi_k(x_i)^2}{(||\phi_k||_w)^2}} = \frac{\mu_n(||\phi_{n-1}||_w)^2}{\mu_{n-1}\phi_n'(x_i)\phi_{n-1}(x_i)} \tag{5.31}$$

をクリストッフェル数という。

命題 5.17. **(選点直交性)** 直交多項式系 $\{\phi_k\}_{k=0,1,\ldots,n}$ に対し、$\phi_n(x)$ の零点を $x_1, \ldots, x_n$ とし、クリストッフェル数を $w_1, \ldots, w_n$ とすると

$$\sum_{k=1}^{n} w_k \phi_i(x_k)\phi_j(x_k) = (\phi_i, \phi_j)_w$$

が成り立つ。

証明 クリストッフェル-ダルブーの恒等式において $x = x_i, t = x_j$ とおくと

$$(x_i - x_j) \sum_{k=0}^{n-1} \frac{\phi_k(x_i)\phi_k(x_j)}{(||\phi_k||_w)^2} = 0$$

が得られる。これとクリストッフェル数の定義より

$$\sum_{k=0}^{n-1} \frac{\phi_k(x_i)\phi_k(x_j)}{(||\phi_k||_w)^2} = \frac{1}{w_i}\delta_{i,j} \tag{5.32}$$

が成り立つ。

$\lambda_k = ||\phi_k||_w^2$ とおき、n 次正方行列 P, D, W, Q を

$$\begin{aligned} P =& (\phi_{j-1}(x_i)/\sqrt{\lambda_{j-1}}) \\ =& \begin{pmatrix} \phi_0(x_1)/\sqrt{\lambda_0} & \phi_1(x_1)/\sqrt{\lambda_1} & \cdots & \phi_{n-1}(x_1)/\sqrt{\lambda_{n-1}} \\ \phi_0(x_2)/\sqrt{\lambda_0} & \phi_1(x_2)/\sqrt{\lambda_1} & \cdots & \phi_{n-1}(x_2)/\sqrt{\lambda_{n-1}} \\ & & \ddots & \\ \phi_0(x_n)/\sqrt{\lambda_0} & \phi_1(x_n)/\sqrt{\lambda_1} & \cdots & \phi_{n-1}(x_n)/\sqrt{\lambda_{n-1}} \end{pmatrix} \end{aligned}$$

$$
\begin{aligned}
D =& \begin{pmatrix} 1/w_1 & 0 & \cdots & 0 \\ 0 & 1/w_2 & \cdots & 0 \\ 0 & 0 & \ddots & 0 \\ 0 & 0 & \cdots & 1/w_n \end{pmatrix} \\
W =& \begin{pmatrix} \sqrt{w_1} & 0 & \cdots & 0 \\ 0 & \sqrt{w_2} & \cdots & 0 \\ 0 & 0 & \ddots & 0 \\ 0 & 0 & \cdots & \sqrt{w_n} \end{pmatrix} \\
Q =& WP
\end{aligned}
$$

で定義する。ここで、$P = (\phi_{j-1}(x_i)/\sqrt{\lambda_{j-1}})$ は行列 P の (i, j) 成分が $\phi_{j-1}(x_i)/\sqrt{\lambda_{j-1}}$ であることを意味する。

(5.32) は

$$PP^T = D$$

と表せる。さらに

$$
\begin{aligned}
WW^T &= W^2 = D^{-1} \\
QQ^T &= WPP^TW^T = WDW^T = I
\end{aligned}
\tag{5.33}
$$

がみたされる。(5.33) より $Q^T = Q^{-1}$ だから

$$Q^TQ = I \tag{5.34}$$

が成り立つ。$Q = (\sqrt{w_i}\phi_{j-1}(x_i)/\sqrt{\lambda_{j-1}})$ より (5.34) を成分で表すと

$$\sum_{k=1}^{n} \frac{w_k\phi_{i-1}(x_k)\phi_{j-1}(x_k)}{\sqrt{\lambda_{i-1}\lambda_{j-1}}} = \delta_{i,j}$$

となる。$i-1, j-1$ をそれぞれ i, j と書き換え、λ_i を両辺にかけると

$$\sum_{k=1}^{n} \frac{w_k\phi_i(x_k)\phi_j(x_k)\sqrt{\lambda_i}}{\sqrt{\lambda_j}} = \lambda_i\delta_{i,j}$$

となる。$i \neq j$ のとき左辺は 0 だから

$$\sum_{k=1}^{n} w_k\phi_i(x_k)\phi_j(x_k) = \lambda_i\delta_{i,j}$$

と書けるので、選点直交性が得られた。 □

定理 5.6. *(直交多項式補間)* $\{\phi_k\}_{k=0,1,\dots,n}$ を $w(x)$ に関する直交多項式系とする。区間 $[a,b]$ で連続な関数 $f(x)$ の $\phi_n(x)$ の零点 $x_1,\dots,x_n$ に関する $n-1$ 次ラグランジュ補間多項式は

$$L(x)=\sum_{k=0}^{n-1}\frac{1}{(||\phi_k||_w)^2}\left(\sum_{i=1}^{n}w_if(x_i)\phi_k(x_i)\right)\phi_k(x)$$

となる。ここで、$w_1,\dots,w_n$ はクリストッフェル数である。

証明 $i=1,\dots,n$ に対し

$$l_i(x)=w_i\sum_{k=0}^{n-1}\frac{\phi_k(x_i)}{((||\phi_k||_w))^2}\phi_k(x)$$

とおく。(5.32) より

$$l_i(x_j)=\delta_{i,j}$$

となる。したがって、(5.3) より $x_1,\dots,x_n$ に関する $n-1$ 次ラグランジュ補間多項式は

$$\begin{aligned}L(x)&=\sum_{i=1}^{n}l_i(x)f(x_i)=\sum_{i=1}^{n}w_i\sum_{k=0}^{n-1}\frac{\phi_k(x_i)\phi_k(x)}{(||\phi_k||_w)^2}f(x_i)\\&=\sum_{k=0}^{n-1}\frac{1}{(||\phi_k||_w)^2}\left(\sum_{i=1}^{n}w_if(x_i)\phi_k(x_i)\right)\phi_k(x)\end{aligned}$$

である。 □

6 ルジャンドル多項式

ルジャンドル (Legendre) **多項式** $P_n(x)$ は、$n=0,1,2,\dots$ に対し

$$P_n(x)=\frac{1}{2^nn!}\frac{d^n}{dx^n}(x^2-1)^n \tag{5.35}$$

により定義される。$P_n(x)$ は $2n$ 次多項式の n 階導関数であるので、n 次多項式になる。

例 5.14. $n = 0, 1, \ldots, 5$ のときのルジャンドル多項式を定義に基づき計算する。

$$
\begin{aligned}
P_0(x) =& 1 \\
P_1(x) =& \frac{1}{2 \cdot 1!} \frac{d}{dx}(x^2 - 1) = x \\
P_2(x) =& \frac{1}{4 \cdot 2!} \frac{d^2}{dx^2}(x^2 - 1)^2 = \frac{3}{2}x^2 - \frac{1}{2} \\
P_3(x) =& \frac{1}{8 \cdot 3!} \frac{d^3}{dx^3}(x^2 - 1)^3 = \frac{5}{2}x^3 - \frac{3}{2}x \\
P_4(x) =& \frac{1}{16 \cdot 4!} \frac{d^4}{dx^4}(x^2 - 1)^4 = \frac{35}{8}x^4 - \frac{15}{4}x^2 + \frac{3}{8} \\
P_5(x) =& \frac{1}{32 \cdot 5!} \frac{d^5}{dx^5}(x^2 - 1)^5 = \frac{63}{8}x^5 - \frac{70}{8}x^3 + \frac{15}{8}x
\end{aligned}
$$

■

命題 5.18. n 次ルジャンドル多項式は

$$
P_n(x) = \frac{1}{2^n} \sum_{k=0}^{\lfloor n/2 \rfloor} (-1)^k \frac{(2n-2k)!}{k!(n-k)!(n-2k)!} x^{n-2k} \tag{5.36}
$$

と表せる。ここで $\lfloor n/2 \rfloor$ は n が偶数のとき $n/2$, 奇数のとき $(n-1)/2$ を表す。

証明　$\frac{1}{2^n n!}(x^2 - 1)^n$ を 2 項展開すると各項は

$$
\frac{(-1)^k}{2^n n!} \cdot \frac{n!}{k!(n-k)!} x^{2n-2k}
$$

である。$k \leqq n/2$ のとき n 回微分すると、

$$
\begin{aligned}
&\frac{(-1)^k}{2^n k!(n-k)!}(2n-2k) \cdots (2n-2k-n+1)x^{n-2k} \\
=&\frac{(-1)^k (2n-2k)!}{2^n k!(n-k)!(n-2k)!} x^{n-2k}
\end{aligned}
$$

となる。n が偶数のとき $k = 0, \ldots, n/2$ の和、n が奇数のとき $k = 0, \ldots, (n-1)/2$ の和をとる。 □

$P_n(x)$ の x^n の係数 μ_n は (5.36) の $k=0$ の項の係数で

$$\mu_n = \frac{1}{2^n n!} 2n(2n-1)\cdots(2n-n+1) = \frac{(2n)!}{2^n (n!)^2} \tag{5.37}$$

である。

命題 5.19. $n = 0, 1, 2, \ldots$ に対し $P_n(1) = 1, P_n(-1) = (-1)^n$

証明 n に関する数学的帰納法で示す。$n = 0, 1, 2$ のときは例 5.14 より容易に確認できる。

$n \geqq 3$ のとき $P_{n-1}(1) = 1, P_{n-1}(-1) = (-1)^{n-1}$ を仮定する。ライプニッツの公式より

$$\begin{aligned} P_n(x) =& \frac{1}{2^n n!} \frac{d^n}{dx^n} \left((x^2-1)^{n-1}(x^2-1) \right) \\ =& \frac{1}{2^n n!} \sum_{k=0}^{n} \binom{n}{k} \frac{d^{n-k}}{dx^{n-k}} (x^2-1)^{n-1} \frac{d^k}{dx^k} (x^2-1) \end{aligned} \tag{5.38}$$

となる。(5.38) は $k = 0, 1, 2$ 以外は 0 になる。よって

$$\begin{aligned} P_n(x) =& (x^2-1) \frac{1}{2^n n!} \frac{d^n}{dx^n} (x^2-1)^{n-1} + x P_{n-1}(x) \\ &+ \frac{1}{2^n (n-2)!} \frac{d^{n-2}}{dx^{n-2}} (x^2-1)^{n-1} \end{aligned} \tag{5.39}$$

となる。$\frac{d^{n-2}}{dx^{n-2}}(x^2-1)^{n-1}$ は (x^2-1) を因数に持つので、(5.39) において $x = \pm 1$ とおけば

$$P_n(\pm 1) = \pm P_{n-1}(\pm 1)$$

帰納法の仮定により $P_{n-1}(1) = 1, P_{n-1}(-1) = (-1)^{n-1}$ なので

$$P_n(1) = P_{n-1}(1) = 1, P_n(-1) = -P_{n-1}(-1) = (-1)^n$$

となる。 □

命題 5.20. たかだか $n-1$ 次多項式 $q(x)$ に対し $\displaystyle\int_{-1}^{1} P_n(x) q(x) dx = 0$ となる。

証明　任意の多項式 $Q(x)$ と $k=0,1,\ldots,n$ に対し

$$\int_{-1}^{1} P_n(x)Q(x)dx = \frac{(-1)^k}{2^n n!}\int_{-1}^{1}\left(\frac{d^{n-k}}{dx^{n-k}}(x^2-1)^n\right)\frac{d^k}{dx^k}Q(x)dx \quad (5.40)$$

が成り立つことを k に関する数学的帰納法で示す。$k=0$ のときは明らか。

(5.40) が $k-1$ のとき成立すると仮定する。$\dfrac{d^{n-k}}{dx^{n-k}}(x^2-1)^n$ は x^2-1 を因数に持つことおよび部分積分を用いると

$$\begin{aligned}
&\int_{-1}^{1} P_n(x)Q(x)dx \\
=&\frac{(-1)^{k-1}}{2^n n!}\int_{-1}^{1}\left(\frac{d^{n-k+1}}{dx^{n-k+1}}(x^2-1)^n\right)\frac{d^{k-1}}{dx^{k-1}}Q(x)dx \\
=&\frac{(-1)^{k-1}}{2^n n!}\left(\left[\left(\frac{d^{n-k}}{dx^{n-k}}(x^2-1)^n\right)\frac{d^{k-1}}{dx^{k-1}}Q(x)\right]_{-1}^{1}\right. \\
&\left.-\int_{-1}^{1}\left(\frac{d^{n-k}}{dx^{n-k}}(x^2-1)^n\right)\frac{d^k}{dx^k}Q(x)dx\right) \\
=&\frac{(-1)^k}{2^n n!}\int_{-1}^{1}\left(\frac{d^{n-k}}{dx^{n-k}}(x^2-1)^n\right)\frac{d^k}{dx^k}Q(x)dx
\end{aligned}$$

が導けるので k のときにも成立する。

(5.40) において、$Q(x)$ をたかだか $n-1$ 次多項式 $q(x)$ にとり、$k=n$ とすると

$$\int_{-1}^{1} P_n(x)q(x)dx = \frac{(-1)^n}{2^n n!}\int_{-1}^{1}(x^2-1)^n\frac{d^n}{dx^n}q(x)dx = 0$$

となる。　□

命題 5.21. ルジャンドル多項式は重み関数 $w(x)=1$ の直交多項式系で

$$\int_{-1}^{1} P_n(x)P_m(x)dx = \frac{2}{2n+1}\delta_{n,m}$$

を満たす。

証明　$n\neq m$ のときは命題 5.20 からいえる。

$n = m$ のとき

$$\int_{-1}^{1} P_n(x)P'_{n+1}(x)dx = [P_n(x)P_{n+1}(x)]_{-1}^{1} - \int_{-1}^{1} P'_n(x)P_{n+1}(x)dx$$

の右辺第 1 項は命題 5.19 より 2 で、右辺第 2 項は命題 5.20 より 0 であるので

$$\int_{-1}^{1} P_n(x)P'_{n+1}(x)dx = 2 \tag{5.41}$$

である。$P_n(x)$ の x^n の係数を μ_n とおくと

$$Q(x) = P'_{n+1}(x) - \frac{(n+1)\mu_{n+1}}{\mu_n}P_n(x)$$

はたかだか $n-1$ 次多項式である。(5.37) より

$$\frac{(n+1)\mu_{n+1}}{\mu_n} = \frac{(n+1)(2n+2)!}{2^{n+1}(n+1)^2(n!)^2}\frac{2^n(n!)^2}{(2n)!} = 2n+1$$

より

$$P'_{n+1}(x) = (2n+1)P_n(x) + Q(x) \tag{5.42}$$

と表せる。(5.42) の両辺に $P_n(x)$ を掛けて $[-1.1]$ で積分すると

$$\int_{-1}^{1} P_n(x)P'_{n+1}(x)dx = (2n+1)\int_{-1}^{1}(P_n(x))^2dx + \int_{-1}^{1} P_n(x)Q(x)dx$$

(5.41) より左辺は 2 で、命題 5.20 より右辺第 2 項は 0 である。よって

$$\int_{-1}^{1}(P_n(x))^2dx = \frac{2}{2n+1}$$

となる。 □

ルジャンドル多項式は重み関数 $w(x) = 1$ に関する直交多項式系になるので、ルジャンドル多項式を用いる際は、通常内積や L^2 ノルムにつける添字 w は省略する。

命題 5.22. ルジャンドル多項式は次の 3 項漸化式を満たす。

$$nP_n(x) = (2n-1)xP_{n-1}(x) - (n-1)P_{n-2}(x) \quad n = 2, 3, \ldots$$

証明　ルジャンドル多項式 $P_n(x)$ に対し命題 5.15 の 3 項漸化式

$$P_n(x) = (\alpha_n x + \beta_n)P_{n-1}(x) + \gamma_n P_{n-2}(x) \tag{5.43}$$

の係数を求める。$P_n(x)$ の最高次の係数は $\mu_n = \frac{(2n)!}{2^n(n!)^2}$ であるので、

$$\alpha_n = \frac{\mu_n}{\mu_{n-1}} = \frac{(2n)!}{2^n(n!)^2}\frac{2^{n-1}((n-1)!)^2}{(2n-2)!} = \frac{2n-1}{n}$$

である。$P_n(x)$ は n が偶数のときは x^2 の多項式、n が奇数のときは $P_n(x)/x$ が x^2 の多項式になることに注意すると、$P_{n-1}(x)$ はたかだか $n-3$ 次多項式 $Q(x)$ により

$$P_{n-1}(x) = \mu_{n-1}x^{n-1} + Q(x)$$

とかける。同様に、x^n はたかだか $n-2$ 次多項式 $R(x)$ により

$$x^n = \frac{1}{\mu_n}P_n(x) + R(x)$$

とかける。命題 5.20 を繰り返し用いると

$$\begin{aligned}(xP_{n-1}, P_{n-1}) =&(\mu_{n-1}x^n + xQ, P_{n-1}) = \mu_{n-1}(x^n, P_{n-1}) + (xQ, P_{n-1})\\ =&\frac{\mu_{n-1}}{\mu_n}(P_n, P_{n-1}) + \mu_{n-1}(R, P_{n-1}) = 0\end{aligned}$$

となる。命題 5.15 より

$$\beta_n = -\frac{\alpha_n(xP_{n-1}(x), P_{n-1}(x))}{(P_{n-1}(x), P_{n-1}(x))} = 0$$

である。命題 5.15 と命題 5.21 により

$$\gamma_n = -\frac{\mu_n\mu_{n-2}}{(\mu_{n-1})^2}\frac{\frac{2}{2n-1}}{\frac{2}{2n-3}} = -\frac{2n-1}{n}\frac{n-1}{2n-3}\frac{2n-3}{2n-1} = -\frac{n-1}{n}$$

である。これらを (5.43) に代入すると

$$P_n(x) = \frac{2n-1}{n}xP_{n-1}(x) - \frac{n-1}{n}P_{n-2}(x)$$

両辺に n を掛けるとルジャンドル多項式の 3 項漸化式が得られる。　□

命題 5.23. n 次ルジャンドル多項式 $P_n(x)$ の不定積分は

$$\int P_n(x)dx = \frac{1}{2n+1}(P_{n+1}(x) - P_{n-1}(x)) + C, \quad n = 1, 2, \ldots \tag{5.44}$$

で与えられる。

証明 命題 5.18 より $P'_{n+1}(x) - P'_{n-1}(x)$ における x^{n-2k} の係数は $k \geqq 1$ のとき

$$\begin{aligned}&\frac{(-1)^k}{2^{n+1}}\left(\frac{(2n+2-2k)!}{k!(n+1-k)!(n-2k)!} + \frac{4(2n-2k)!}{(k-1)!(n-k)!(n-2k)!}\right)\\ =&(2n+1)\frac{(-1)^k}{2^n}\frac{(2n-2k)!}{k!(n-k)!(n-2k)!}\end{aligned} \tag{5.45}$$

である。$k = 0$ のとき x^n の係数は

$$(n+1)\mu_{n+1} = \frac{1}{2^{n+1}}\frac{(2n+2)!}{(n+1)!n!} = (2n+1)\frac{(2n)!}{2^n(n!)^2} \tag{5.46}$$

である。(5.45) の右辺に $k = 0$ を代入した式は (5.46) の右辺に一致しているので

$$P'_{n+1}(x) - P'_{n-1}(x) = (2n+1)P_n(x)$$

が成り立つ。したがって、$P_n(x)$ の原始関数は $\frac{1}{2n+1}(P_{n+1}(x) - P_{n-1}(x))$ である。 □

命題 5.24. n 次ルジャンドル多項式 $P_n(x)$ に対し

$$(x^2-1)P'_n(x) = n(xP_n(x) - P_{n-1}(x))$$

が成立する。

証明 $u = (x^2-1)^n$ とおくと $u' = 2nx(x^2-1)^{n-1}$ となる。

$$(x^2-1)u' = 2nxu$$

の両辺を $n+1$ 回微分すると、ライプニッツの公式より

$$(x^2-1)u^{(n+2)} + 2(n+1)xu^{(n+1)} + (n+1)nu^{(n)} = 2nxu^{(n+1)} + 2n(n+1)u^{(n)}$$

となる。$u^{(n)} = 2^n n! P_n(x)$(ルジャンドル多項式の定義) を代入すると

$$(x^2-1)P_n''(x) + 2xP_n'(x) - n(n+1)P_n(x) = 0 \tag{5.47}$$

となる。(5.47) は

$$\frac{d}{dx}((x^2-1)P_n'(x)) = n(n+1)P_n(x) \tag{5.48}$$

と変形できる。命題 5.23 を用いて (5.48) を積分すると

$$(x^2-1)P_n'(x) = \frac{n(n+1)}{2n+1}(P_{n+1}(x) - P_{n-1}(x)) + C$$

となり、$x=1$ とおくと $C=0$ であるので

$$(x^2-1)P_n'(x) = \frac{n(n+1)}{2n+1}(P_{n+1}(x) - P_{n-1}(x)) \tag{5.49}$$

となる。さらに、3 項漸化式 (命題 5.22) で n を $n+1$ とした

$$(n+1)P_{n+1}(x) = (2n+1)xP_n(x) - nP_{n-1}(x) \quad n = 1, 2, \dots$$

を (5.49) に代入すると

$$\begin{aligned}(x^2-1)P_n'(x) =& \frac{n}{2n+1}((2n+1)xP_n(x) - nP_{n-1}(x) - (n+1)P_{n-1}(x)) \\ =& n(xP_n(x) - P_{n-1}(x))\end{aligned}$$

より求める式がえられる。　□

2 階線形微分方程式

$$(1-x^2)y'' - 2xy' + n(n+1)y = 0$$

をルジャンドル (Legendre) **の微分方程式**という。ここで n は整数である。(5.47) は n が正の整数のときルジャンドル多項式 $P_n(x)$ が $x=1$ のとき $y=1$ という初期条件の解であることを示している。

命題 5.25. n 次ルジャンドル多項式 $P_n(x)$ の零点を $x_1, \dots, x_n$ としたとき、クリストッフェル数は

$$w_i = \frac{2(1-x_i^2)}{(nP_{n-1}(x_i))^2}, \quad i = 1, \dots, n$$

となる。

証明 クリストッフェル数を定義

$$w_i = \frac{\mu_n ||P_{n-1}||^2}{\mu_{n-1} P_n'(x_i) P_{n-1}(x_i)}$$

に基づき計算する。(5.37) より

$$\frac{\mu_n}{\mu_{n-1}} = \frac{(2n)!2^{n-1}((n-1)!)^2}{2^n(n!)^2(2n-2)!} = \frac{2n-1}{n}$$

となる。また命題 5.21 より

$$||P_{n-1}||^2 = \frac{2}{2(n-1)+1} = \frac{2}{2n-1}$$

である。命題 5.24 において $x = x_i$ とおくと

$$(x_i^2 - 1)P_n'(x_i) = -nP_{n-1}(x_i)$$

となるので

$$P_n'(x_i)P_{n-1}(x_i) = \frac{n}{1-x_i^2}(P_{n-1}(x_i))^2$$

より

$$w_i = \frac{2n-1}{n} \cdot \frac{2}{2n-1} \cdot \frac{1-x_i^2}{n} \cdot \frac{1}{(P_{n-1}(x_i))^2} = \frac{2(1-x_i^2)}{(nP_{n-1}(x_i))^2}$$

となる。 □

7 ガウス型積分公式

5 節と同様に、関数 $w(x)$ は開区間 (a, b) $(-\infty \leqq a < b \leqq \infty)$ または閉区間 $[a, b]$ $(-\infty < a < b < \infty)$ で連続かつ正の値を取り、積分

$$\int_a^b w(x)|x|^n dx, \quad n = 0, 1, \ldots$$

が有限の値を持つとする。n 次多項式 $\phi_n(x)$ の系 $\{\phi_n\}$ が正数 λ_n により

$$\int_a^b w(x)\phi_n(x)\phi_m(x)dx = \lambda_n \delta_{n,m}$$

を満たすとき重み関数 $w(x)$ に関する直交多項式系という。$\phi_n(x)$ の零点を $x_1, \ldots, x_n$ とすると命題 5.14 より $a < x_i < b$ $(i = 1, \ldots, n)$ となる。

定理 5.7. (**ガウス** (Gauss) **型積分公式**) $\{\phi_k\}_{k=0,1,\ldots,n}$ を $w(x)$ に関する直交多項式系とし、$\phi_n(x)$ の零点を $x_1, \ldots, x_n$ とする。区間 (a, b) で連続な関数 $f(x)$ の定積分

$$\int_a^b w(x)f(x)dx \tag{5.50}$$

に対する n 点ガウス型積分公式は、

$$G_n = \sum_{i=1}^{n} w_i f(x_i) \tag{5.51}$$

で与えられる。ここで $w_1, \ldots, w_n$ はクリストッフェル数

$$w_i = \frac{1}{\displaystyle\sum_{k=0}^{n-1} \frac{(\phi_k(x_i))^2}{(||\phi_k||_w)^2}}$$

である。

証明　定理 5.6 より $f(x)$ の $\phi_n(x)$ の零点 $x_1, \ldots, x_n$ に関する $n-1$ 次ラグランジュ補間多項式は

$$L(x) = \sum_{k=0}^{n-1} \frac{1}{(||\phi_k||_w)^2} \left(\sum_{i=1}^{n} w_i f(x_i) \phi_k(x_i) \right) \phi_k(x)$$

となる。ここで、$w_1, \ldots, w_n$ はクリストッフェル数である。したがって、

$$\int_a^b w(x)L(x)dx = \sum_{k=0}^{n-1} \frac{1}{(||\phi_k||_w)^2} \left(\sum_{i=1}^{n} w_i f(x_i) \phi_k(x_i) \right) \int_a^b w(x)\phi_k(x)dx \tag{5.52}$$

が得られる。$\phi_0(x)$ は 0 次式だから $\phi_0(x) = \mu_0$ と書くと、$k > 0$ のとき

$$\int_a^b w(x)\phi_k(x)dx = \frac{1}{\mu_0} \int_a^b w(x)\phi_k(x)\phi_0(x)dx = 0$$

であるので (5.52) の右辺は

$$\frac{1}{(||\phi_0||_w)^2}\left(\sum_{i=1}^{n} w_i f(x_i)\phi_0(x_i)\right)\frac{1}{\mu_0}(||\phi_0||_w)^2 = \sum_{i=1}^{n} w_i f(x_i)$$

となり求める結果が得られた。 □

定理 5.8. n 点ガウス型積分公式の精度は $2n-1$ 次である。

証明 $\phi_n(x)$ の零点を $x_1,\ldots,x_n$ とし、クリストッフェル数を $w_1,\ldots,w_n$ とする。$f(x)$ をたかだか $2n-1$ 次多項式とし、$f(x)$ を n 次直交多項式 $\phi_n(x)$ で割ると

$$f(x) = q(x)\phi_n(x) + r(x) \tag{5.53}$$

と表せる。ここで、$q(x)$ と $r(x)$ はたかだか $n-1$ 次多項式である。よって命題 5.13 より

$$\int_a^b q(x)\phi_n(x)w(x)dx = 0$$

である。また n 点ガウス型積分公式は $n-1$ 次ラグランジュ補間多項式を積分しているので

$$\int_a^b r(x)w(x)dx = \sum_{i=1}^{n} w_i r(x_i)$$

である。

$$\begin{aligned}G_n &= \sum_{i=1}^{n} w_i f(x_i) = \sum_{i=1}^{n} w_i(q(x_i)\phi_n(x_i) + r(x_i)) = \sum_{i=1}^{n} w_i r(x_i)\\ &= \int_a^b r(x)w(x)dx = \int_a^b f(x)w(x)dx\end{aligned}$$

以上より n 点ガウス型積分公式は $2n-1$ 次の任意の多項式の正確な積分値を与える。 □

注意 5.3. 定理 5.8 の逆も成立する。すなわち、補間型積分公式 (p.92)

$$\sum_{i=1}^{n} W_i f(x_i), \quad W_i \in \mathbb{R}$$

の精度が $2n-1$ 次のときは n 点ガウス型公式に一致する。したがって、ガウス型公式は同じ分点数の補間型積分公式の中で精度が最も高いという意味で、最適なものである。

ガウス型積分公式でよく用いられる直交多項式系を表 5.4 に示す。$P_n(x), T_n(x), L_n(x), H_n(x)$ はそれぞれルジャンドル多項式、チェビシェフ多項式、ラゲール多項式、エルミット多項式という。ルジャンドル多項式の零点を補間点とするガウス型積分公式を**ガウス-ルジャンドル則**という。他の直交多項式の場合も同様である。

表 5.4　おもなガウス型積分公式

名称	積分	直交多項式
ガウス-ルジャンドル則	$\int_{-1}^{1} f(x)dx$	$P_n(x) = \frac{1}{2^n n!}\frac{d^n}{dx^n}(x^2-1)^n$
ガウス-チェビシェフ則	$\int_{-1}^{1} \frac{f(x)}{\sqrt{1-x^2}}dx$	$T_n(x) = \cos n(\cos^{-1} x)$
ガウス-ラゲール則	$\int_{0}^{\infty} e^{-x}f(x)dx$	$L_n(x) = \frac{e^x}{n!}\frac{d^n}{dx^n}(e^{-x}x^n)$
ガウス-エルミット則	$\int_{-\infty}^{\infty} e^{-x^2}f(x)dx$	$H_n(x) = (-1)^n e^{x^2}\frac{d^n}{dx^n}(e^{-x^2})$

歴史ノート 9. カール・フリードリッヒ・ガウス は 1814 年に『新しい近似積分法の発明』において 1 点から 7 点までのガウス-ルジャンドル則の分点と重み係数を与えた。これがガウス型公式の名称の由来である。

例 5.15. 3 点ガウス-ルジャンドル則を例 5.14 により導く。$P_3(x) = \frac{5}{2}x^3 - \frac{3}{2}x$

より零点は $x_1 = -\sqrt{\frac{3}{5}}, x_2 = 0, x_2 = \sqrt{\frac{3}{5}}$ である。

$$||P_0||^2 = \int_{-1}^{1} 1dx = 2$$
$$||P_1||^2 = \int_{-1}^{1} x^2 dx = \frac{2}{3}$$
$$||P_2||^2 = \int_{-1}^{1} \left(\frac{3}{2}x^2 - \frac{1}{2}^2\right)^2 dx = \frac{2}{5}$$

重み (クリストッフェル数) は

$$w_1 = w_3 = \left(\frac{P_0(x_1)^2}{||P_0||^2} + \frac{(P_1(x_1))^2}{||P_1||^2} + \frac{(P_2(x_1))^2}{||P_2||^2}\right)^{-1}$$
$$= \left(\frac{1}{2} + \frac{3}{5}\cdot\frac{3}{2} + \frac{4}{25}\cdot\frac{5}{2}\right)^{-1} = \frac{5}{9}$$
$$w_2 = \left(\frac{P_0(x_2)^2}{||P_0||^2} + \frac{(P_1(x_2))^2}{||P_1||^2} + \frac{(P_2(x_2))^2}{||P_2||^2}\right)^{-1} = \left(\frac{1}{2} + 0 + \frac{1}{4}\cdot\frac{5}{2}\right)^{-1} = \frac{8}{9}$$

よって

$$G_3 = \frac{5}{9}f(-\sqrt{\frac{3}{5}}) + \frac{8}{9}f(0) + \frac{5}{9}f(\sqrt{\frac{3}{5}})$$

重みは命題 5.25 を用いる方が計算は容易になる。たとえば、

$$w_1 = \frac{2(1 - x_1^2)}{(3(\frac{3}{2}x_1^2 - \frac{1}{2}))^2} = \frac{2(1 - \frac{3}{5})}{(3(\frac{3}{2}\frac{3}{5} - \frac{1}{2}))^2} = \frac{5}{9}$$ ■

n が小さいとき n 点ガウス-ルジャンドル則は例 5.15 と同様に導くことができる。分点 (ルジャンドル多項式の零点) と重み係数 (クリストッフェル数) を表 5.5 に示す。i に 2 つの数が与えられているときは、小さい方の i に対応する x_i の符号を $-$ にとり、大きい方は $+$ にとる。$n = 6$ と $n = 8$ のときは、冪根で表すと複雑になるので 10 進小数で与える。

有限区間の定積分の近似値をガウス-ルジャンドル則で求める際は、積分区間が $(-1, 1)$ になるように変数変換を行う。

$$I = \int_{c}^{d} f(x)dx$$

表 5.5　n 点ガウス-ルジャンドル則

n	i	分点 (x_i)	重み係数 (w_i)
2	$1,2$	$\pm\sqrt{\frac{1}{3}}$	1
3	$1,3$	$\pm\sqrt{\frac{3}{5}}$	$\frac{5}{9}$
	2	0	$\frac{8}{9}$
4	$1,4$	$\pm\sqrt{\frac{3}{7}+\frac{2}{7}\sqrt{\frac{6}{5}}}$	$\frac{18-\sqrt{30}}{36}$
	$2,3$	$\pm\sqrt{\frac{3}{7}-\frac{2}{7}\sqrt{\frac{6}{5}}}$	$\frac{18+\sqrt{30}}{36}$
5	$1,5$	$\pm\frac{1}{3}\sqrt{5+2\sqrt{\frac{10}{7}}}$	$\frac{322-13\sqrt{70}}{900}$
	$2,4$	$\pm\frac{1}{3}\sqrt{5-2\sqrt{\frac{10}{7}}}$	$\frac{322+13\sqrt{70}}{900}$
	3	0	$\frac{128}{225}$
6	$1,6$	±0.9324695142031521	0.1713244923791704
	$2,5$	±0.6612093864662645	0.3607615730481386
	$3,4$	±0.2386191860831969	0.4679139345726910
8	$1,8$	±0.9602898564975363	0.1012285362903763
	$2,7$	±0.7966664774136267	0.2223810344533745
	$3,6$	±0.5255324099163290	0.3137066458778873
	$4,5$	±0.1834346424956498	0.3626837833783620

に対し

$$x=\frac{d-c}{2}t+\frac{c+d}{2}$$

とおくと

$$I=\frac{d-c}{2}\int_{-1}^{1}f\left(\frac{d-c}{2}t+\frac{c+d}{2}\right)dt$$

となる。

表 5.6 $I = \int_0^2 e^x dx$ をガウス-ルジャンドル則で計算する

n	G_n	$G_n - I$
2	6.368108205367115	-2.10×10^{-02}
3	6.388878163987117	-1.78×10^{-04}
4	6.389055296680802	-8.02×10^{-07}
5	6.389056096688674	-2.24×10^{-09}
6	6.389056098926387	-4.26×10^{-12}
8	6.389056098930650	0.0

例 5.16.

$$I = \int_0^1 \frac{dx}{1+x} = \log 2 = 0.693147180559945$$

に対し 3 点ガウス-ルジャンドル則で計算する。$x = \frac{1}{2}t + \frac{1}{2}$ と変数変換すると

$$I = \int_{-1}^1 \frac{\frac{1}{2}}{1 + \frac{1}{2}t + \frac{1}{2}} dt = \int_{-1}^1 \frac{dt}{3+t}$$

となる。右辺に 3 点ガウス-ルジャンドル則を適用すると

$$\begin{aligned} G_3 =& \frac{5}{9}\frac{1}{3-\sqrt{\frac{3}{5}}} + \frac{8}{9}\frac{1}{3} + \frac{5}{9}\frac{1}{3+\sqrt{\frac{3}{5}}} = \frac{25}{9(15-\sqrt{15})} + \frac{8}{27} + \frac{25}{9(15+\sqrt{15})} \\ =& 0.693121693121693 \end{aligned}$$

となる。誤差は -2.55×10^{-5} である。I をニュートン-コーツ 3 点則であるシンプソン則 S_1 で計算 (例 5.6, p.95) したときの誤差は 1.30×10^{-3} であるので、ガウス-ルジャンドル則の精度の良さが見てとれる。 ■

例 5.17.

$$I = \int_0^2 e^x dx = e^2 - 1 = 6.389056098930650$$

に対し n 点ガウス-ルジャンドル則 $(n = 2, 3, 4, 5, 6, 8)$ で計算した結果を表 5.6 に示す。倍精度では 8 点ガウス-ルジャンドル則は正確な値を与えている。

■

$I = \int_a^b f(x)dx$ に対する n 点ガウス-ルジャンドル則は、例 5.17 のように特異点を持たず $(b-a)^{2n+1}$ が大きくないような定積分は倍精度で計算する場合 8 点ガウス-ルジャンドル則でほぼ正確な値を与える。しかしながら $I = \int_0^{10} e^x dx = 22025.4657948067$ では $G_6 - I = -4.32 \times 10^{-01}$ $G_8 - I = -3.55 \times 10^{-04}$ である。

ガウス-ルジャンドル則で誤差が大きいときは、積分区間を等間隔に分割して各小区間にガウス-ルジャンドル則を適用して和をとる**複合ガウス-ルジャンドル則** を用いるとよい。

第 6 章

漸近展開

ある関数を必ずしも収束しない無限級数に展開したとき、適当な有限項で打ち切るとその関数のよい近似になっているような展開を漸近展開（ぜんきんてんかい）という。数値解析において漸近展開は、特殊関数の計算、定積分の誤差解析、収束の加速などで重要な役割を果たしている。本章は漸近展開について述べる。無限小と無限大、O 記法と o 記法については 2 章 2 節をみよ。

1　漸近展開

関数列 $\{\phi_n(x)\}_{n=0,1,2,\dots}$ が、$n = 0, 1, 2, \dots$ に対し、

$$\lim_{x\to\infty} \frac{\phi_{n+1}(x)}{\phi_n(x)} = 0$$

を満たし、正整数 m が存在し

$$\lim_{x\to\infty} \phi_n(x) = 0, \quad (n \geqq m)$$

となるとき $\{\phi_n(x)\}$ を**漸近列**という。

$f(x)$ を $x \to \infty$ のとき無限小の関数とし、$\{\phi_n(x)\}_{n=0,1,2,\dots}$ を漸近列、$\{c_n\}$ を数列とする。ν を非負整数とするとき、$f(x)$ の $\{\phi_n(x)\}_{n=0,1,2,\dots}$ に関する **ν 項の漸近展開**とは

$$f(x) = \sum_{n=0}^{\nu} c_n\phi_n(x) + o(\phi_\nu(x)), \quad (x \to \infty) \tag{6.1}$$

を満たすものをいう。

任意の非負整数 ν に対し (6.1) が成り立つとき、$f(x)$ は**漸近展開可能**であるといい、

$$f(x) \sim \sum_{n=0}^{\infty} c_n \phi_n(x), \quad (x \to \infty) \tag{6.2}$$

と書く。(6.2) を $f(x)$ の $\{\phi_n(x)\}$ に関する**漸近展開**、(6.2) の右辺を**漸近級数**という。

命題 6.1. $f(x)$ を $x \to \infty$ のとき無限小の関数とし、$\{\phi_n(x)\}_{n=0,1,2,\dots}$ を漸近列、$\{c_n\}$ を数列とする。$f(x)$ が $\{\phi_n(x)\}$ に関し

$$f(x) \sim \sum_{n=0}^{\infty} c_n \phi_n(x), \quad (x \to \infty)$$

と漸近展開されることと、任意の非負整数 ν に対し

$$f(x) = \sum_{n=0}^{\nu} c_n \phi_n(x) + O(\phi_{\nu+1}(x)), \quad (x \to \infty) \tag{6.3}$$

が成り立つことは同値である。

証明　任意の非負整数 ν に対し (6.1) が成立するとすると

$$f(x) - \sum_{n=0}^{\nu} c_n \phi_n(x) = c_{\nu+1}\phi_{\nu+1}(x) + o(\phi_{\nu+1}(x)),$$

となる。$(c_{\nu+1} + o(1))\phi_{\nu+1}(x) = O(\phi_{\nu+1}(x))$ なので

$$f(x) - \sum_{n=0}^{\nu} c_n \phi_n(x) = O(\phi_{\nu+1}(x))$$

がいえる。逆に任意の非負整数 ν に対し (6.3) が成立するとすると

$$f(x) - \sum_{n=0}^{\nu} c_n \phi_n(x) = c_{\nu+1}\phi_{\nu+1}(x) + O(\phi_{\nu+2}(x)),$$

となる。$\phi_{\nu+2}(x) = o(\phi_{\nu+1}(x))$ より $c_{\nu+1}\phi_{\nu+1}(x) + O(\phi_{\nu+2}(x)) = o(\phi_\nu(x))$ なので

$$f(x) - \sum_{n=0}^{\nu} c_n \phi_n(x) = o(\phi_\nu(x))$$

がいえる。 □

漸近展開 (6.2) の係数は

$$c_0 = \lim_{x\to\infty} \frac{f(x)}{\phi_0(x)}$$

$$c_n = \lim_{x\to\infty} \frac{1}{\phi_n(x)} \left(f(x) - \sum_{j=0}^{n-1} c_j \phi_j(x) \right), \quad n = 1, 2, \ldots,$$

と一意的に定まる。漸近展開が一致しても関数が一致するとは限らない。例6.2 をみよ。

$(f(x) - \phi(x))/\psi(x)$ が漸近展開 $\sum_{n=0}^{\infty} c_n \phi_n(x)$ を持つとき、

$$f(x) \sim \phi(x) + \psi(x) \left(\sum_{n=0}^{\infty} c_n \phi_n(x) \right)$$

と表す。

本節で述べた漸近列、漸近展開は $n \to \infty, x \to +0$ の場合も同様に定義される。$x \to \infty$ を $n \to \infty, x \to +0$ などに書き換えればよい。

2　漸近冪級数

漸近列 $\{x^{-n}\}_{n=0,1,2,\ldots}$ に関する漸近展開を**漸近冪**(べき)**級数**という。非負整数 ν に対し

$$S_\nu(x) = c_0 + \frac{c_1}{x} + \frac{c_2}{x^2} + \cdots + \frac{c_\nu}{x^\nu}$$

とおく。任意の非負整数 ν に対し

$$\lim_{x\to\infty} x^\nu (f(x) - S_\nu(x)) = 0 \tag{6.4}$$

が成立するとき、

$$f(x) \sim c_0 + \frac{c_1}{x} + \frac{c_2}{x^2} + \cdots, \quad (x \to \infty) \tag{6.5}$$

と表す。(6.5) は関数 $f(x)$ の $\{x^{-n}\}_{n=0,1,2,\ldots}$ に関する**漸近冪級数展開**という。

(6.4) は o 記法を用いると

$$f(x) = S_\nu(x) + o\left(\frac{1}{x^\nu}\right), \quad (x \to \infty)$$

と書け、O 記法を用いると

$$f(x) = S_\nu(x) + O\left(\frac{1}{x^{\nu+1}}\right), \quad (x \to \infty)$$

と書ける。

歴史ノート 10. アイザック・ニュートン は1669年に執筆した「無限個の項の方程式による解析について」において、陰関数 $y^3 + axy + x^2y - a^3 - 2x^3 = 0$ から y の漸近冪級数 $y = x - \frac{a}{4} + \frac{a^2}{64x} + \frac{131a^3}{512x^2} + \frac{509a^4}{16384x^3} + \cdots$ を導いた。1886年、アンリ・ポアンカレ は「線形方程式の不確定積分」においてスターリングの公式 (6.6) が性質 (6.4) を満たすことに着目し、発散級数 (6.5) が (6.4) を満たすとき、漸近級数と名付け、漸近級数を線形微分方程式の研究に用いた。当初は発散級数のみが漸近級数の対象であったが、今日では漸近冪級数の定義に発散の条件を付けないことが多い。

例 6.1. **ガンマ関数** $\Gamma(x) = \int_0^\infty e^{-t}t^{x-1}dt$ に関する**スターリング** (Stirling) **の公式**

$$\log \Gamma(x+1) \sim \frac{1}{2}\log(2\pi) + \left(x + \frac{1}{2}\right)\log x - x + \sum_{n=1}^{\infty} \frac{B_{2n}}{2n(2n-1)x^{2n-1}} \tag{6.6}$$

は発散級数である。係数に現れるベルヌーイ数 B_{2n} については次節で説明する。 ■

例 6.2. $n = 0, 1, 2, \ldots$ に対し、

$$\lim_{x \to \infty} x^n e^{-x} = 0$$

より (6.4) の $S_\nu(x) = 0,\ (\nu = 0, 1, 2, \dots)$ なので、e^{-x} の漸近冪級数は

$$e^{-x} \sim 0 + \frac{0}{x} + \frac{0}{x^2} + \cdots, \quad (x \to \infty)$$

である。一方、定数関数 $f(x) = 0$ も同じ漸近冪級数を持つので、漸近展開が一致しても関数として一致するとは限らない例になっている。■

漸近冪級数の項別積分と項別微分についてはつぎの 2 つの命題が成り立つ。

命題 6.2. $f(x)$ が連続で、漸近冪級数展開

$$f(x) \sim c_0 + \frac{c_1}{x} + \frac{c_2}{x^2} + \cdots$$

を持つとき、$f(t) - c_0 - \frac{c_1}{t}$ は $[x, \infty)$ で積分可能で

$$\int_x^\infty \left(f(t) - c_0 - \frac{c_1}{t} \right) dt \sim \frac{c_2}{x} + \frac{c_3}{2x^2} + \frac{c_4}{3x^3} \cdots$$

と漸近冪級数展開できる。

証明 任意の $\nu \geqq 3$ をとり固定する。漸近冪級数展開の条件より任意の $\epsilon > 0$ に対し、$M_\nu > 0$ が存在して、$x \geqq M_\nu$ のとき

$$\left| f(x) - c_0 - \frac{c_1}{x} - \cdots - \frac{c_{\nu-1}}{x^{\nu-1}} \right| \leqq \frac{(\nu-1)\epsilon}{x^\nu} \tag{6.7}$$

となる。$f(x) - c_0 - c_1/x$ は $x \to \infty$ のとき $O(1/x^2)$ なので区間 $[M_\nu, \infty)$ で積分可能で、$\sum_{n=2}^{\nu-1} \frac{c_n}{x^n}$ も積分可能で

$$\int_x^\infty \sum_{n=2}^{\nu-1} \frac{c_n}{x^n} dx = \sum_{n=2}^{\nu-1} \frac{c_n}{(n-1)x^{n-1}}$$

である。(6.7) より

$$-\frac{(\nu-1)\epsilon}{t^\nu} \leqq f(t) - c_0 - \frac{c_1}{t} - \cdots - \frac{c_{\nu-1}}{t^{\nu-1}} \leqq \frac{(\nu-1)\epsilon}{t^\nu}$$

となる。各辺を $[x, \infty)$ で積分すると

$$\left| \int_x^\infty \left(f(t) - c_0 - \frac{c_1}{t} \right) dt - \sum_{n=2}^{\nu-1} \frac{c_n}{(n-1)x^{n-1}} \right| \leqq \frac{\epsilon}{x^{\nu-1}}$$

が成り立つ。(6.4) より

$$\int_x^\infty \left(f(t) - c_0 - \frac{c_1}{t}\right) dt \sim \sum_{n=2}^\infty \frac{c_n}{(n-1)x^{n-1}}$$

と漸近冪級数展開できる。 □

命題 6.3. $f(x)$ が連続微分可能で、$f(x), f'(x)$ が漸近冪級数展開を持てば、$f'(x)$ の漸近展開は $f(x)$ の漸近展開を項別微分して得られる。

証明　$f(x), f'(x)$ の漸近冪級数展開を

$$f(x) \sim \sum_{n=0}^\infty \frac{c_n}{x^n}, \quad f'(x) \sim \sum_{n=0}^\infty \frac{d_n}{x^n}$$

とする。$f'(x)$ に命題 6.2 を適用すると、

$$G(x) = \int_x^\infty \left(f'(t) - d_0 - \frac{d_1}{t}\right) dt \sim \sum_{n=2}^\infty \frac{d_n}{(n-1)x^{n-1}}$$

となる。$G(x)$ は $-(f'(x) - d_0 - d_1/x)$ の原始関数だから

$$G(x) = -f(x) + d_0 x + d_1 \log x + c$$

と書ける。よって $f(x)$ の漸近冪級数展開は

$$f(x) \sim c + d_0 x + d_1 \log x - \sum_{n=2}^\infty \frac{d_n}{(n-1)x^{n-1}}$$

である。漸近展開の一意性より $c = c_0, d_0 = d_1 = 0$ かつ

$$d_n = -(n-1)c_{n-1}, \quad n = 2, 3, \ldots$$

以上より、$f'(x)$ の漸近べき級数は $f(x)$ の漸近べき級数を項別微分したものになっている。 □

命題 6.4. $f(x)$ は $x = 0$ で C^∞ 級とする。マクローリン展開

$$f(x) = \sum_{n=0}^\infty \frac{f^{(n)}(0)}{n!} x^n \tag{6.8}$$

において、x を $1/x$ で置き換えた式

$$f\left(\frac{1}{x}\right)=\sum_{n=0}^{\infty}\frac{f^{(n)}(0)}{n!x^n}, \tag{6.9}$$

は漸近冪級数である。(6.8) の収束半径が $R>0$ のとき、(6.9) は $|x|>1/R$ で収束する。

証明 (6.9) が (6.4) を満たすことよりわかる。□

例 6.3. $\log(1+x)$ のマクローリン展開から、つぎの漸近冪級数が得られる。

$$\log\left(1+\frac{1}{x}\right)\sim\sum_{n=1}^{\infty}\frac{(-1)^{n-1}}{x^n}, \quad (x\to\infty)$$

右辺の級数は $|x|>1$ で収束するので、$\sim$(漸近展開) は等号 $=$(級数展開) で置き換えることができる。■

3 ベルヌーイ数

x を不定元とする形式的無限和

$$\sum_{n=0}^{\infty}a_nx^n=a_0+a_1x+a_2x^2+\cdots$$

を**形式的冪級数**という。

注意 6.1. 形式的冪級数の係数の集合は、整数全体 $\mathbb{Z}$, 有理数全体 $\mathbb{Q}$, 実数全体 $\mathbb{R}$, 複素数全体 $\mathbb{C}$, 有理数係数の多項式全体 $\mathbb{Q}[t]$ などをとることができる。

形式的冪級数 $\sum_{n=0}^{\infty}a_nx^n$ において $a_{n+1}=a_{n+2}=\cdots=0$ のときは n 次多項式

$$a_0+a_1x+a_2x^2+\cdots+a_nx^n$$

と同一視する。たとえば、

$$
\begin{aligned}
0 &= 0 + 0x + 0x^2 + 0x^3 + \cdots \\
1 &= 1 + 0x + 0x^2 + 0x^3 + \cdots \\
x &= 0 + 1x + 0x^2 + 0x^3 + \cdots
\end{aligned}
$$

である。

2 つの形式的冪級数 $\sum_{n=0}^{\infty} a_n x^n, \sum_{n=0}^{\infty} b_n x^n$ の和を

$$\left(\sum_{n=0}^{\infty} a_n x^n\right) + \left(\sum_{n=0}^{\infty} b_n x^n\right) = \sum_{n=0}^{\infty} (a_n + b_n) x^n$$

により、積を

$$\left(\sum_{n=0}^{\infty} a_n x^n\right) \left(\sum_{n=0}^{\infty} b_n x^n\right) = \sum_{n=0}^{\infty} \left(\sum_{k=0}^{n} a_k b_{n-k}\right) x^n$$

により定義する。形式的冪級数 $\sum_{n=0}^{\infty} a_n x^n$ に対し

$$\left(\sum_{n=0}^{\infty} a_n x^n\right) \left(\sum_{n=0}^{\infty} c_n x^n\right) = 1$$

を満たす $\sum_{n=0}^{\infty} c_n x^n$ を $\sum_{n=0}^{\infty} a_n x^n$ の乗法的逆元といい

$$\left(\sum_{n=0}^{\infty} a_n x^n\right)^{-1} = \left(\sum_{n=0}^{\infty} c_n x^n\right)$$

と表す。このとき形式的冪級数の $\sum_{n=0}^{\infty} a_n x^n$ による除算

$$\frac{\displaystyle\sum_{n=0}^{\infty} b_n x^n}{\displaystyle\sum_{n=0}^{\infty} a_n x^n} = \left(\sum_{n=0}^{\infty} b_n x^n\right) \left(\sum_{n=0}^{\infty} c_n x^n\right)$$

が定義できる。

例 6.4.

$$(1+x)(1-x+x^2-x^3+\cdots)=1+0x+0x^2+0x^3+\cdots=1$$

より

$$\frac{1}{1+x}=1-x+x^2-x^3+\cdots$$

である。 ■

形式的冪級数がある関数 $f(x)$ のマクローリン展開になっているときは $f(x)$ と表す。ただし無限級数として収束するか否かは問題にしない。

数列 $\{a_n\}_{n=0,1,\ldots}$ に対し形式的冪級数

$$\sum_{n=0}^{\infty} a_n x^n$$

を $\{a_n\}$ の**通常型母関数** あるいは**生成関数**という。形式的冪級数

$$\sum_{n=0}^{\infty} \frac{a_n}{n!} x^n$$

を数列 $\{a_n\}$ の**指数型母関数** あるいは**指数型生成関数**という。

多項式列 $\{f_n(t)\}_{n=0,1,\ldots}$ についても同様である。形式的冪級数

$$\sum_{n=0}^{\infty} f_n(t) x^n$$

を $\{f_n(t)\}$ の (通常型) 母関数あるいは生成関数といい、

$$\sum_{n=0}^{\infty} \frac{f_n(t)}{n!} x^n$$

を多項式列 $\{f_n(t)\}$ の指数型母関数あるいは指数型生成関数という。

例 6.5. 第 n 項を $a_n=(-1)^n$ とする数列 $\{(-1)^n\}_{n=0,1,\ldots}$ の通常型母関数は

$$\frac{1}{1+x}=1-x+x^2-x^3+\cdots$$

で、指数型母関数は

$$e^{-x} = 1 - \frac{1}{1!}x + \frac{1}{2!}x^2 - \frac{1}{3!}x^3 + \cdots$$

である。 ■

母関数

$$\frac{x}{e^x - 1} = \sum_{n=0}^{\infty} B_n \frac{x^n}{n!} \tag{6.10}$$

により定義される数 $B_0, B_1, B_2, \ldots$ を**ベルヌーイ** (Bernoulli) **数**という。

> **歴史ノート 11.** ベルヌーイ数はヤコブ・ベルヌーイ が没後『推測術』(1713) において冪乗和 $s_c(n) = 1^c + s^c + \cdots + n^c$ を $A = \frac{1}{6}, B = -\frac{1}{30}, C = \frac{1}{42}, D = -\frac{1}{30}$ を用いて表したので、これらの数列はベルヌーイ数と呼ばれている。関孝和も没後『括要算法（かつようさんぽう）』(1712) でベルヌーイと同様に $s_c(n)$ $(c = 1, \ldots .11)$ を n の多項式で表すため、$b_1, \ldots .b_{12}$ を $1, +\frac{1}{2}, +\frac{1}{6}, 0, -\frac{1}{30}, 0, +\frac{1}{42}, 0, -\frac{1}{30}, 0, +\frac{5}{66}, 0$ を与えた。$B_0 = b_1, B_1 = -b_2, B_n = b_{n+1}$ $(n = 2, \ldots, 11)$ である。藤原松三郎は関-ベルヌーイ数と呼んでいる。

命題 6.5. ベルヌーイ数は漸化式

$$\begin{cases} B_0 = 1 \\ \displaystyle\sum_{k=0}^{n-1} \binom{n}{k} B_k = 0, \quad n = 2, 3, \ldots \end{cases} \tag{6.11}$$

を満たす。ここで

$$\binom{n}{k} = {}_nC_k = \frac{n(n-1)\cdots(n-k+1)}{k!}$$

は2項係数である。

証明 (6.10) と

$$e^x - 1 = x + \frac{1}{2!}x^2 + \frac{1}{3!}x^3 +$$

より

$$x = \sum_{n=1}^{\infty} \left(\sum_{k=0}^{n-1} \frac{B_k}{k!} \frac{1}{(n-k)!} \right) x^n = \sum_{n=1}^{\infty} \left(\sum_{k=0}^{n-1} \binom{n}{k} B_k \right) \frac{x^n}{n!}$$

表 6.1 ベルヌーイ数の最初の 20 項

n	0	1	2	3	4	5	6	7	8	9
B_n	1	$-\frac{1}{2}$	$\frac{1}{6}$	0	$-\frac{1}{30}$	0	$\frac{1}{42}$	0	$-\frac{1}{30}$	0
n	10	11	12	13	14	15	16	17	18	19
B_n	$\frac{5}{66}$	0	$-\frac{691}{2730}$	0	$\frac{7}{6}$	0	$-\frac{3617}{510}$	0	$\frac{43867}{798}$	0

となる。x^n の係数を比較して

$$B_0 = 1$$
$$\sum_{k=0}^{n-1} \binom{n}{k} B_k = 0, \quad n = 2, 3, 4, \ldots$$

となる。 □

(6.11) で $n = 2$ のときは

$$\binom{2}{0} B_0 + \binom{2}{1} B_1 = 0$$

より $B_1 = -\frac{1}{2}$ となる。同様にして $B_2, B_3, \ldots$ を求めることができる。ベルヌーイ数の最初の 20 項を表 6.1 に示す。

命題 6.6. $m = 1, 2, \ldots$ に対し $B_{2m+1} = 0$ である。

証明

$$f(x) = \frac{x}{e^x - 1} - B_1 x = \frac{x}{e^x - 1} + \frac{1}{2} x$$

とおくと $f(x)$ の形式的冪級数は

$$f(x) = B_0 + \sum_{k=2}^{\infty} \frac{B_k}{k!} x^k$$

となる。一方、

$$f(-x) = \frac{-x}{e^{-x} - 1} - \frac{1}{2} x = x - \frac{x}{1 - e^x} - \frac{1}{2} x = f(x)$$

より $f(x)$ は偶関数である。よって、$f(x)$ の形式的冪級数展開に x の奇数乗の項は現れない。したがって、$m = 1, 2, \ldots$ に対し $B_{2m+1} = 0$ である。 □

偶数番目のベルヌーイ数の符号と漸近挙動を調べるためリーマン (Riemann) **ゼータ関数**

$$\zeta(s) = \sum_{n=1}^{\infty} \frac{1}{n^s}$$

を用いる。

命題 6.7. ゼータ関数の正の偶数における値は

$$\zeta(2m) = (-1)^{m-1}(2\pi)^{2m}\frac{B_{2m}}{2(2m)!} \tag{6.12}$$

で与えられる。

証明　[32, p.236] をみよ。 □

命題 6.8. 偶数番目のベルヌーイ数に対し以下のことが成り立つ。

1. $m = 1, 2, 3, \ldots$ に対し $(-1)^{m-1}B_{2m} > 0$
2. $\lim_{m\to\infty} |B_{2m}| = \infty$
3. $\lim_{m\to\infty} \dfrac{B_{2m}}{(2m)!} = 0$

証明　1. (6.12) より、$(-1)^{m-1}B_{2m} > 0$ がいえる。

2. (6.12) と $\zeta(2m) > 1$ より

$$|B_{2m}| = \frac{2(2m)!\zeta(2m)}{(2\pi)^{2m}} > \frac{2(2m)!}{(2\pi)^{2m}}$$

が成り立つ。右辺は $m \to \infty$ のとき急速に大きくなる。

3. $\zeta(2m)$ は m に関し単調減少だから

$$1 < \zeta(2m) < \zeta(2) = \frac{\pi^2}{6} < 2$$

より、

$$\left|\frac{B_{2m}}{(2m)!}\right| < \frac{4}{(2\pi)^{2m}}$$

が成り立つので、

$$\lim_{m\to\infty}\frac{B_{2m}}{(2m)!}=0$$

となる。 □

4 ベルヌーイ多項式

ベルヌーイ多項式 $B_n(t)$ $(n=0,1,\dots)$ は母関数

$$\frac{xe^{tx}}{e^x-1}=\sum_{n=0}^{\infty}B_n(t)\frac{x^n}{n!} \tag{6.13}$$

により定義される。

命題 6.9. ベルヌーイ多項式は

$$B_n(t)=\sum_{k=0}^{n}\binom{n}{k}B_k t^{n-k} \tag{6.14}$$

と表せる。

証明 (6.13) の左辺を指数型母関数で表す。

$$\begin{aligned}\frac{x}{e^x-1}e^{tx}&=\left(\sum_{n=0}^{\infty}B_n\frac{x^n}{n!}\right)\left(\sum_{n=0}^{\infty}\frac{(tx)^n}{n!}\right)=\sum_{n=0}^{\infty}\left(\sum_{k=0}^{n}\frac{B_k}{k!}\frac{t^{n-k}}{(n-k)!}\right)x^n\\&=\sum_{n=0}^{\infty}\left(\sum_{k=0}^{n}\binom{n}{k}B_k t^{n-k}\right)\frac{x^n}{n!}\end{aligned}$$

(6.13) の右辺の $\frac{x^n}{n!}$ の係数と比較して

$$B_n(t)=\sum_{k=0}^{n}\binom{n}{k}B_k t^{n-k}$$

が成り立つ。 □

ベルヌーイ多項式の最初の 4 つはつぎのようになる。

$$
\begin{aligned}
B_0(t) &= 1 \\
B_1(t) &= t - \frac{1}{2} \\
B_2(t) &= t^2 - t + \frac{1}{6} \\
B_3(t) &= t^3 - \frac{3}{2}t^2 + \frac{1}{2}t
\end{aligned}
$$

命題 6.10. ベルヌーイ数とベルヌーイ多項式に以下の関係がある。

1. $B_n(0) = B_n, \quad n = 0, 1, 2, \ldots$
2. $B_0(1) = B_0, B_1(1) = \frac{1}{2} = -B_1,\ B_n(1) = B_n, \quad n = 2, 3, \ldots$
3. $B_n(\frac{1}{2}) = (2^{1-n} - 1)B_n, \quad n = 0, 1, \ldots$

証明 (6.14)

$$
B_n(t) = \sum_{k=0}^{n-1} \binom{n}{k} B_k t^{n-k} + B_n
$$

において $t = 0$ とおくと 1 が得られ、$t = 1$ とおき命題 6.5 を用いると 2 が得られる。

3. (6.10) と (6.13) より

$$
\begin{aligned}
\sum_{n=0}^{\infty} \frac{B_n(\frac{1}{2})}{n!} x^n =& \frac{xe^{\frac{1}{2}x}}{e^x - 1} = \frac{x}{e^{\frac{1}{2}x} - 1} - \frac{x}{e^x - 1} \\
=& 2\sum_{n=0}^{\infty} \frac{B_n}{n!} \left(\frac{x}{2}\right)^n - \sum_{n=0}^{\infty} \frac{B_n}{n!} x^n = \sum_{n=0}^{\infty} \frac{(2^{1-n} - 1)B_n}{n!} x^n
\end{aligned}
$$

となる。$\frac{x^n}{n!}$ の係数を比較して

$$
B_n(\tfrac{1}{2}) = (2^{1-n} - 1)B_n, \quad n = 0, 1, 2, \ldots
$$

が得られる。 □

命題 6.11. ベルヌーイ多項式 $B_n(t)$ のグラフは、n が奇数のときは $(0, \frac{1}{2})$ に関し点対称で、n が偶数のときは直線 $t = \frac{1}{2}$ に関し線対称である。

証明 母関数 (6.13) において

$$\sum_{n=0}^{\infty} B_n(1-t)\frac{x^n}{n!} = \frac{xe^{(1-t)x}}{e^x-1} = \frac{(-x)e^{t(-x)}}{e^{-x}-1} = \sum_{n=0}^{\infty} B_n(t)\frac{(-x)^n}{n!}$$

がいえるので、$n = 0, 1, \ldots$ に対し

$$B_n(1-t) = (-1)^n B_n(t) \tag{6.15}$$

が成り立つ。(6.15) より対称性が示せた。 □

命題 6.12. $n = 1, 2, \ldots$ に関し $B_n'(t) = nB_{n-1}(t)$ が成り立つ。

証明 (6.14) の両辺を微分すると

$$\begin{aligned} B_n'(t) =& \sum_{k=0}^{n}(n-k)\binom{n}{k}B_k t^{n-1-k} = n\sum_{k=0}^{n-1}\frac{(n-1)!}{k!(n-1-k)!}B_k t^{n-1-k} \\ =& nB_{n-1}(t), \quad n = 1, 2, \ldots \end{aligned} \tag{6.16}$$

□

命題 6.13. $n = 1, 2, \ldots$ に対し $B_{2n+1}(t)$ の $[0, 1]$ における零点は $0, \frac{1}{2}, 1$ のみである。

証明 n に関する数学的帰納法で示す。

$$B_3(t) = t^3 - \frac{3}{2}t^2 + \frac{1}{2}t = t(t-\tfrac{1}{2})(t-1)$$

より $n = 1$ のとき成立している。

$B_{2n-1}(t)$ について成立すると仮定する。命題 6.10 より、

$$\begin{aligned} &B_{2n+1}(0) = B_{2n-1} = 0, \quad B_{2n+1}(\tfrac{1}{2}) = (2^{-2n}-1)B_{2n+1} = 0, \\ &B_{2n+1}(1) = (-1)^n B_{2n-1} = 0 \end{aligned}$$

より、$0, \frac{1}{2}, 1$ は $B_{2n+1}(t)$ の零点である。

いま $B_{2n+1}(t_0) = 0,\ 0 < t_0 < 1,\ t_0 \neq \frac{1}{2}$ となる t_0 が存在すると仮定する。$B_{2n+1}(t)$ のグラフは点 $(\frac{1}{2}, 0)$ に関し点対称なので $0 < t_0 < \frac{1}{2}$ として一般性を

失わない。ロルの定理により

$$B'_{2n+1}(t_1) = B'_{2n+1}(t_2) = 0, \quad 0 < t_1 < t_0 < t_2 < \tfrac{1}{2}$$

となる t_1, t_2 が存在する。$B_{2n}(t_1) = B_{2n}(t_2) = 0$ となるので、ふたたびロルの定理により

$$B'_{2n}(t_3) = 0, \quad 0 < t_1 < t_3 < t_2 < \tfrac{1}{2}$$

となる t_3 が存在する。よって

$$B_{2n-1}(t_3) = 0$$

となる。これは $B_{2n-1}(t)$ が区間 $(0, \frac{1}{2})$ に零点を持つことになり帰納法の仮定に反する。 □

命題 6.14. $n = 1, 2, \ldots$ に対し $|B_{2n}(t)| \leqq |B_{2n}|$, $t \in [0, 1]$ が成り立つ。

証明 $B_{2n}(t)$ は連続微分可能なので、$[0, 1]$ における最大値と最小値は両端 $0, 1$ あるいは $B'_{2n}(t) = 0$ となる点でとる。命題 6.12 と命題 6.13 より $|B_{2n}(t)|$ の最大値は、$|B_{2n}(0)|, |B_{2n}(\frac{1}{2})|, |B_{2n}(1)|$ の中にある。命題 6.10 より、

$$|B_{2n}(0)| = |B_{2n}|, |B_{2n}(\tfrac{1}{2})| \leqq |B_{2n}|, |B_{2n}(1)| = |B_{2n}|$$

より $[0, 1]$ で $|B_{2n}(t)| \leqq |B_{2n}|$ が成り立つ。 □

5　オイラー-マクローリンの公式

定積分 $\int_a^b f(x)dx$ の近似値を求める**複合台形則** T_n は、$[a, b]$ を n 等分し $h = (b - a)/n, x_i = a + ih \ (i = 0, \ldots, n)$ とおき

$$T_n = h\left(\frac{1}{2}f(x_0) + \sum_{i=1}^{n-1} f(x_i) + \frac{1}{2}f(x_n)\right) \tag{6.17}$$

により与えられる。5章4節 (p.102) 参照。

定理 6.1. (**オイラー-マクローリン** (Euler-Maclaurin) **の公式**) 関数 $f(x)$ は区間 $[a,b]$ で C^{2m+2} 級であるとする。$[a,b]$ を n 等分し $h=\frac{b-a}{n}$ とし、各等分点を $x_i=a+ih$ $(i=0,1,\ldots,n)$ とおき、T_n は (6.17) で定義される複合台形則とする。このとき

$$T_n=\int_a^b f(x)dx+\sum_{k=1}^{m}\frac{B_{2k}}{(2k)!}h^{2k}\left(f^{(2k-1)}(b)-f^{(2k-1)}(a)\right)$$
$$+O(h^{2m+2}),\quad (h\to+0) \tag{6.18}$$

が成立する。

証明 $i=0,\ldots,n-1:k=1,2,\ldots,m+1$ に対し

$$I_{i,k}=\frac{1}{(2k)!}\int_0^h B_{2k}\left(\frac{t}{h}\right)f^{(2k)}(x_i+t)dt$$

とおき、

$$T_n=\int_a^b f(x)dx+\sum_{k=1}^{l}\frac{B_{2k}h^{2k}}{(2k)!}\left(f^{(2k-1)}(b)-f^{(2k-1)}(a)\right)$$
$$-h^{2l}\sum_{i=0}^{n-1}I_{i,l} \tag{6.19}$$

を l に関する数学的帰納法で証明する。

$l=1$ のとき

$$\begin{aligned}I_{i,1}=&\frac{1}{2!}\int_0^h\left(\frac{t^2}{h^2}-\frac{t}{h}+B_2\right)f''(x_i+t)dt\\=&\frac{B_2}{2!}\left(f'(x_{i+1})-f'(x_i)\right)-\frac{1}{2h}\left(f(x_{i+1})+f(x_i)\right)\\&+\frac{1}{h^2}\int_{x_i}^{x_{i+1}}f(t)dt\end{aligned} \tag{6.20}$$

となる。(6.20) を $i=0,\ldots,n-1$ について加えると

$$\sum_{i=0}^{n-1}I_{i,1}=\frac{B_2}{2!}\left(f'(b)-f'(a)\right)-\frac{1}{h^2}T_n+\frac{1}{h^2}\int_a^b f(t)dt$$

であるので、

$$T_n = \int_a^b f(x)dx + \frac{B_2}{2!}h^2\left(f'(b) - f'(a)\right) - h^2\sum_{i=0}^{n-1} I_{i,1}$$

となる。したがって、$l=1$ について成り立つ。

(6.19) が $l-1$ $(l<m)$ のとき成立すると仮定すると

$$\begin{aligned} T_n = &\int_a^b f(x)dx + \sum_{k=1}^{l-1}\frac{B_{2k}h^{2k}}{(2k)!}\left(f^{(2k-1)}(b) - f^{(2k-1)}(a)\right) \\ &- h^{2l-2}\sum_{i=0}^{n-1} I_{i,l-1} \end{aligned} \tag{6.21}$$

である。命題 6.6、命題 6.10 および命題 6.12 より $k=2,3,\ldots,$ のとき

$$B_k'(t) = kB_{k-1}(t), B_{2k}(1) = B_{2k}(0) = B_{2k}, B_{2k-1}(1) = B_{2k-1}(0) = 0$$

なので、

$$\begin{aligned} I_{i,l} =& \frac{1}{(2l)!}\left[B_{2l}\left(\frac{t}{h}\right)f^{(2l-1)}(x_i+t)\right]_0^h \\ &- \frac{1}{(2l-1)!h}\int_0^h B_{2l-1}\left(\frac{t}{h}\right)f^{(2l-1)}(x_i+t)dt \\ =& \frac{B_{2l}}{(2l)!}\left(f^{(2l-1)}(x_{i+1}) - f^{(2l-1)}(x_i)\right) + \frac{1}{h^2}I_{i,l-1} \end{aligned}$$

となる。よって、

$$I_{i,l-1} = h^2 I_{i,l} - \frac{B_{2l}h^2}{(2l)!}\left(f^{(2l-1)}(x_{i+1}) - f^{(2m-1)}(x_i)\right) \tag{6.22}$$

である。(6.22) を $i=0,\ldots,n-1$ について加えると

$$\sum_{i=0}^{n-1} I_{i,l-1} = h^2\sum_{i=0}^{n-1} I_{i,l} - \frac{B_{2l}h^2}{(2l)!}\left(f^{(2l-1)}(b) - f^{(2l-1)}(a)\right)$$

となる。(6.21) に代入すると

$$
\begin{aligned}
T_n &= \int_a^b f(x)dx + \sum_{k=1}^{l-1} \frac{B_{2k}h^{2k}}{(2k)!}\left(f^{(2k-1)}(b) - f^{(2k-1)}(a)\right) \\
&\quad - h^{2l-2}\left(h^2\sum_{i=0}^{n-1} I_{i,l} - \frac{B_{2l}}{(2l)!}h^2\left(f^{(2l-1)}(b) - f^{(2l-1)}(a)\right)\right) \\
&= \int_a^b f(x)dx + \sum_{k=1}^{l} \frac{B_{2k}}{(2k)!}h^{2k}\left(f^{(2k-1)}(b) - f^{(2k-1)}(a)\right) - h^{2l}\sum_{i=0}^{n-1} I_{i,l}
\end{aligned}
$$

となり (6.19) は l のとき成立する。したがって $l = 1, \ldots, m+1$ について成立する。

(6.19) の剰余項

$$
h^{2l}\sum_{i=0}^{n-1} I_{i,l} = \frac{h^{2l}}{(2l)!}\int_0^h B_{2l}\left(\frac{t}{h}\right)\sum_{i=0}^{n-1} f^{(2l)}(x_i + t)dt
$$

は命題 6.14 より

$$
\left|h^{2l}\sum_{i=0}^{n-1} I_{i,l}\right| \leqq \frac{h^{2l}|B_{2l}|}{(2l)!}\int_a^b |f^{(2l)}(t)|dt
$$

となり、$f^{(2l)}(x)$ は $[a, b]$ で連続だから

$$
h^{2l}\sum_{i=0}^{n-1} I_{i,l} = O(h^{2l}), \quad (h \to +0)
$$

となる。とくに、$l = m+1$ のときの剰余項は

$$
\left|h^{2m+2}\sum_{i=0}^{n-1} I_{i,m+1}\right| \leqq \frac{h^{2m+2}|B_{2m+2}|}{(2m+2)!}\int_a^b |f^{(2m+2)}(t)|dt = O(h^{2m+2}) \tag{6.23}
$$

である。

$$
\frac{B_{2m+2}}{(2m+2)!}h^{2m+2}\left(f^{(2m+1)}(b) - f^{(2m+1)}(a)\right) = O(h^{2m+2})
$$

より

$$T_n = \int_a^b f(x)dx + \sum_{k=1}^{m+1} \frac{B_{2k}}{(2k)!} h^{2k} \left(f^{(2k-1)}(b) - f^{(2k-1)}(a) \right) + O(h^{2m+2})$$
$$= \int_a^b f(x)dx + \sum_{k=1}^{m} \frac{B_{2k}}{(2k)!} h^{2k} \left(f^{(2k-1)}(b) - f^{(2k-1)}(a) \right) + O(h^{2m+2})$$

が得られた。 □

(6.18) において $m \to \infty$ として得られる展開

$$T_n - \int_a^b f(x)dx \sim \sum_{k=1}^{\infty} \frac{B_{2k}}{(2k)!} h^{2k} \left[f^{(2k-1)}(b) - f^{(2k-1)}(a) \right] \tag{6.24}$$

は $k \to \infty$ のとき $\frac{B_{2k}}{(2k)!} \to 0$ であるが、$\frac{B_{2k}h^{2k}}{(2k)!}(f^{(2k-1)}(b) - f^{(2k-1)}(a))$ は必ずしも 0 に収束しないので漸近展開である。

(6.18) を o 記法を用いると

$$T_n = \int_a^b f(x)dx + \sum_{k=1}^{m} \frac{B_{2k}}{(2k)!} h^{2k} \left[f^{(2k-1)}(b) - f^{(2k-1)}(a) \right] + o(h^{2m}), \quad (h \to +0) \tag{6.25}$$

と表せる。命題 5.7(p.102) は (6.25) の $m = 1$ の場合である。

歴史ノート 12. オイラー-マクローリンの公式はレオンハルト・オイラーとコリン・マクローリン が 1730 年代中頃に独立に発見した。オイラーは 1738 年「級数の和の一般的方法」(E25) において、$s = s(n) = \sum_{i=1}^{n} t(i)$ としたとき、$s = \int_0^n t(n)dn + \frac{t}{2} + \frac{dt}{12dn} - \frac{ddt}{720dn^2} + \frac{d^3t}{30240dn^3} + \cdots$ を与えた。一方、マクローリンは 1741 年に出版した『流率論』の中で、曲線の縦座標の和を a、曲線の下側の面積を A とし、α は両端の縦座標の差、1 階、3 階、5 階の導関数の差をそれぞれ β, δ, ζ とすると $a = A - \frac{\alpha}{2} + \frac{\beta}{12} - \frac{\delta}{720} + \frac{\alpha}{30240} + \cdots$ となることを述べた。これは現代的に表示すると $\sum_{i=0}^{n} f(i) = \int_0^n f(x)dx - \frac{1}{2}(f(n) - f(0)) + \frac{1}{12}(f'(n) - f'(0)) - \frac{1}{720}(f^{(3)}(n) - f^{(3)}(0)) + \cdots$ である。オイラー

およびマクローリンは同じ式を独立に与えたので、オイラー-マクローリンの公式と呼ばれている。

級数の有限和 $s_n = f(1) + f(2) + \cdots + f(n)$ に対し、$T_{n-1} = s_n - \frac{1}{2}(f(1) + f(n))$ は関数 $f(x)$ の区間 $[1, n]$ における複合台形則とみなせる。したがって級数の和を調べるのに、オイラー・マクローリンの公式が利用できる。

定理 6.2. **(オイラー・マクローリンの総和公式)** 関数 $f(x)$ は区間 $[1, n]$ で C^{2m+2} 級であるとすると

$$\sum_{i=1}^{n} f(i) = \int_1^n f(x)dx + \frac{1}{2}(f(1) + f(n)) + \sum_{k=1}^{m} \frac{B_{2k}}{(2k)!}\left(f^{(2k-1)}(b) - f^{(2k-1)}(a)\right) + R_{2m+2}$$

$$R_{2m+2} = \frac{1}{(2m+2)!}\int_1^n B_{2m+2}\left(\frac{t}{h}\right)\sum_{i=1}^{n-1} f^{(2m+2)}(i+t)dt$$

$$|R_{2m+2}| \leqq \frac{|B_{2m+2}|}{(2m+2)!}\int_1^n |f^{(2m+2)}(t)|dt$$

が成立する。

証明 定理 6.1 において $a = 1, b = n, h = 1$ とおけばよい。剰余項 R_{2m+2} は (6.23) による。 □

注意 6.2. オイラー・マクローリンの総和公式はオイラー・マクローリンの和公式とも呼ばれる。剰余項については様々な形が知られている。たとえば、$[1, n]$ で $f^{(2m+2)}(x)$ の符号が一定であれば、

$$|R_{2m+2}| \leqq \frac{|B_{2m+2}|}{(2m+2)!}\left|f^{(2m+1)}(b) - f^{(2m+1)}(a)\right|$$

あるいは積分の平均値の定理により

$$|R_{2m+2}| \leqq (n-1)\frac{|B_{2m+2}|}{(2m+2)!}|f^{(2m+2)}(\xi)|$$

となる $\xi \in (1, n)$ が存在するなど。

第7章

数値積分 (続き)

5 章に引き続き数値積分を扱う。本章で取り上げるのはオイラー-マクローリンの公式となんらかの関係がある積分公式である。最後に数値積分公式を選択する際の指針を述べる。

1　複合ニュートン-コーツ公式の漸近公式

積分区間 $[a,b]$ を n 等分し、各小区間にニュートン-コーツ公式を適用し和を取った数値積分公式が複合ニュートン-コーツ公式 (5 章 4 節 (p.102) 参照) である。$h=(b-a)/2n, x_i = a+ih (i=0,\dots,2n)$ とおいたとき複合台形則 T_n、複合中点則 M_n、および複合シンプソン則 S_n はそれぞれ

$$T_n = h\left(f(x_0) + 2\sum_{i=1}^{n-1} f(x_{2i}) + f(x_{2n})\right) \tag{7.1}$$

$$M_n = 2h\sum_{i=1}^{n} f(x_{2i-1}) \tag{7.2}$$

$$S_n = \frac{h}{3}\left(f(x_0) + 4\sum_{i=1}^{n} f(x_{2i-1}) + 2\sum_{i=1}^{n-1} f(x_{2i}) + f(x_{2n})\right) \tag{7.3}$$

と表される。5 章では複合台形則と複合中点則は $h=(b-a)/n$ としたが、ここでは複合シンプソン則に合わせ $h=(b-a)/2n$ としている。そのため h の係数が 2 倍になっている。

命題 7.1. T_n, M_n, S_n の間に

$$M_n = 2T_{2n} - T_n \tag{7.4}$$

$$S_n = \frac{2M_n + T_n}{3} \tag{7.5}$$

$$S_n = \frac{4T_{2n} - T_n}{3} \tag{7.6}$$

が成り立つ。

証明 $h = (b-a)/2n, x_i = a + ih (i = 0, \ldots, 2n)$ とおく。

$$\begin{aligned}
2T_{2n} - T_n =& h\left(f(x_0) + 2\sum_{i=1}^{2n-1} f(x_i) + f(x_{2n})\right) \\
&- h\left(f(x_0) + 2\sum_{i=1}^{n-1} f(x_{2i}) + f(x_{2n})\right) \\
=& 2h\sum_{i=1}^{n} f(x_{2i-1}) = M_n
\end{aligned}$$

$$\begin{aligned}
\tfrac{2}{3}M_n + \tfrac{1}{3}T_n =& \tfrac{2}{3}(2h)\sum_{i=1}^{n} f(x_{2i-1}) + \tfrac{1}{3}h\left(f(x_0) + 2\sum_{i=1}^{n-1} f(x_{2i}) + f(x_{2n})\right) \\
=& \frac{h}{3}\left(f(x_0) + 4\sum_{i=1}^{n} f(x_{2i-1}) + 2\sum_{i=1}^{n-1} f(x_{2i}) + f(x_{2n})\right) = S_n
\end{aligned}$$

(7.6) は (7.4) を (7.5) に代入すれば得られる。 □

前章で述べたオイラー-マクローリンの公式において $h = (b-a)/n$ の代わりに $h = (b-a)/2n$ をとると

$$\begin{aligned}
T_n = \int_a^b f(x)dx + \sum_{k=1}^{m} 2^{2k}\frac{B_{2k}}{(2k)!}h^{2k}\left(f^{(2k-1)}(b) - f^{(2k-1)}(a)\right) \\
+ O(h^{2m+2}), \quad (h \to +0)
\end{aligned} \tag{7.7}$$

となる。(7.7) は複合台形則の漸近公式になっているが、命題 7.1 を用いると複合中点則および複合シンプソン則の漸近公式を導くことができる。

命題 7.2. (**複合中点則の漸近公式**) 関数 $f(x)$ は区間 $[a,b]$ で C^{2m+2} 級であるとする。$h=(b-a)/2n$ とし M_n は (7.2) で定義される複合中点則とする。このとき

$$M_n = \int_a^b f(x)dx + \sum_{k=1}^{m} \frac{(2-2^{2k})B_{2k}}{(2k)!} h^{2k} \left(f^{(2k-1)}(b) - f^{(2k-1)}(a)\right) + O(h^{2m+2}), \quad (h \to +0) \tag{7.8}$$

が成立する。

証明　(7.7) より

$$T_{2n} = \int_a^b f(x)dx + \sum_{k=1}^{m} \frac{B_{2k}}{(2k)!} h^{2k} \left(f^{(2k-1)}(b) - f^{(2k-1)}(a)\right) + O(h^{2m+2}) \tag{7.9}$$

となる。$2 \times (7.9) - (7.7)$ より (7.8) が得られる。 □

複合中点則の刻み幅を通常の $h=(b-a)/n$ に書き直すと (7.8) は

$$M_n = \int_a^b f(x)dx + \sum_{k=1}^{m} \frac{(2^{1-2k}-1)B_{2k}}{(2k)!} h^{2k} \left(f^{(2k-1)}(b) - f^{(2k-1)}(a)\right) + O(h^{2m+2}), \quad (h \to +0) \tag{7.10}$$

となる。

命題 7.3. (**複合シンプソン則の漸近公式**) 関数 $f(x)$ は区間 $[a,b]$ で C^{2m+2} 級であるとする。$[a,b]$ を $2n$ 等分し $h=(b-a)/2n$ とする。(7.3) で定義される複合シンプソン則 S_n に対し

$$S_n = \int_a^b f(x)dx + \sum_{k=2}^{m} \frac{(4-2^{2k})B_{2k}}{3(2k)!} h^{2k} \left[f^{(2k-1)}(b) - f^{(2k-1)}(a)\right] + O(h^{2m+2}), \quad (h \to +0) \tag{7.11}$$

が成立する。

証明　命題 7.2 と同様 $\frac{4}{3} \times (7.9) - \frac{1}{3} \times (7.7)$ により導かれる。 □

命題 5.9(p.104) において $B_2 = \frac{1}{6}$ を用いると命題 7.2 の $m = 1$ の場合が得られ、命題 5.8(p.103) において $B_4 = -\frac{1}{30}$ を用いると命題 7.3 の $m = 2$ の場合が得られる。

2 周期関数の 1 周期にわたる積分

実数全体で定義された関数 $f(x)$ が周期 $L > 0$ の**周期関数**であるとは、任意の実数 x に対し

$$f(x+L) = f(x)$$

となるときいう。

$f(x)$ の周期を $b-a$ とする。$I = \int_a^b f(x)dx$ に対する複合台形則 T_n は、$h = (b-a)/n, x_i = a + ih$ $(i = 0, 1, \ldots, n)$ とおくと $f(x_0) = (x_n)$ より

$$T_n = h\left(\frac{1}{2}f(x_0) + \sum_{i=1}^{n-1} f(x_i) + \frac{1}{2}f(x_n)\right) = h\sum_{i=0}^{n-1} f(x_i) \tag{7.12}$$

となる。

関数 $f(x)$ が $[a,b]$ において C^∞ のときは

$$f^{(2k-1)}(a) = f^{(2k-1)}(b), \quad k = 1, 2, \ldots$$

となるので、オイラー-マクローリンの公式から

$$T_n - I \sim 0 \tag{7.13}$$

がいえる。$T_n - I$ は $h \to +0$(いいかえると、$n \to \infty$) のとき漸近展開が 0 になるということである。すなわち、任意の自然数 k に対し、

$$T_n - I = O(h^{2k}), \quad (h \to +0)$$

が成り立つので、h が 1 より小さくなると急速に 0 に近づく。

例 7.1. $I = \displaystyle\int_0^{2\pi} e^{\sin x}dx = 7.954926521012844863$ を複合台形則により計算した結果と誤差は表 7.1 のようになる。$h = \pi/8 \fallingdotseq 0.3927$ で 15 桁以上の精度を得ており、関数値計算回数は 16 回である。 ■

表 7.1　$I = \int_0^{2\pi} e^{\sin x} dx$

h	n	T_n	$T_n - I$
$2\pi = 6.2832$	1	6.283185307179585	-1.6717
$\pi = 3.1416$	2	6.283185307179586	-1.6717
$\pi/2 = 1.5708$	4	$\underline{7.9}89323439822037$	3.44×10^{-2}
$\pi/4 = 0.7854$	8	$\underline{7.95492}7772701776$	1.25×10^{-6}
$\pi/8 = 0.3927$	16	$\underline{7.954926521012844}$	-8.88×10^{-16}

3　急減衰する無限積分

関数 $f(x)$ が実数全体で定義され、有限な極限値

$$\lim_{\substack{b\to\infty \\ a\to-\infty}} \int_a^b f(x)dx$$

が存在するとき、極限値を

$$\int_{-\infty}^{\infty} f(x)dx \tag{7.14}$$

と表す。関数 $f(x)$ が (a, ∞) で定義され、有限な極限値

$$\lim_{b\to\infty} \int_a^b f(x)dx$$

が存在するとき、極限値を

$$\int_a^{\infty} f(x)dx \tag{7.15}$$

と表す。(7.14) および (7.15) を**無限積分**という。両者を区別するとき、前者は**全無限積分**、後者は**半無限積分**という。

全無限積分

$$\int_{-\infty}^{\infty} f(x)dx = \lim_{\substack{a\to-\infty \\ b\to\infty}} \int_a^b f(x)dx$$

に対する刻み幅 h の複合台形則は

$$I_h^{(N)} = h \sum_{j=-m}^{n} f(jh) \tag{7.16}$$

である。ここで、$N = m + n + 1$ は関数値計算回数 (分点数) である。m, n は与えた $\epsilon > 0$ に対し、

$$|f(-(m-1)h)| + |f(-mh)| < \epsilon \tag{7.17}$$
$$|f((n-1)h)| + |f(nh)| < \epsilon \tag{7.18}$$

により定める。$f(x)$ が振動しながら減衰する (0 に収束する) 関数でたまたま $f(nh) = 0$ などとなる場合を除外するため、連続する 2 つの関数値を用いている。(7.16) において積分区間の両端の値は無視できるので、係数の 1/2 はつかない。

$k = 1, 2, \ldots$ (あるいは最初のいくつかの k) に対し

$$\left| \frac{B_{2k}}{(2k)!} \left(f^{(2k-1)}(nh) - f^{(2k-1)}(-mh) \right) \right| < \epsilon$$

が成り立つときは、(7.16) はオイラー-マクローリンの公式により高精度の結果が期待できる。

例 7.2. 全無限積分

$$I = \int_{-\infty}^{\infty} (x^2 + x + 1) e^{-x^2} dx = \frac{3}{2}\sqrt{\pi} = 2.658680776358274$$

に複合台形則を適用する。$h = 1, \epsilon = 10^{-15}$ とすると

$$|f(6)| + |f(7)| > \epsilon, \quad |f(7)| + |f(8)| < \epsilon$$

より $n = 8$ である。同様に、$m = 8$ である。$h = 1.0, 0.5, 0.25$ に対する結果を表 7.2 に示す。$h = 0.5$ とすると $n = m = 14$ で小数第 14 位まで正確な値が得られる。計算に使った分点数は 29($x = 0, \pm 0.5, \pm 1, \pm 1.5, \ldots, \pm 6.5, \pm 7$) である。 ■

表 7.2　$I=\int_0^\infty (x^2+x+1)e^{-x^2}\cos x dx$

h	m	n	$I_h^{(N)}$	$I_h^{(N)}-I$
1.000	8	8	2.657146176572975	1.54×10^{-3}
0.500	14	14	2.658680776358273	8.88×10^{-16}
0.250	26	26	2.658680776358274	0

半無限積分

$$\int_a^\infty f(x)dx = \lim_{b\to\infty}\int_a^b f(x)dx$$

に対する刻み幅 h の複合台形則は

$$I_h^{(n)} = h\left(\frac{1}{2}f(a)+\sum_{j=1}^{n} f(a+jh)\right) \tag{7.19}$$

である。n は (7.18) により定める。

$k=1,2,\ldots$ (あるいは最初のいくつかの k) に対し

$$f^{(2k-1)}(a)=0, \quad \left|\frac{B_{2k}}{(2k)!}f^{(2k-1)}(a+nh)\right| < \epsilon \tag{7.20}$$

が成り立つとき、(7.19) は高精度の結果が期待できる。

例 7.3. $f(x)=e^{-x^2}\cos x$ の $[0,\infty)$ での積分に (7.19) を適用する。ライプニッツの公式より

$$f^{(2k-1)}(0)=0, \quad k=1,2,\ldots$$

がいえる。$h=1, \epsilon=10^{-15}$ とすると

$$|f(5)|+|f(6)|>\epsilon, \quad |f(6)|+|f(7)|<\epsilon$$

より $n=7$ である。$h=1.0, 0.5, 0.25$ として複合台形則 (7.19) を適用した結果を表 7.3 に示す。なお無限積分の値は、留数定理を用いて

$$\int_0^\infty e^{-x^2}\cos x dx = \frac{\sqrt{\pi}}{2}e^{-1/4}$$

となることが証明できる。 ■

表 7.3 $I = \int_0^\infty e^{-x^2} \cos x dx$

h	n	$I_h^{(n)}$	$I_h^{(n)} - I$
1.000	7	$\underline{0.6910}21866829514$	-8.28×10^{-4}
0.500	13	$\underline{0.69019422352157}4$	-2.67×10^{-15}
0.250	25	$\underline{0.690194223521571}$	0

4 変数変換型公式

関数 $f(x)$ は a の近傍で有界ではないが極限値

$$I = \lim_{\epsilon \to +0} \int_{a+\epsilon}^b f(x) dx$$

が存在するとき、I を $(a, b]$ における**広義積分**あるいは**特異積分**といい、通常の定積分と同じ記号

$$\int_a^b f(x) dx$$

で表す。a を特異点という。$[a, b)$ についても同様である。$(a, c]$ と $[c, b)$ における広義積分が存在するとき、それらの和を (a, b) における広義積分という。

広義積分

$$I = \int_a^b f(x) dx \tag{7.21}$$

は複合中点則など開いた補間型公式で計算することはできるが、一般に収束は遅い。そこで、区間 (α, β) において**解析的** (定義域の各点で冪級数展開できるとき解析的という。このとき複素数平面上定義域を含む領域 D が存在し D で正則になる。) で

$$\lim_{t \to \alpha+0} \phi(t) = a, \qquad \lim_{t \to \beta-0} \phi(t) = b$$

となる関数 $\phi(t)$ を用いて変数変換 $x = \phi(t)$ を行うと

$$I = \int_\alpha^\beta f(\phi(t)) \phi'(t) dt \tag{7.22}$$

となる。$t \to \alpha + 0, t \to \beta - 0$ のとき変換後の被積分関数 $f(\phi(t))\phi'(t)$ の減衰が速いときに、(7.22) に精度のよい数値積分公式を適用する方法を**変数変換型積分公式**という。$\alpha = -\infty, \beta = \infty$ のときは $t \to \alpha + 0, t \to \beta - 0$ の代わりにそれぞれ $t \to -\infty, t \to \infty$ とする。

無限積分に対する変数変換型積分公式は以下のようである。全無限積分

$$\int_{-\infty}^{\infty} f(x)dx = \lim_{\substack{a \to -\infty \\ b \to \infty}} \int_a^b f(x)dx$$

の被積分関数 $f(x)$ が解析的で減衰が遅い場合、2 条件

(i) 関数 $\phi(t)$ は区間 $(-\infty, \infty)$ において解析的で

$$\lim_{t \to -\infty} \phi(t) = -\infty, \quad \lim_{t \to \infty} \phi(t) = \infty$$

(ii) $t \to \pm\infty$ のとき関数 $f(\phi(t))\phi'(t)$ の減衰が速い

を満たす関数 $\phi(t)$ を用いて変数変換 $x = \phi(t)$ を行い

$$\int_{-\infty}^{\infty} f(\phi(t))\phi'(t)dt$$

に複合台形則などの精度のよい数値積分公式を適用する。

同様に半無限積分

$$\int_a^{\infty} f(x)dx = \lim_{b \to \infty} \int_a^b f(x)dx$$

の被積分関数 $f(x)$ が解析的で減衰が遅い場合、2 条件

(i) 関数 $\phi(t)$ は区間 (a, ∞) において解析的で

$$\lim_{t \to a+0} \phi(t) = -\infty, \quad \lim_{t \to \infty} \phi(t) = \infty$$

(ii) $t \to \pm\infty$ のとき関数 $f(\phi(t))\phi'(t)$ の減衰が速い

を満たす関数 $\phi(t)$ を用いて変数変換 $x = \phi(t)$ を行い

$$\int_{-\infty}^{\infty} f(\phi(t))\phi'(t)dt$$

に複合台形則などの精度のよい数値積分公式を適用する。

歴史ノート 13. 1969 年にチャールズ・シュワルツ は、「積分の変換原理」において積分区間を $(-\infty,\infty)$ に変換し複合台形則を適用する TANH 則を提案した。1970 年に伊理正夫・森口繁一・高澤嘉光は、シュワルツと独立に「ある数値積分公式について」において区間 $(0,1)$ の広義積分 $\int_0^1 f(x)dx$ を区間 $(0,1)$ で減衰の速い積分 $\int_0^1 f(\phi(t))\phi'(t)dt$ に変換し複合台形則を適用する IMT 公式を発表した。

5　二重指数関数型公式

積分

$$I = \int_a^b f(x)dx \tag{7.23}$$

を考える。区間 (a,b) は有限区間であっても半無限区間あるいは全無限区間であってもよい。関数 $f(x)$ は積分区間の両端 $x=a$ あるいは $x=b$ が特異点であってもよいが、区間 (a,b) を含む複素数平面上の領域で解析的とする。このとき、実軸 $(-\infty,\infty)$ を含む領域で解析的な関数 $\phi(t)$ が

$$\lim_{t\to-\infty}\phi(t)=a, \quad \lim_{t\to\infty}\phi(t)=b$$

をみたし、(7.23) に変数変換

$$x=\phi(t) \tag{7.24}$$

を行った際に被積分関数 $g(t)=f(\phi(t))\phi'(t)$ が、$t\to\pm\infty$ のとき二重指数関数的に減衰する、すなわち、定数 $c>0$ により

$$f(\phi(t))\phi'(t)=O(\exp(-c\exp|t|)), \quad |t|\to\infty$$

が成り立つとする。変換後の無限積分

$$I=\int_{-\infty}^{\infty} f(\phi(t))\phi'(t)dt \tag{7.25}$$

を複合台形則

$$I_h^{(N)} = \sum_{k=-m}^{n} f(\phi(kh))\phi'(kh), \quad N = m+n+1 \tag{7.26}$$

で計算する公式が**二重指数関数型公式** (double exponential formula の頭文字を取り DE **公式**と略される) である。(7.24) を**二重指数関数型変換**あるいは DE 変換という。

$t \to -\infty$ と $t \to \infty$ のいずれか一方は二重指数関数的に減衰しないものでも、(7.26) と同程度に速く収束する公式も二重指数関数型公式という。本節では、積分の型ごとに小節に分けて説明していく。

> **歴史ノート 14.** IMT 公式を受けて 1974 年に高橋秀俊と森正武は「数値積分に対する二重指数公式」で二重指数公式 (DE 公式) を発表した。DE 公式はある意味で最適の変数変換型公式であるが、フーリエ型積分 (等間隔に振動しながら緩やかに減衰する半無限積分) に対しては効果を示さなかった。その難点を 1990 年に大浦拓也と森正武が解決した。

二重指数関数型公式では双曲線関数を用いるので、必要なことを簡単にまとめておく。双曲線関数は

$$\sinh t = \frac{e^t - e^{-t}}{2}, \quad \cosh t = \frac{e^t + e^{-t}}{2}, \quad \tanh t = \frac{\sinh t}{\cosh t} = \frac{e^t - e^{-t}}{e^t + e^{-t}}$$

により定義され、三角関数に類似の性質

$$(\sinh x)' = \cosh x \quad (\cosh x)' = \sinh x, \quad (\tanh x)' = \frac{1}{\cosh^2 x}$$
$$\cosh^2 x - \sinh^2 x = 1$$

が成立する。詳細は微積分学の教科書をみよ。

5.1 有限区間の DE 公式

積分

$$I = \int_{-1}^{1} f(x)dx \tag{7.27}$$

を考える。関数 $f(x)$ は、積分区間の両端 $x=-1$ あるいは $x=1$ は特異点であってもよいが、複素数平面上区間 $(-1,1)$ を含む領域で解析的とする。

(7.27) に対し変換

$$x=\phi(t)=\tanh\left(\frac{\pi}{2}\sinh t\right),\quad -\infty<t<\infty \tag{7.28}$$

を行い、変換後の積分

$$I=\int_{-\infty}^{\infty}f(\phi(t))\phi'(t)dt$$

に複合台形則を適用する公式が有限区間の**二重指数関数型公式** である。

$$\phi'(t)=\frac{\pi}{2}\frac{\cosh t}{\cosh^2\left(\frac{\pi}{2}\sinh t\right)}$$

なので、変換後の全無限積分を双曲線関数を用いて表すと

$$I=\frac{\pi}{2}\int_{-\infty}^{\infty}f\left(\tanh\left(\frac{\pi}{2}\sinh t\right)\right)\frac{\cosh t}{\cosh^2\left(\frac{\pi}{2}\sinh t\right)}dt$$

となり、複合台形則により離散化すると

$$I_h=\frac{\pi h}{2}\sum_{k=-\infty}^{\infty}f\left(\tanh\left(\frac{\pi}{2}\sinh kh\right)\right)\frac{\cosh kh}{\cosh^2\left(\frac{\pi}{2}\sinh kh\right)}$$

である。(7.27) に対する二重指数関数型公式は

$$I_h^{(N)}=\frac{\pi h}{2}\sum_{k=-m}^{n}f\left(\tanh\left(\frac{\pi}{2}\sinh kh\right)\right)\frac{\cosh kh}{\cosh^2\left(\frac{\pi}{2}\sinh kh\right)} \tag{7.29}$$

となる。被積分関数の計算回数 $N=m+n+1$ は離散化誤差

$$I_h-I$$

と打ち切り誤差

$$I_h^{(N)}-I_h$$

の絶対値がほぼ等しくなるようにとるのであるが、ここでは m, n は $g(t) = f(\phi(t))\phi'(t)$ としたとき $\epsilon = 10^{-15}$(計算機イプシロンの数倍程度) に対し、

$$\begin{aligned} &|g(-(m-1)h)| + |g(-mh)| < \epsilon \\ &|g((n-1)h)| + |g(nh)| < \epsilon \end{aligned} \tag{7.30}$$

により定める。

$I_h^{(N)}$ の誤差 $I_h^{(N)} - I$ は $N = m + n + 1$ とおいたとき、定数 $c > 0$ により

$$I_h^{(N)} - I = O\left(\exp\left(-\frac{cN}{\log N}\right)\right), \quad (N \to \infty)$$

となることが知られている。N を大きくすると誤差は急速に小さくなる。

被積分関数が $1 + x$ や $1 - x$ を因数に持つときは、

$$1 \pm \tanh((\pi/2)\sinh t)$$

の計算において桁落ち (p.13 参照) が生じやすい。そのため、(7.29) のまま計算するのではなく、例 7.4 のように桁落ちを避ける変形を行った後にプログラミングする。

例 7.4. ベータ関数

$$B(p, q) = \int_0^1 x^{p-1}(1-x)^{q-1}dx, \quad (p, q > 0) \tag{7.31}$$

は $0 < p < 1$ のとき $x = 0$ が代数的特異点、$0 < q < 1$ のとき $x = 1$ が代数的特異点である。

$$B\left(\tfrac{1}{4}, \tfrac{3}{4}\right) = \sqrt{2} \cdot \pi = 4.44288293815836610179$$

の値を DE 公式で計算する。

$x = \frac{1}{2}(u+1)$ と変数変換すると

$$B\left(\tfrac{1}{4}, \tfrac{3}{4}\right) = \int_{-1}^1 (1+u)^{-\frac{3}{4}}(1-u)^{-\frac{1}{4}}du$$

表 7.4 $I = B(\frac{1}{4}, \frac{3}{4})$ に対し DE 公式を適用

h	m	n	$I_h^{(N)}$	$I_h^{(N)} - I$
1.000	6	5	4.445844600516824	2.96×10^{-3}
0.500	11	8	4.442883163952324	2.26×10^{-7}
0.250	20	15	4.442882938158368	1.78×10^{-15}

である。$f(x) = (1+x)^{-3/4}(1-x)^{-1/4}$ として (7.29) を適用する。

$$1 - \tanh^2 x = \frac{1}{\cosh^2 x}, \quad 1 + \tanh x = \frac{\exp x}{\cosh x}$$

に注意すると

$$f(\tanh((\pi/2)\sinh x)) = \frac{\cosh((\pi/2)\sinh x)}{\sqrt{\exp((\pi/2)\sinh x)}}$$

となるので、複合台形則は

$$I_h^{(N)} = \frac{\pi h}{2} \sum_{k=-m}^{n} \frac{\cosh kh}{\sqrt{\exp((\pi/2)\sinh kh)}\cosh((\pi/2)\sinh kh)} \tag{7.32}$$

である。

$\epsilon = 10^{-16}$ としたとき、(7.17)(7.18) で決まる m, n は $m = 6, n = 5$ である。計算結果を表 7.4 に示す。

桁落ち防止 (7.32) を行わず、$f(x) = (1+x)^{-3/4}(1-x)^{-1/4}$ に (7.29) を適用すると $t = \pm 4$ で $f(\phi(t))\phi'(t)$ が `inf` になり、計算できない。 ■

有限区間の積分

$$\int_a^b f(x)dx$$

に対する二重指数関数型公式は、$A = (b-a)/2, B = (b+a)/2$ とおくと

$$I = \frac{\pi}{2} Ah \sum_{k=-m}^{n} f\left(A \tanh\left(\frac{\pi}{2}\sinh kh\right) + B\right) \frac{\cosh kh}{\cosh^2\left(\frac{\pi}{2}\sinh kh\right)} \tag{7.33}$$

である。

5.2 全無限区間の DE 公式

全無限積分

$$\int_{-\infty}^{\infty} f(x)dx$$

は存在するが、$x \to \infty$ および $x \to -\infty$ のときの $f(x)$ の減衰が速くないとする。変換

$$x = \phi(t) = \sinh(\frac{\pi}{2}\sinh(t))$$

は $t \to \infty$ のとき急速に発散する。したがって

$$f(\phi(t))\phi'(t) = f(\sinh(\frac{\pi}{2}\sinh(t))) \cdot \frac{\pi}{2}\cosh t \cdot \cosh(\frac{\pi}{2}\sinh t)$$

は急速に 0 に収束することが期待される。全無限区間の二重指数関数型変換は

$$\int_{-\infty}^{\infty} f(\sinh(\frac{\pi}{2}\sinh(t))) \cdot \frac{\pi}{2}\cosh t \cdot \cosh(\frac{\pi}{2}\sinh t)dt$$

で、**二重指数関数型公式**は

$$I_h^{(N)} = \frac{\pi h}{2}\sum_{k=-m}^{n} f(\sinh(\frac{\pi}{2}\sinh(kh))) \cdot \cosh kh \cdot \cosh(\frac{\pi}{2}\sinh kh) \tag{7.34}$$

である。

例 7.5. 全無限積分

$$\int_{-\infty}^{\infty} \frac{1}{1+x^4}dx = \frac{\pi}{\sqrt{2}} = 2.221441469079183$$

に DE 公式を適用した結果を表 7.5 に示す。$f(x) = \frac{1}{1+x^4}$ の減衰は遅いが、

$$\phi(t) = \sinh(\frac{\pi}{2}\sinh(t))$$

としたときの $f(\phi(t))\phi'(t)$ の減衰は速い。$h = 0.0625 = 2^{-4}$ では小数第 14 位まで正しい。このとき $n = m = 47$ である。 ■

表 7.5 $I = \int_{-\infty}^{\infty} \frac{1}{1+x^4} dx$ に対する DE 公式

h	m	n	$I_h^{(N)}$	$I_h^{(N)} - I$
1.0000	4	4	1.741915083048578	4.80×10^{-1}
0.5000	7	7	2.287333312070842	-6.59×10^{-2}
0.2500	13	13	2.222377947431867	-9.37×10^{-4}
0.1250	24	24	2.221441653351210	-1.84×10^{-7}
0.0625	47	47	2.221441469079187	-3.55×10^{-15}

5.3 半無限区間の DE 公式

半無限積分が

$$\int_0^{\infty} e^{-x^2} \cos x dx$$

のように減衰が速い場合は複合台形則で高精度の結果が得られる。それに対し、減衰が速くない半無限積分

$$\int_a^{\infty} f(x) dx$$

に対しては、二重指数関数型変換

$$x = \phi(t) = a + \exp(\frac{\pi}{2} \sinh(t)) \tag{7.35}$$

が有効である。(7.35) は

$$\lim_{t \to -\infty} \phi(t) = a, \quad \lim_{t \to \infty} \phi(t) = \infty$$

をみたし、**二重指数関数型公式** は

$$I_h^{(N)} = \frac{\pi h}{2} \sum_{k=-m}^{n} f(a + \exp(\frac{\pi}{2} \sinh(kh))) \cdot \cosh kh \cdot \exp(\frac{\pi}{2} \sinh kh) \tag{7.36}$$

である。

例 7.6. 半無限積分

$$\int_1^{\infty} \frac{1}{1+x^2} dx = \frac{\pi}{4}$$

表 7.6　$I = \int_1^\infty \frac{1}{1+x^2} dx$ に対する DE 公式

h	m	n	$I_h^{(N)}$	$I_h^{(N)} - I$
1.0000	5	5	0.787433562918592	-2.04×10^{-3}
0.5000	9	9	0.785398275698055	-1.12×10^{-7}
0.2500	17	17	0.785398163397454	-5.44×10^{-15}
0.1250	32	33	0.785398163397448	0

に DE 公式を適用した結果を表 7.6 に示す。与えられた積分の収束は遅いが、DE 公式では $h = 0.125$ で 15 桁一致する。このとき $m = 32, n = 33$ である。

■

5.4 フーリエ型積分の DE 公式

フーリエ型積分

$$I_s = \int_0^\infty f(x) \sin \omega x dx, \quad I_c = \int_0^\infty f(x) \cos \omega x dx$$

で $f(x)$ の減衰が遅い場合には、複合台形則も DE 変換 (7.35) も有効ではない。このようなフーリエ型積分に対し

$$\psi(t) = \frac{t}{1 - \exp(-6 \sinh t)}$$

とおき変換

$$I_s : x = \phi_s(t) = M\psi(t) = M \frac{t}{1 - \exp(-6 \sinh t)}$$

$$I_c : x = \phi_c(t) = M\psi\left(t + \frac{\pi}{2M\omega}\right) = M \frac{t + \frac{\pi}{2M\omega}}{1 - \exp\left(-6 \sinh\left(t + \frac{\pi}{2M\omega}\right)\right)}$$

を行うと

$$I_s = \int_{-\infty}^\infty f(\phi_s(t)) \sin(\omega\phi_s(t))\phi_s'(t)dt$$

$$I_c = \int_{-\infty}^\infty f(\phi_c(t)) \cos(\omega\phi_c(t))\phi_c'(t)dt$$

となる。ここで、

$$
\begin{aligned}
\phi_s'(t) =& \frac{M(1-(1+6t\cosh t)\exp(-6\sinh t))}{(1-\exp(-6\sinh t))^2} \\
\phi_c'(t) =& \frac{M(1-(1+6\left(t+\frac{\pi}{2M\omega}\right)\cosh\left(t+\frac{\pi}{2M\omega}\right)\exp(-6\sinh\left(t+\frac{\pi}{2M\omega}\right)))}{\left(1-\exp(-6\sinh\left(t+\frac{\pi}{2M\omega}\right))\right)^2}
\end{aligned}
$$

である。複合台形則で計算するときの刻み幅を h としたとき定数 M を

$$
Mh\omega = \pi \tag{7.37}
$$

を満たすようにとる。$t \to \infty$ のとき $\phi_s'(t), \phi_c'(t)$ は、減衰しないが変換後に分点が $\sin(\omega t), \cos(\omega t)$ の零点に二重指数関数的に近づき、大きな t に対し関数値の計算を行わなくて済むという巧妙なものである。実際、

$$
\begin{aligned}
&\lim_{k\to\infty} \sin(\omega\phi_s(kh)) = \lim_{k\to\infty} \sin(\omega Mkh) = \lim_{k\to\infty} \sin(k\pi) = 0 \\
&\lim_{k\to\infty} \cos(\omega\phi_c(kh)) = \lim_{k\to\infty} \cos(\omega Mkh + \frac{\pi}{2}) = \lim_{k\to\infty} \cos(k\pi + \frac{\pi}{2}) = 0
\end{aligned}
$$

となる。I_s に対する**二重指数関数型積分公式**は

$$
\begin{aligned}
I_{s,h}^{(N)} =& \frac{\pi}{\omega} \sum_{k=-m}^{n} f\left(\frac{k\pi}{\omega(1-\exp(-6\sinh kh))}\right) \sin\left(\frac{k\pi}{1-\exp(-6\sinh kh)}\right) \\
&\times \frac{(1-(1+6kh\cosh kh)\exp(-6\sinh kh))}{(1-\exp(-6\sinh kh))^2}
\end{aligned} \tag{7.38}
$$

である。ここで、$N = m + n + 1$ である。

$\phi(0), \phi'(0)$ は 0/0(C では nan) になるので、プログラミングに際し、

$$
\lim_{t\to 0} \phi(t) = \frac{M}{6}, \quad \lim_{t\to 0} \phi'(t) = \frac{M}{2}
$$

より $\phi(0) = M/6, \phi'(0) = M/2$ とする。

例 7.7.

$$
I = \int_0^\infty \frac{\sin x}{x} dx = \frac{\pi}{2}
$$

表 7.7　$I = \int_0^\infty \frac{\sin x}{x} dx$ に対する DE 公式

h	m	n	$I_{s,h}^{(N)}$	$I_{s,h}^{(N)} - I$
0.50000	6	6	1.567653848092213	3.14×10^{-3}
0.25000	11	11	1.570792856979831	3.47×10^{-6}
0.12500	21	20	1.570796325228077	1.57×10^{-9}
0.06250	40	38	1.57079632679489	4.22×10^{-15}

に対し (7.38) は

$$I_{s,h}^{(N)} = \sum_{k=-m}^{n} \sin\left(\frac{k\pi}{1-\exp(-6\sinh kh)}\right) \times \frac{1-(1+6kh\cosh kh)\exp(-6\sinh kh)}{k(1-\exp(-6\sinh kh))}$$

である。$h = 2^{-\nu}, M = 2^{\nu}\pi$ $(\nu = 1, \ldots, 5)$ として計算した結果を表 7.7 に示す。$M = 16\pi, h = 0.0625$ のとき、誤差は -2.66×10^{-15} で関数値計算回数は 79 回である。■

6　リチャードソン補外

$h > 0$ で定義された関数 $F(h)$ が漸近展開

$$F(h) \sim s + \sum_{j=1}^{\infty} c_j h^{2j}, \quad (h \to +0) \tag{7.39}$$

を満たしているとする。ここで、s は未知の極限値、$c_1, c_2, \ldots$ は未知の定数である。(7.39) のような漸近展開を持つ関数は、$h > 0$ を刻み幅とする数値積分公式や数値微分、常微分方程式の初期値問題にしばしば登場する。

h $(0 < h < 1)$ を適当に取り固定する。

$$F(h) \sim s + \sum_{j=1}^{\infty} c_j h^{2j}$$
$$F(\tfrac{1}{2}h) \sim s + \sum_{j=1}^{\infty} c_j 2^{-2j} h^{2j}$$

から $c_1 h^2$ の項を消去することを考える。

$$F(\tfrac{1}{2}h) - 2^{-2}F(h) \sim (1 - 2^{-2})s + \sum_{j=2}^{\infty} c_j (2^{-2j} - 2^{-2}) h^{2j}$$

より

$$F_1(h) = \frac{F(\frac{1}{2}h) - 2^{-2}F(h)}{1 - 2^{-2}} = F(\tfrac{1}{2}h) + \frac{F(\frac{1}{2}h) - F(h)}{2^2 - 1}$$

とおくと

$$F_1(h) \sim s + \sum_{j=2}^{\infty} c_j \frac{2^{2-2j} - 1}{2^2 - 1} h^{2j} \tag{7.40}$$

となる。

この過程を繰り返し

$$F_0(h) = F(h)$$
$$F_k(h) = F_{k-1}(\tfrac{1}{2}h) + \frac{F_{k-1}(\frac{1}{2}h) - F_{k-1}(h)}{2^{2k} - 1}, \quad k = 1, 2, \ldots \tag{7.41}$$

とおく。

定理 7.1. (7.39) に (7.41) を繰り返すと

$$F_k(h) \sim s + \sum_{j=k+1}^{\infty} c_j \left(\prod_{i=1}^{k} \frac{2^{2i-2j} - 1}{2^{2i} - 1} \right) h^{2j}$$

が成り立つ。

証明 k に関する数学的帰納法により証明する。$k = 1$ のときは (7.40) より成り立つ。

$k(>1)$ のとき成立すると仮定する。

$$\begin{aligned}&F_k(\tfrac{1}{2}h) - 2^{-2k-2}F_k(h)\\ \sim&(1-2^{-2k-2})s + \sum_{j=k+2}^{\infty} c_j(2^{-2j}-2^{-2k-2})\left(\prod_{i=1}^{k}\frac{2^{2i-2j}-1}{2^{2i}-1}\right)h^{2j}\end{aligned}$$

より

$$\begin{aligned}F_{k+1}(h) =&\frac{F_k(\frac{1}{2}h) - 2^{-2k-2}F_k(h)}{1-2^{-2k-2}}\\ &\sim s + \sum_{j=k+2}^{\infty} c_j \frac{2^{-2j}-2^{-2k-2}}{1-2^{-2k-2}}\left(\prod_{i=1}^{k}\frac{2^{2i-2j}-1}{2^{2i}-1}\right)h^{2j}\\ &\sim s + \sum_{j=k+2}^{\infty} c_j \left(\prod_{i=1}^{k+1}\frac{2^{2i-2j}-1}{2^{2i}-1}\right)h^{2j}\end{aligned}$$

がいえるので、数学的帰納法によりすべての k について成り立つ。□

$T_{\nu-k}^{(k)} = F_k(h/2^{\nu-k})$ とおくと、

$$T_{\nu}^{(0)} = F(\frac{h}{2^{\nu}}) \tag{7.42}$$

$$T_{\nu-k}^{(k)} = T_{\nu-k+1}^{(k-1)} + \frac{T_{\nu-k+1}^{(k-1)} - T_{\nu-k}^{(k-1)}}{2^{2k}-1}, \quad k=1,\ldots,\nu \tag{7.43}$$

となる。(7.42)(7.43) を (7.39) を満たす $F(h)$ に対する**リチャードソン補外**という。

2 次元配列 $\{T_{\nu}^{(k)}\}$ は

$$\begin{array}{ccccccc} T_0^{(0)} & & & & & & \\ & \searrow & & & & & \\ T_1^{(0)} & \to & T_0^{(1)} & & & & \\ & \searrow & & \searrow & & & \\ T_2^{(0)} & \to & T_1^{(1)} & \to & T_0^{(2)} & & \\ & \searrow & & \searrow & & \searrow & \\ T_3^{(0)} & \to & T_2^{(1)} & \to & T_1^{(2)} & \to & T_0^{(3)} \end{array}$$

のように計算する。この表は **T 表** と呼ばれる。

上記の議論を一般化して、関数 $F(h)$ が

$$F(h) \sim s + \sum_{j=1}^{\infty} c_j h^{\alpha_j}, \quad (h \to +0) \tag{7.44}$$

と漸近展開できるとする。ここで、$c_1, c_2, \ldots$ は未知の定数で、$(0 <)\alpha_1 < \alpha_2 < \ldots$ は既知の定数である。このとき $F(h)$ は

$$T_\nu^{(0)} = F(\frac{h}{2^\nu}) \tag{7.45}$$

$$T_{\nu-k}^{(k)} = T_{\nu-k+1}^{(k-1)} + \frac{T_{\nu-k+1}^{(k-1)} - T_{\nu-k}^{(k-1)}}{2^{\alpha_k} - 1}, \quad k = 1, \ldots, \nu \tag{7.46}$$

により補外できる。(7.45)(7.46) を (7.44) を満たす $F(h)$ に対する (一般の冪の場合の) **リチャードソン補外** という。

数列 $\{S_n\}$ が漸近展開

$$S_n \sim s + \sum_{j=1}^{\infty} c_j n^{-\alpha_j} \quad (0 < \alpha_1 < \alpha_2 < \cdots) \tag{7.47}$$

を満たしているとする。ここで、$c_1, c_2, \ldots$ は未知の定数で、$\alpha_1, \alpha_2, \ldots,$ は既知の定数とする。添字が 2 冪の整数 $1, 2, 4, 8, \ldots$ である部分列を取り $s_\nu = S_{2^\nu}$ とおく。$\lambda_j = 2^{-\alpha_j}$ $(j = 1, 2, \ldots)$ とおくと数列 $\{s_\nu\}$ は漸近展開

$$s_\nu \sim s + \sum_{j=1}^{\infty} c_j \lambda_j^\nu, \quad (1 > \lambda_1 > \lambda_2 > \cdots > 0) \tag{7.48}$$

を満たす。$\nu = 0, 1, 2, \ldots$ に対し

$$T_0^{(\nu)} = s_\nu,$$
$$T_{\nu-k}^{(k)} = T_{\nu-k+1}^{(k-1)} + \frac{\lambda_k}{1 - \lambda_k}\left(T_{\nu-k+1}^{(k-1)} - T_{\nu-k}^{(k-1)}\right), \quad k = 1, 2, \ldots, \nu$$

によって 2 次元配列 $(T_k^{(\nu)})$ を計算し、極限値 s を推定する方法を数列 $\{s_\nu\}$ に対する**リチャードソン補外**という。

補外は補間の対義語である。**補間**とは $f(x_1),\ldots,f(x_n)$ から区間 I の点 $\bar{x}$ における値 $f(\bar{x})$ を推定することである。ここで I は点 $x_1,\ldots,x_n$ を含む最小の閉区間である。これに対し、**補外**は $1,\ldots,n$ における値 $s_1,\ldots,s_n$ から極限値 $s=s_\infty$ を推定することである。補間は内挿、補外は外挿ともいう。

s に収束する数列 $\{s_n\}$ から s に収束する別の数列 $\{t_n\}$ への変換を**数列変換**という。$s_{n-k},s_{n-k+1},\ldots,s_n$ から t_n が求められているとする。

$$\lim_{n\to\infty}\frac{t_n-s}{s_n-s}=0$$

が成り立つとき、$\{t_n\}$ は $\{s_n\}$ を**加速**するといい、加速する数列変換を**加速法**という。加速と補外は区別されずに用いられることが多い。そのためリチャードソン補外はリチャードソン加速法と呼ばれることがある。

(7.44) を満たす $F(h)$ に対するリチャードソン補外は

$$\begin{aligned}F(h/2)&=s+O(h^{\alpha_1}),\quad h\to+0\\F_1(h)&=s+O(h^{\alpha_2}),\quad h\to+0\end{aligned}$$

より

$$\lim_{h\to+0}\frac{F_1(h)-s}{F(h/2)-s}=\lim_{h\to+0}h^{\alpha_2-\alpha_1}=0$$

なので加速法である。

リチャードソン補外を利用したプログラムを作成する際は、$\epsilon>0$ を適当に与え、下記のいずれかを用いる。$T_{\nu-k}^{(k)}(k=0,\ldots,\nu)$ まで計算したとき

A. $|T_0^{(\nu)}-T_0^{(\nu-1)}|<\epsilon$ のとき反復を終了し、補外値として $T_0^{(\nu)}$ をとる。
B. $|T_0^{(\nu)}-T_1^{(\nu-1)}|<\epsilon$ のとき反復を終了し、補外値として $T_0^{(\nu)}$ をとる。
C. $d=\min_{1\leqq k\leqq\nu}|T_{\nu-k}^{(k)}-T_{\nu-k+1}^{(k-1)}|$ とおき $d<\epsilon$ のとき反復を終了し、補外値として $T_{\nu-k}^{(k)}$ をとる。

のいずれかを反復停止条件とする。A は T 表の最下行とその 1 つ上の行の右端の値の差の絶対値、B は T 表の最下行の右端とその左隣の値の差の絶対値、C は T 表の最下行の隣り合う値の差の絶対値の最小値がそれぞれ ϵ 未満という条件である。ϵ が小さすぎるとプログラムが停止しない (暴走する) ので、ν

が一定数を超えたときに反復を停止するようにする。$\alpha_j = j\ (j = 1, 2, \ldots)$ あるいは $\alpha_j = 2j\ (j = 1, 2, \ldots)$ のときは A か B を用いる。B の方が敏感であるが $|T_0^{(\nu)} - s| < \epsilon$ に達する前に終了することがあるので、A の方がやや安全である。α_j に整数でない有理数が含まれるときは C を用いる。

歴史ノート 15. クリスチアーン・ホイヘンス は 1654 年に出版した『円の大きさの発見』において、円の面積を S, 円に内接する正 n 角形の面積を S_n としたとき、$S_{2n} + \frac{1}{3}(S_{2n} - S_n) < S$ などを証明した。これはリチャードソン補外を 1 回適用したものである。リチャードソン補外の繰り返しの適用は、建部賢弘(たけべかたひろ)が円周率の計算に用いており、『大成算経(たいせいさんけい)』(1711 年完成、未刊行) に記載があり、『綴術(てつじゅつ) 算経』(1722 年自序、将軍吉宗に献上) で説明がなされている。
ルイス・リチャードソン が 1927 年に出版した「極限への異なる接近」において、(7.43) を数列の極限や常微分方程式の境界値問題などに応用したことが、リチャードソン補外の名前の由来である。

7　ロンバーグ積分法

関数 $f(x)$ は閉区間 $[a, b]$ で C^∞ 級とする。区間 $[a, b]$ を n 等分した際の関数 $f(x)$ の複合台形則は $h = (b - a)/n, x_i = a + ih(i = 0, 1, \ldots, n)$ としたとき

$$T_n = h\left(\frac{1}{2}f(a) + \sum_{i=1}^{n-1} f(x_i) + \frac{1}{2}f(b)\right)$$

である。オイラー-マクローリンの公式 (p.147) により

$$\begin{aligned} T_n &\sim \int_a^b f(x)dx + \sum_{j=1}^{\infty} \frac{B_{2j}}{(2j)!}\left(f^{(2j-1)}(b) - f^{(2j-1)}(a)\right)h^{2j} \\ &\sim \int_a^b f(x)dx + \sum_{j=1}^{\infty} \frac{B_{2j}(b-a)^{2j}}{(2j)!}\left(f^{(2j-1)}(b) - f^{(2j-1)}(a)\right)n^{-2j} \end{aligned}$$

が成立する。$\{T_n\}$ は (7.47) の形の漸近展開を持つので、

$$T_1, T_2, T_4, T_8, T_{16}, \ldots$$

にリチャードソン補外を適用すると積分値 $I = \int_a^b f(x)dx$ のいい近似が得られる。この方法を**ロンバーグ** (Romberg) **積分法**という。

定理 7.2. 関数 $f(x)$ は閉区間 $[a,b]$ で C^∞ 級とする。$\nu = 0, 1, \ldots$ に対し

$$\begin{aligned} T_\nu^{(0)} &= T_{2^\nu} \\ T_{\nu-k}^{(k)} &= T_{\nu-k+1}^{(k-1)} + \frac{T_{\nu-k+1}^{(k-1)} - T_{\nu-k}^{(k-1)}}{2^{2k}-1} \quad k = 1, \ldots, \nu \end{aligned} \tag{7.49}$$

により $\{T_\nu^{(k)}\}$ を定義すると、

$$T_{\nu-k}^{(k)} \sim s + \sum_{j=k+1}^{\infty} c_j \left(\prod_{i=1}^{k} \frac{2^{2i-2j}-1}{2^{2i}-1} \right) (b-a)^{2j} 2^{-2j(\nu-k)}$$

が成り立つ。ここで

$$c_j = \frac{B_{2j}}{(2j)!} \left(f^{(2j-1)}(b) - f^{(2j-1)}(a) \right)$$

である。

証明　定理 7.1 よりいえる。 □

ロンバーグ積分の T 表は、$T_k^{(0)}$ が複合台形則、$T_k^{(1)}$ が複合シンプソン則、$T_k^{(2)}$ が複合ブール則 (ニュートン・コーツ 5 点則) である。$T_0^{(3)}$ は積分区間を 8 等分した 9 つの点の値の一次結合であるが、ニュートン・コーツ 9 点則とは異なる。

> **歴史ノート** 16. アイザック・ニュートン は、1695 年に未完の草稿「縦座表による求積」(出版は 1971 年) において、ホイヘンスの定理 (リチャードソン補外を 1 回適用) を用いて $T_k^{(0)}, T_{k+1}^{(0)}$ から $T_k^{(1)} (k = 0, 1, 2,$ シンプソン則$)$、$T_k^{(1)}, T_{k+1}^{(1)}$ から $T_k^{(2)} (k = 0, 1,$ ブール則$)$、$T_k^{(2)}, T_{k+1}^{(2)}$ から $T_k^{(3)} (k = 0)$ を導いた。ヴェルナー・ロンベルク は、1955 年に「簡便な数値積分」で複合台形則をリチャードソン補外で加速する数値積分法を発表し、後にロンバーグ積分法と呼ばれるようになった。

表 7.8　$I = \int_0^2 e^x dx$ にロンバーグ積分法を適用した誤差

ν	$T_\nu^{(0)} - I$	$T_{\nu-1}^{(1)} - I$	$T_{\nu-2}^{(2)} - I$	$T_{\nu-3}^{(3)} - I$
0	2.00			
1	5.24×10^{-01}	3.17×10^{-02}		
2	1.33×10^{-01}	2.15×10^{-03}	1.86×10^{-04}	
3	3.32×10^{-02}	1.38×10^{-04}	3.20×10^{-06}	2.90×10^{-07}
4	8.32×10^{-03}	8.65×10^{-06}	5.12×10^{-08}	1.25×10^{-09}
5	2.08×10^{-03}	5.41×10^{-07}	8.04×10^{-10}	5.00×10^{-12}
6	5.20×10^{-04}	3.38×10^{-08}	1.26×10^{-11}	2.04×10^{-14}
7	1.30×10^{-04}	2.12×10^{-09}	1.96×10^{-13}	0.00

ν	$T_{\nu-4}^{(4)} - I$	$T_{\nu-5}^{(5)} - I$	$T_{\nu-6}^{(6)} - I$	$T_{\nu-7}^{(7)} - I$
4	1.14×10^{-10}			
5	1.23×10^{-13}	1.07×10^{-14}		
6	8.88×10^{-16}	8.88×10^{-16}	8.88×10^{-16}	
7	0.00	0.00	0.00	0.00

例 7.8.

$$\int_0^2 e^x dx = 6.389056098930650$$

にロンバーグ積分法を適用した際の誤差を表 7.8 に示す。

積分区間の 8 分割 ($\nu = 3$) で $T_0^{(3)}$ の誤差は 2.90×10^{-7} である。定理 7.2 による $T_0^{(3)}$ の理論上の誤差は

$$\frac{B_8}{8!}(e^2 - 1)\frac{2^{-6} - 1}{2^2 - 1}\frac{2^{-4} - 1}{2^4 - 1}\frac{2^{-2} - 1}{2^6 - 1}2^8 \fallingdotseq 3.30 \times 10^{-7}$$

なので計算の誤差 2.90×10^{-7} とは 12% 程度の違いである。

64 分割 ($\nu = 6$) で $T_2^{(4)} = 6.389056098930651$ の誤差は 8.88×10^{-16} である。128 分割 ($\nu = 7$) のときは $T_{7-k}^{(k)}$ ($k = 3, 4, 5, 6, 7$) で正確な値が得られている。 ■

8 リチャードソン補外の広義積分への適用

端点に特異点がある広義積分で被積分関数が両端を除いて滑らかな場合には命題 7.2(複合中点則の漸近公式) を拡張した命題 (拡張されたオイラー-マクローリンの公式という) が知られており、リチャードソン補外が適用できる。

つぎの 2 つの命題ではリーマン (Rieman) ゼータ関数

$$\zeta(s) = \sum_{n=1}^{\infty} \frac{1}{n^s} \tag{7.50}$$

を複素数変数に拡張したものを用いる。自然数の複素冪 $n^s = e^{s \log n}$ を用いて $\{ s \mid \mathrm{Re}\, s > 1\}$ に拡張すると正則になり、関係式

$$\zeta(1-s) = \pi^{-s} 2^{1-s} \cos\left(\frac{s\pi}{2}\right) \Gamma(s)\zeta(s), \quad s \neq 1$$

により複素数平面全体に解析接続する。ここで $\Gamma(s) = \int_0^\infty e^{-x} x^{s-1} ds$ はガンマ関数である。

命題 7.4. **(拡張されたオイラー-マクローリンの公式)** 関数 $g(x)$ は $[0,1]$ で C^{2m+1} 級とする。広義積分

$$I = \int_0^1 x^p g(x) dx, \quad p > -1$$

に複合中点則 M_n を適用すると

$$\begin{aligned} M_n - I &= \sum_{j=1}^{m+1} \frac{(2^{1-2j}-1)B_{2j}}{(2j)!n^{2j}} f^{(2j-1)}(1) \\ &\quad + \sum_{j=0}^{2m+1} \frac{(2^{-p-j}-1)\zeta(-p-j)}{j!n^{p+j+1}} g^{(j)}(0) + O(n^{-2m-2}) \end{aligned}$$

が成り立つ。

証明 [28] をみよ。 □

例 7.9.

$$I = \int_0^1 x^p dx, \quad -1 < p$$

の漸近展開を求める。命題 7.4 で $g(x) = 1$ の場合だから $g^{(j)}(x) = 0$ $(j = 1, 2, \dots)$ である。$f(x) = x^p$ とおくと

$$f^{(2j-1)}(x) = p(p-1)\cdots(p-2j+2)x^{p-2j+1}$$

となるので

$$\begin{aligned} M_n - I = &\sum_{j=1}^{m+1} \frac{(2^{1-2j}-1)B_{2j}}{(2j)!} p(p-1)\cdots(p-2j+2)n^{-2j} \\ &+ (2^{-p}-1)\zeta(-p)n^{-p-1} + O(n^{-2m-2}) \end{aligned}$$

となる。

$$\begin{aligned} h =& 2^{-\nu}, \quad c_0 = (2^{-p}-1)\zeta(-p) \\ c_j =& \frac{(2^{1-2j}-1)B_{2j}}{(2j)!} p(p-1)\cdots(p-2j+2), \quad (j = 1, 2, \dots) \end{aligned}$$

とおくと漸近展開

$$M_{2^\nu} - I \sim c_0 h^{1+p} + c_1 h^2 + c_2 h^4 + \cdots$$

が成り立つ。 ■

命題 7.5. (**拡張されたオイラー-マクローリンの公式**) 被積分関数 $f(x)$ が $[0, 1]$ で C^{m-1} 級の関数 $g(x)$ により

$$f(x) = x^p (1-x)^q g(x), \quad p, q > -1$$

と表されているとする。

$$\phi_0(x) = (1-x)^q g(x), \quad \phi_1(x) = x^p g(x)$$

とおき、広義積分 $I = \int_0^1 f(x)dx$ に複合中点則 M_n を適用すると

$$M_n - I = \sum_{j=0}^{m-1} \frac{\phi_0^{(j)}(0)(2^{-p-j}-1)\zeta(-p-j)}{j!n^{p+j+1}} + \sum_{j=0}^{m-1} \frac{(-1)^j \phi_1^{(j)}(1)(2^{-q-j}-1)\zeta(-q-j)}{j!n^{q+j+1}} + O(n^{-m})$$

が成り立つ。

証明　[27] をみよ。　□

命題 7.5 において $g(x)$ は C^∞ 級とする。$n = 2^\nu, h = \frac{1}{n}, M(h) = M_n$ とおくと

$$M(h) - I \sim \sum_{j=1}^{\infty} \left(c_j h^{p+j} + d_j h^{q+j}\right) \tag{7.51}$$

と表せるので、リチャードソン補外が適用できる。

例 7.10. 例 7.4 と同じベータ関数

$$B(\tfrac{1}{4}, \tfrac{3}{4}) = \int_0^1 x^{-\frac{3}{4}}(1-x)^{-\frac{1}{4}}dx$$

を取り上げる。命題 7.5 において $p = -\frac{3}{4}, q = -\frac{1}{4}$ である。

$$\begin{cases} \alpha_{2j-1} = -\frac{3}{4} + j, & j = 1, 2, \ldots \\ \alpha_{2j} = -\frac{1}{4} + j, & j = 1, 2, \ldots \end{cases}$$

とおき、リチャードソン補外を適用した際の誤差 $T_{\nu-k}^{(k)} - I$ を表 7.9 に ($\nu = 6, \ldots, 9; k = 4, \ldots, 7$ は省略して) 示す。反復停止条件を

$$\min_{1 \leqq k \leqq \nu} |T_{\nu-k}^{(k)} - T_{\nu-k+1}^{(k-1)}| < 10^{-11}$$

とすると $\nu = 12, k = 11$ で停止し $T_1^{(11)} = 4.442882938159152$ で誤差は 7.86×10^{-13} である。関数値計算回数は $8191 (= 2^{13} - 1)$ である。　■

表 7.9 $B(\frac{1}{4},\frac{3}{4})$ にリチャードソン補外を適用した際の誤差

ν	$T_{\nu}^{(0)}-I$	$T_{\nu-1}^{(1)}-I$	$T_{\nu-2}^{(2)}-I$	$T_{\nu-3}^{(3)}-I$
0	-2.44			
1	-2.05	5.27×10^{-02}		
2	-1.71	8.16×10^{-02}	1.24×10^{-01}	
3	-1.43	6.49×10^{-02}	4.05×10^{-02}	-2.02×10^{-02}
4	-1.19	4.37×10^{-02}	1.26×10^{-02}	-7.66×10^{-03}
5	-9.98×10^{-01}	2.76×10^{-02}	3.96×10^{-03}	-2.28×10^{-03}
		中略		
10	-4.16×10^{-01}	2.20×10^{-03}	2.04×10^{-05}	-4.57×10^{-06}
11	-3.49×10^{-01}	1.31×10^{-03}	7.80×10^{-06}	-1.35×10^{-06}
12	-2.94×10^{-01}	7.80×10^{-04}	3.05×10^{-06}	-3.98×10^{-07}

ν	$T_{\nu-8}^{(8)}-I$	$T_{\nu-9}^{(9)}-I$	$T_{\nu-10}^{(10)}-I$	$T_{\nu-11}^{(11)}-I$
10	5.27×10^{-11}	-4.31×10^{-10}	-9.57×10^{-11}	
11	-6.44×10^{-12}	-9.72×10^{-12}	6.55×10^{-12}	9.31×10^{-12}
12	1.75×10^{-13}	5.42×10^{-13}	9.38×10^{-13}	7.86×10^{-13}

$B(\frac{1}{4},\frac{3}{4})$ を計算する場合、DE 公式の方が少ない計算回数で高精度の結果が得られるが、DE 公式は桁落ち防止変換を求める手間がかかる。高精度の結果が必要なく、さらにベータ関数のように漸近展開の冪が既知のときはリチャードソン補外は選択肢の 1 つになる。なお広義積分に対するリチャードソン補外は漸近展開が正しいか否かの検証に使える。

9 エイトケン Δ^2 法

関数 $F(h)$ $(h>0)$ にリチャードソン補外を適用するには、$F(h)$ の漸近展開

$$F(h)\sim s+\sum_{j=1}^{\infty}c_j h^{\alpha_j},\quad (h\to+0)) \tag{7.52}$$

の冪 $(0 <)\alpha_1 < \alpha_2 < \cdots$ の値が必要である。ロンバーグ積分は $\alpha_j = 2j$ $(j = 1, 2, \ldots)$ のときに適用できる。本節では α_j が未知であっても利用できるエイトケン Δ^2 法を導出し数値積分に応用する。

(7.52) の漸近展開を最初の 2 項で止めると

$$F(h) = s + c_1 h^{\alpha_1} + c_2 h^{\alpha_2} + o(h^{\alpha_2}), \quad (h \to +0) \tag{7.53}$$

と書ける。(7.53) から $c_1 h^{\alpha_1}$ の項を消去することを考える。

$$\begin{aligned} F(h/2) =& s + c_1 2^{-\alpha_1} h^{\alpha_1} + c_2 2^{-\alpha_2} h^{\alpha_2} + o(h^{\alpha_2}), \quad (h \to +0) \\ F(h/4) =& s + c_1 2^{-2\alpha_1} h^{\alpha_1} + c_2 2^{-2\alpha_2} h^{\alpha_2} + o(h^{\alpha_2}), \quad (h \to +0) \end{aligned}$$

より

$$F(h/2) - F(h) = c_1(2^{-\alpha_1} - 1)h^{\alpha_1} + c_2(2^{-\alpha_2} - 1)h^{\alpha_2} + o(h^{\alpha_2}), \quad (h \to +0)$$

となる。

$$\begin{aligned} &(F(h/2) - F(h))^2 \\ =& c_1^2(2^{-\alpha_1} - 1)^2 h^{2\alpha_1} \left[1 + \frac{2c_2}{c_1} \frac{2^{-\alpha_2} - 1}{2^{-\alpha_1} - 1} h^{\alpha_2 - \alpha_2} + o(h^{\alpha_2 - \alpha_1})\right], \quad (h \to +0) \end{aligned}$$

と

$$\begin{aligned} &F(h/4) - 2F(h/2) + F(h) \\ =& c_1(2^{-\alpha_1} - 1)^2 h^{\alpha_1} \left[1 + \frac{c_2}{c_1} \left(\frac{2^{-\alpha_2} - 1}{2^{-\alpha_1} - 1}\right)^2 h^{\alpha_2 - \alpha_2} + o(h^{\alpha_2 - \alpha_1})\right], \quad (h \to +0) \end{aligned}$$

より

$$\begin{aligned} &\frac{(F(h/2) - F(h))^2}{F(h/4) - 2F(h/2) + F(h)} \\ =& c_1 h^{\alpha_1} + c_2 h^{\alpha_2} \frac{(2^{-\alpha_2} - 1)(2(2^{-\alpha_1} - 1) - (2^{-\alpha_2} - 1))}{(2^{-\alpha_1} - 1)^2} + o(h^{\alpha_2}), \quad (h \to +0) \end{aligned}$$

である。よって、

$$\begin{aligned} &F(h) - \frac{(F(h/2) - F(h))^2}{F(h/4) - 2F(h/2) + F(h)} \\ =& s + c_2 \frac{(2^{-\alpha_2} - 2^{-\alpha_1})^2}{(2^{-\alpha_1} - 1)^2} h^{\alpha_2} + o(h^{\alpha_2}), \quad (h \to +0) \end{aligned} \tag{7.54}$$

となる。(7.54) によりつぎの定理 7.3 が得られた。

定理 7.3. *(連続量に対するエイトケン* $\boldsymbol{\Delta^2}$ *法)* 関数 $F(h)$ が $h \to +0$ のとき

$$F(h) = s + c_1 h^{\alpha_1} + c_2 h^{\alpha_2} + o(h^{\alpha_2}), \quad (h \to +0)$$

と漸近表示されているものとする。ここで、s は未知の極限値、$c_1, c_2, \alpha_1, \alpha_2$ は未知の定数で $0 < \alpha_1 < \alpha_2$ である。このとき

$$T(h) = F(h) - \frac{(F(h/2) - F(h))^2}{F(h/4) - 2F(h/2) + F(h)}$$

とおくと、$T(h)$ は

$$T(h) = s + c_2 \frac{(2^{-\alpha_2} - 2^{-\alpha_1})^2}{(2^{-\alpha_1} - 1)^2} h^{\alpha_2} + o(h^{\alpha_2}), \quad (h \to +0)$$

を満たす。

証明 (7.54) の導出で示した。 □

$h > 0$ で定義された関数 $F(h)$ に対し、関数

$$T(h) = F(h) - \frac{(F(h/2) - F(h))^2}{F(h/4) - 2F(h/2) + F(h)} \tag{7.55}$$

を計算する方法を**エイトケン (Aitken)$\boldsymbol{\Delta^2}$ 法**あるいはエイトケン Δ^2 過程という。

エイトケン Δ^2 法は繰り返し適用することができる。関数 $F(h)$ は

$$F(h) \sim s + \sum_{j=1}^{\infty} c_j h^{\alpha_j}, \quad (h \to +0)$$

と漸近展開されるとする。ここで、s は未知の極限値、$c_1, c_2, \ldots$ と $(0 <)\alpha_1 < \alpha_2 < \ldots$ は未知の定数である。$h > 0$ を固定する。$\nu = 0, 1, 2, \ldots$ に対し

$$\begin{aligned} T_\nu^{(0)} &= F(2^{-\nu} h) \\ T_{\nu-2k}^{(k)} &= T_{\nu-2k}^{(k-1)} - \frac{(T_{\nu-2k+1}^{(k-1)} - T_{\nu-2k}^{(k-1)})^2}{T_{\nu-2k+2}^{(k-1)} - 2T_{\nu-2k+1}^{(k-1)} + T_{\nu-2k}^{(k-1)}}, \quad k = 1, \ldots, \lfloor \nu/2 \rfloor \end{aligned} \tag{7.56}$$

により配列 $\{T_\nu^{(k)}\}$ を計算する方法を**繰り返しエイトケン $\boldsymbol{\Delta^2}$ 法** という。ここで $\lfloor x \rfloor$ は**床関数**で x を超えない最大の整数 (ガウスの $[x]$ ともいう) を表す。したがって、

$$\lfloor \nu/2 \rfloor = \begin{cases} \nu/2 & \nu:\text{偶数} \\ (\nu-1)/2 & \nu:\text{奇数} \end{cases}$$

である。

2 次元配列 $\{T_\nu^{(k)}\}$ を

$$\begin{array}{llll} T_0^{(0)} & & & \\ T_1^{(0)} & & & \\ T_2^{(0)} & T_0^{(1)} & & \\ T_3^{(0)} & T_1^{(1)} & & \\ T_4^{(0)} & T_2^{(1)} & T_0^{(2)} & \\ T_5^{(0)} & T_3^{(1)} & T_1^{(2)} & \\ T_6^{(0)} & T_4^{(1)} & T_2^{(2)} & T_0^{(3)} \\ T_7^{(0)} & T_5^{(1)} & T_3^{(2)} & T_1^{(3)} \end{array}$$

と並べた表は **T 表** と呼ばれ、上から下、左から右に計算する。

繰り返しエイトケン Δ^2 法を利用したプログラムを作成する際は、適当な数 $\epsilon > 0$ を与え

$$|T_{\nu-2k}^{(k)} - T_{\nu-2k+2}^{(k-1)}| < \epsilon$$

となるか ν が一定数を超えたときに反復を停止するようにする。

広義積分 $I = \int_a^b f(x)dx$ に対する複合中点則 M_{2^ν} を用いた繰り返しエイトケン Δ^2 法は

$$T_\nu^{(0)} = M_{2^\nu}$$

とおき、(7.56) により配列 $\{T_\nu^{(k)}\}$ を計算する。

例 7.11. 例 7.10 と同じベータ関数

$$B(\tfrac{1}{4}, \tfrac{3}{4}) = \int_0^1 x^{-\frac{3}{4}}(1-x)^{-\frac{1}{4}}dx$$

表 7.10 $B(\frac{1}{4},\frac{3}{4})$ に繰り返しエイトケン Δ^2 法を適用した際の誤差

ν	$T_\nu^{(0)}$	$T_{\nu-2}^{(1)}$	$T_{\nu-4}^{(2)}$	$T_{\nu-6}^{(3)}$
0	-2.44			
1	-2.05			
2	-1.71	2.49×10^{-01}		
3	-1.43	-1.84×10^{-02}		
4	-1.19	-5.92×10^{-02}	-6.65×10^{-02}	
5	-9.98×10^{-01}	-5.10×10^{-02}	-5.24×10^{-02}	
6	-8.36×10^{-01}	-3.59×10^{-02}	-6.86×10^{-02}	-5.99×10^{-02}
		中略		
15	-1.74×10^{-01}	-4.25×10^{-04}	3.70×10^{-06}	1.78×10^{-07}
16	-1.47×10^{-01}	-2.53×10^{-04}	1.51×10^{-06}	5.42×10^{-08}
17	-1.23×10^{-01}	-1.51×10^{-04}	6.18×10^{-07}	1.65×10^{-08}

ν	$T_{\nu-8}^{(4)}$	$T_{\nu-10}^{(5)}$	$T_{\nu-12}^{(6)}$	$T_{\nu-14}^{(7)}$
15	8.91×10^{-09}	-3.02×10^{-09}	-3.77×10^{-09}	-1.24×10^{-09}
16	1.08×10^{-09}	-2.58×10^{-10}	1.94×10^{-09}	1.34×10^{-08}
17	-5.75×10^{-12}	-1.81×10^{-10}	-1.79×10^{-10}	3.95×10^{-10}

を複合中点則 $M_1, M_2, M_4, M_8, \ldots$ で計算し、繰り返しエイトケン Δ^2 法で加速した結果を表 7.10 に ($\nu = 7, \ldots, 14$ は省略して) 示す。反復停止条件を

$$\min_{1\leqq k\leqq \nu} |T_{\nu-2k}^{(k)} - T_{\nu-2k+2}^{(k-1)}| < 10^{-10}$$

とすると $\nu = 17, k = 6$ で停止し $T_5^{(6)} = 4.442882937979236$ で誤差は -1.79×10^{-10} である。関数値計算回数は $262143(= 2^{18} - 1)$ である。 ■

精度はリチャードソン補外よりやや劣るが、繰り返しエイトケン Δ^2 法は漸近展開の冪の情報を用いないので利用しやすい。

数列 $\{s_\nu\}$ に対するエイトケン Δ^2 法は (7.55) の $T(h), F(h), F(h/2), F(h/4)$

をそれぞれ $t_\nu, s_\nu, s_{\nu+1}, s_{\nu+2}$ に置き換えたものである：

$$t_\nu = s_\nu - \frac{(s_{\nu+1} - s_\nu)^2}{s_{\nu+2} - 2s_{\nu+1} + s_\nu} \tag{7.57}$$

数列 $\{s_\nu\}$ を数列 $\{t_\nu\}$ に対応させる変換を**エイトケン** (Aitken)$\boldsymbol{\Delta^2}$ **法** という。

数列 $\{s_\nu\}$ の**差分** $\Delta s_\nu = s_{\nu+1} - s_\nu$ および 2 **階差分**、$\Delta^2 s_\nu = \Delta s_{\nu+1} - \Delta s_\nu$ を用いると (7.57) は

$$t_\nu = s_\nu - \frac{(\Delta s_\nu)^2}{\Delta^2 s_\nu} \tag{7.58}$$

と表せる。(7.58) の分子に $(\Delta s_n)^2$, 分母に Δ^2 が現れることが Δ^2 法の名前の由来である。

(7.57) は以下のように変形できる。

$$t_\nu = s_{\nu+1} + \frac{(s_{\nu+1} - s_\nu)(s_{\nu+2} - s_{\nu+1})}{(s_{\nu+2} - s_{\nu+1}) - (s_{\nu+1} - s_\nu)} \tag{7.59}$$

$$= \frac{s_{\nu+2}s_\nu - s_{\nu+1}^2}{s_{\nu+2} - 2s_{\nu+1} + s_\nu} \tag{7.60}$$

これらの式は数学的に同値であるが、(7.60) は数値計算の際に桁落ちが生じやすいので、(7.57) あるいは (7.59) を用いる。

数列 $\{s_\nu\}$ に対する**繰り返しエイトケン** $\boldsymbol{\Delta^2}$ **法** は (7.56) の $F(2^{-\nu}h)$ を s_ν で置き換えたものである：

$$T_\nu^{(0)} = s_\nu$$

$$T_{\nu-2k}^{(k)} = T_{\nu-2k}^{(k-1)} - \frac{(T_{\nu-2k+1}^{(k-1)} - T_{\nu-2k}^{(k-1)})^2}{T_{\nu-2k+2}^{(k-1)} - 2T_{\nu-2k+1}^{(k-1)} + T_{\nu-2k}^{(k-1)}}, \quad k = 1, \ldots, \lfloor \nu/2 \rfloor$$

歴史ノート 17. エイトケン Δ^2 法を最初に使ったのは関孝和である。未発表の「立円率解」(1680) で球の体積を求める際に式 (7.59) 用いた。関は円周率や円孤の長さの計算にも Δ^2 法を用い、没後に出版された『括要算法』(1712) で公表されている。エイトケン Δ^2 法の名称はアレキサンダー・クレイグ・エイトケン が 1926 年に「代数方程式の [ダニエル・] ベルヌーイの数値解法について」において代数方程式の最大根を求める過程で使ったことによる。

エイトケン Δ^2 法についてつぎの定理が成立する。

定理 7.4. 数列 $\{s_\nu\}$ が $\nu \to \infty$ のとき

$$s_\nu = s + c_1\lambda_1^\nu + c_2\lambda_2^\nu + o(\lambda_2^\nu) \tag{7.61}$$

と漸近表示されるものとする。ここで、s は未知の極限値、$c_1, c_2, \lambda_1, \lambda_2$ は未知の定数で $1 > |\lambda_1| > |\lambda_2| > 0$ である。このとき、

$$t_\nu = s + c_2\left(\frac{\lambda_1 - \lambda_2}{\lambda_1 - 1}\right)^2 \lambda_2^\nu + o(\lambda_2^\nu) \tag{7.62}$$

を満たす。

証明 定理 7.3 において

$$h = 2^{-\nu}, \quad \lambda_j = 2^{-\alpha_j}\ (j = 1, 2)$$

とおくと

$$h^{\alpha_j} = (2^{-\nu})^{\alpha_j} = (2^{-\alpha_j})^\nu = \lambda_j^\nu$$

となりいえる。 □

10 フーリエ型積分の加速

フーリエ型積分とは

$$\int_0^\infty f(x)\sin\omega x dx, \quad \int_0^\infty f(x)\cos\omega x dx$$

のような零点の間隔が一定で振動しながら減衰する無限積分である。ここで、$f(x)$ は $[0, \infty)$ で緩やかに 0 に減少する連続関数である。$\sin\omega x$ の零点 $0, \frac{\pi}{\omega}, \frac{2\pi}{\omega}, \frac{3\pi}{\omega}, \ldots$ で積分区間を分割し

$$\int_0^\infty f(x)\sin x dx = \sum_{j=0}^\infty \int_{j\pi/\omega}^{(j+1)\pi/\omega} f(x)\sin x dx \tag{7.63}$$

と交代級数で表す。そして交代級数を繰り返しエイトケン Δ^2 法により加速することを考える。積分に入る前に交代級数について必要事項をまとめておく。

関数 $f(n)$ は正の実数で定義され正の値をとるものとする。

$$\sum_{n=1}^{\infty}(-1)^{n-1}f(n)$$

の形の級数を**交代級数**という。オイラー-マクローリンの公式 (定理 6.1, p.147) と複合中点則の漸近公式 (命題 7.2, p.153) を用いると交代級数の漸近展開が得られる。

定理 7.5. (交代級数の漸近展開)　関数 $f(x)$ は区間 $[n,\infty)$ で C^{∞} 級で

(i) $f(x)$ は $x\to\infty$ で無限小
(ii) $x>n$ のとき $(-1)^j f^{(j)}(x)>0, j=0,1,2,\ldots$
(iii) $f^{(j+1)}(x)/f^{(j)}(x), j=0,1,2,\ldots$ は $x\to\infty$ で無限小

を満たすとする。$n\to\infty$ のとき漸近展開

$$\sum_{j=0}^{\infty}(-1)^j f(n+j)\sim\frac{1}{2}f(n)-\sum_{k=1}^{\infty}\frac{B_{2k}(2^{2k}-1)}{(2k)!}f^{(2k-1)}(n) \tag{7.64}$$

が成り立つ。

証明　m を正の整数としたとき

$$\begin{aligned}&\sum_{j=0}^{2m}(-1)^j f(n+j)\\ =&\frac{1}{2}(f(n)+f(n+2m))+\sum_{k=1}^{l}\frac{B_{2k}(2^{2k}-1)}{(2k)!}(f^{(2k-1)}(n+2m)-f^{(2k-1)}(n))\\ &+O(f^{(2l+1)}(n))\end{aligned} \tag{7.65}$$

が成り立つことを示す。

$$\int_n^{n+2m}f(x+n)dx$$

に対する複合台形則を T_m, 複合中点則を M_m とすると

$$T_m = 2\sum_{j=0}^{m} f(n+2j) - (f(n) + f(n+2m))$$
$$M_m = 2\sum_{j=1}^{m} f(n+2j-1)$$

と表せる。よって

$$\begin{aligned}
&\sum_{j=0}^{2m}(-1)^j f(n+j) \\
=&\frac{1}{2}T_m - \frac{1}{2}M_m + \frac{1}{2}(f(n)+f(n+2m)) \\
=&\frac{1}{2}(f(n)+f(n+2m)) \\
&+\frac{1}{2}\sum_{k=1}^{l}\frac{B_{2k}(2^{2k}-2+2^{2k})}{(2k)!}(f^{(2k-1)}(n+2m)-f^{(2k-1)}(n)) \\
&+O(f^{(2l+1)}(n)) \\
=&\frac{1}{2}(f(n)+f(n+2m)) \\
&+\sum_{k=1}^{l}\frac{B_{2k}(2^{2k}-1)}{(2k)!}(f^{(2k-1)}(n+2m)-f^{(2k-1)}(n)) + O(f^{(2l+1)}(n))
\end{aligned}$$

となり (7.65) が成立する。(7.65) において $l \to \infty$ かつ $m \to \infty$ とすると (7.64) が得られる。 □

定理 7.5 の条件 (i)(ii) を満たす関数は、区間 $[n, \infty)$ で**完全単調**という。条件 (i)(ii)(iii) は導関数列 $\{f^{(j)}(x)\}$ が $x \to \infty$ で漸近列になるための十分条件である。

定理 7.6. 関数 $f(x)$ は定理 7.5 の条件を満たすとする。交代級数 $s = \sum_{j=1}^{\infty}(-1)^{j-1}f(j)$ の部分和を $s_\nu = \sum_{j=1}^{\nu}(-1)^{j-1}f(j)$ とおくと $\nu \to \infty$ のと

き漸近展開

$$s_\nu - s \sim (-1)^{\nu-1}\left(\frac{1}{2}f(\nu) + \sum_{k=1}^{\infty}\frac{B_{2k}(2^{2k}-1)}{(2k)!}f^{(2k-1)}(\nu)\right)$$

が成り立つ。

証明　定理 7.5 により

$$\begin{aligned} s_\nu - s =& (-1)^{\nu-1}f(\nu) + (-1)^{\nu}\sum_{j=0}^{\infty}(-1)^j f(n+j) \\ \sim& (-1)^{\nu-1}f(\nu) + (-1)^{\nu}\left(\frac{1}{2}f(\nu) - \sum_{k=1}^{\infty}\frac{B_{2k}(2^{2k}-1)}{(2k)!}f^{(2k-1)}(\nu)\right) \\ \sim& (-1)^{\nu-1}\left(\frac{1}{2}f(\nu) + \sum_{k=1}^{\infty}\frac{B_{2k}(2^{2k}-1)}{(2k)!}f^{(2k-1)}(\nu)\right) \end{aligned}$$

が成り立つ。 □

例 7.12. $f(x) = 1/x$ は $f^{(j)}(x) = (-1)^j j! x^{-j-1}$ であるので定理 7.5 の条件 (i)(ii)(iii) を満たす。定理 7.6 より

$$\begin{aligned} &\sum_{j=1}^{j}(-1)^{j-1}\frac{1}{j} - \log 2 \\ &\sim (-1)^{\nu-1}\left(\frac{1}{2\nu} + \sum_{k=1}^{\infty}\frac{B_{2k}(2^{2k}-1)}{(2k)!}(-1)(2k-1)!\nu^{-2k}\right) \\ &\sim (-1)^{\nu-1}\left(\frac{1}{2\nu} - \sum_{k=1}^{\infty}\frac{B_{2k}(2^{2k}-1)}{(2k)\nu^{2k}}\right) \end{aligned}$$

が得られる。最初の 5 項を書き出すと

$$\sum_{j=1}^{\nu}(-1)^{j-1}\frac{1}{j} - \log 2 = (-1)^{\nu-1}\left(\frac{1}{2\nu} - \frac{1}{4\nu^2} + \frac{1}{8\nu^4} - \frac{1}{4\nu^6} + \frac{17}{16\nu^8} + O\left(\frac{1}{\nu^{10}}\right)\right)$$

となる。 ■

エイトケン Δ^2 法は例 7.12 のような交代級数の第 ν 部分和の加速に効果がある。

定理 7.7. 数列 $\{s_\nu\}$ は

$$s_\nu = s + \lambda^{\nu-1}\left(\frac{c_1}{\nu} + \frac{c_2}{\nu^2} + O\left(\frac{1}{\nu^3}\right)\right) \tag{7.66}$$

を満たしているとする。ここで、λ, c_1, c_2 は未知の定数で $-1 \leqq \lambda < 1$ である。このとき

$$s_\nu - \frac{(\Delta s_\nu)^2}{\Delta^2 s_\nu} = s + O\left(\frac{1}{\nu^3}\right)$$

である。

証明　漸近式

$$\begin{aligned} s_{\nu+1} =& s + \lambda^\nu\left(\frac{c_1}{\nu+1} + \frac{c_2}{(\nu+1)^2} + O\left(\frac{1}{\nu^3}\right)\right) \\ =& s + \lambda^\nu\left(\frac{c_1}{\nu}\left(1 - \frac{1}{\nu}\right) + \frac{c_2}{\nu^2} + O\left(\frac{1}{\nu^3}\right)\right) \end{aligned}$$

などを用いる。

$$\Delta s_\nu = s_{\nu+1} - s_\nu = \lambda^{\nu-1}\left(\frac{(\lambda-1)c_1}{\nu} + \frac{\lambda(-c_1+c_2)-c_2}{\nu^2} + O\left(\frac{1}{\nu^3}\right)\right)$$

より

$$\begin{aligned} (\Delta s_\nu)^2 =& \frac{\lambda^{2\nu-2}(\lambda-1)^2 c_1^2}{\nu^2}\left(1 + \frac{2(\lambda(-c_1+c_2)-c_2}{(\lambda-1)c_1\nu} + O\left(\frac{1}{\nu^2}\right)\right) \\ \Delta^2 s_\nu =& \frac{\lambda^{\nu-1}(\lambda-1)^2 c_1}{\nu}\left(1 + \frac{-2\lambda c_1 + (\lambda-1)c_2}{(\lambda-1)c_1\nu} + O\left(\frac{1}{\nu^2}\right)\right) \\ \frac{(\Delta s_\nu)^2}{\Delta^2 s_\nu} =& \frac{\lambda^{\nu-1}c_1}{\nu}\left(1 + \frac{c_2}{c_1\nu} + O\left(\frac{1}{\nu^2}\right)\right) \end{aligned}$$

となるので

$$s_\nu - \frac{(\Delta s_\nu)^2}{\Delta^2 s_\nu} = s + O\left(\frac{1}{\nu^3}\right)$$

が導ける。　□

表 7.11　$\sum_{j=1}^{\infty}(-1)^{j-1}\frac{1}{j}$ に繰り返しエイトケン Δ^2 法を適用した際の誤差

ν	$T_{\nu}^{(0)}$	$T_{\nu-2}^{(1)}$	$T_{\nu-4}^{(2)}$	$T_{\nu-6}^{(3)}$
0	3.07×10^{-01}			
1	-1.93×10^{-01}			
2	1.40×10^{-01}	6.85×10^{-03}		
3	-1.10×10^{-01}	-2.67×10^{-03}		
4	9.02×10^{-02}	1.30×10^{-03}	1.30×10^{-04}	
5	-7.65×10^{-02}	-7.23×10^{-04}	-4.14×10^{-05}	
6	6.64×10^{-02}	4.43×10^{-04}	1.62×10^{-05}	1.69×10^{-06}
		中略		
14	3.22×10^{-02}	4.08×10^{-05}	2.04×10^{-07}	2.24×10^{-09}
15	-3.03×10^{-02}	-3.34×10^{-05}	-1.43×10^{-07}	-1.32×10^{-09}
16	2.85×10^{-02}	2.77×10^{-05}	1.03×10^{-07}	8.11×10^{-10}
17	-2.70×10^{-02}	-2.32×10^{-05}	-7.53×10^{-08}	-5.13×10^{-10}
ν	$T_{\nu-8}^{(4)}$	$T_{\nu-10}^{(5)}$	$T_{\nu-12}^{(6)}$	$T_{\nu-14}^{(7)}$
14	4.44×10^{-11}	1.37×10^{-12}	5.45×10^{-14}	-7.77×10^{-16}
15	-2.18×10^{-11}	-5.62×10^{-13}	-1.92×10^{-14}	-3.33×10^{-16}
16	1.13×10^{-11}	2.44×10^{-13}	7.22×10^{-15}	2.22×10^{-16}
17	-6.08×10^{-12}	-1.12×10^{-13}	-2.78×10^{-15}	0.00

例 7.13. 例 7.12 の交代級数 $\displaystyle\sum_{j=1}^{\infty}(-1)^{j-1}\frac{1}{j} = \log 2$ に繰り返しエイトケン Δ^2 法を適用した結果を表 7.11 に示す。$T_{17}^{(0)} = 1 - \frac{1}{2} + \cdots - \frac{1}{18} = 0.666139824228060$ までの値から真値 $T_3^{(7)} = 0.693147180559945$ を与えている。 ■

振動積分を (7.63) のように交代級数で表し、零点間 $[j\pi/\omega, (j+1)\pi/\omega]$ の積分値は複合ガウス・ルジャンドル則やロンバーグ積分などで計算し、繰り返しエイトケン Δ^2 法を適用することを試みる。

表 7.12 $\int_0^\infty \frac{\sin x}{x} dx$ に繰り返しエイトケン Δ^2 法を適用した際の誤差

ν	$T_{\nu}^{(0)}$	$T_{\nu-2}^{(1)}$	$T_{\nu-4}^{(2)}$	$T_{\nu-6}^{(3)}$
0	2.81×10^{-01}			
1	-1.53×10^{-01}			
2	1.04×10^{-01}	8.59×10^{-03}		
3	-7.86×10^{-02}	-2.72×10^{-03}		
4	6.32×10^{-02}	1.18×10^{-03}	1.82×10^{-04}	
5	-5.28×10^{-02}	-6.16×10^{-04}	-4.81×10^{-05}	
		中略		
13	-2.27×10^{-02}	-3.60×10^{-05}	-2.34×10^{-07}	-3.46×10^{-09}
14	2.12×10^{-02}	2.89×10^{-05}	1.57×10^{-07}	1.91×10^{-09}
15	-1.99×10^{-02}	-2.35×10^{-05}	-1.09×10^{-07}	-1.11×10^{-09}
16	1.87×10^{-02}	1.94×10^{-05}	7.73×10^{-08}	6.64×10^{-10}

ν	$T_{\nu-8}^{(4)}$	$T_{\nu-10}^{(5)}$	$T_{\nu-12}^{(6)}$	$T_{\nu-14}^{(7)}$
13	-9.55×10^{-11}	-4.22×10^{-12}	-2.98×10^{-13}	
14	4.26×10^{-11}	1.52×10^{-12}	7.84×10^{-14}	1.91×10^{-14}
15	-2.03×10^{-11}	-5.90×10^{-13}	-2.44×10^{-14}	-2.44×10^{-15}
16	1.02×10^{-11}	2.46×10^{-13}	8.66×10^{-15}	6.66×10^{-16}

例 7.14. 例 7.7(p.169) と同じ

$$I = \int_0^\infty \frac{\sin x}{x} dx = \frac{\pi}{2}$$

に繰り返しエイトケン Δ^2 法を適用する。

$$s_\nu = \sum_{j=0}^{\nu} \int_{j\pi}^{(j+1)\pi} \frac{\sin x}{x} dx$$

とおき、小区間 $[j\pi, (j+1)\pi]$ の積分値はガウス・ルジャンドル 4 点則で計算する。計算結果を表 7.12 に示す。ガウス・ルジャンドル 4 点則は 7 桁程度しか正確でないが、部分和を繰り返しエイトケン Δ^2 法で加速すると高精度で求めることができる。

繰り返しエイトケン Δ^2 法により $\nu = 16$ のとき $T_0^{(16)} = 1.570796326794897$ の誤差は 2.22×10^{-16}(計算機イプシロン) である。関数値計算回数は $4 \times 17 = 68$ で DE 公式を用いた場合 (例 7.7) と同程度である。 ■

例 7.14 の積分は、小区間 $[j\pi, (j+1)\pi]$ の積分値をガウス・ルジャンドル 4 点則で計算して $\nu = 16$ で誤差が計算機イプシロン程度になるが、

$$\int_0^\infty \frac{x \sin x}{x^2+1} dx = \frac{\pi}{2e}$$

の場合はガウス・ルジャンドル 4 点則では 6 桁程度しか得られない。小区間 $[j\pi, (j+1)\pi]$ をそれぞれ 8 分割して複合ガウス・ルジャンドル 8 点則で計算し、繰り返しエイトケン Δ^2 法を適用すると $\nu = 18$ で正確な値が得られる。一方、フーリエ型積分に対する DE 公式では $h = 0.015625$ のとき関数値計算回数が 255 回で誤差 4.14×10^{-14} が最良である。

繰り返しエイトケン Δ^2 法は端点が特異点である広義積分やフーリエ型積分に有効である。とくにフーリエ型積分に対しては DE 公式より高精度の結果が得られる。

11 数値積分法選択の指針

定積分の数値計算を行う場合、どの公式を用いるのがいいかをまとめておく。高精度とは計算機イプシロンの数倍程度を意味するものとする。

1. 通常の定積分 (例 $\int_0^2 e^x dx$)
   (a) 高精度で求めたいときはロンバーグ積分法、積分区間の幅が小さいときはガウス・ルジャンドル 8 点則でもよい。
   (b) 高精度で求める必要がないときはガウス・ルジャンドル 3~5 点則
2. 急減衰の無限積分 (例 $\int_{-\infty}^\infty (x^2+x+1)e^{-x^2} dx$ や $\int_0^\infty e^{-x^2} \cos x dx$) は複合台形則
3. 周期関数の 1 周期にわたる積分 (例 $\int_0^{2\pi} e^{\sin x} dx$) は複合台形則

4. 端点が特異点になっている広義積分 (例 $\int_0^1 x^{-\frac{3}{4}}(1-x)^{-\frac{1}{4}}dx$)
   (a) 高精度で求めたいときは有限区間の DE 公式
   (b) 高精度で求める必要がないとき
      i. 漸近展開の冪がわかるときはリチャードソン補外
      ii. 漸近展開の冪がわからないときは繰り返しエイトケン Δ^2 法
5. 減衰の遅い全無限積分 (例 $\int_{-\infty}^{\infty} \frac{1}{1+x^4}dx$) は、全無限区間の DE 公式
6. 減衰の遅い半無限積分 (例 $\int_1^{\infty} \frac{1}{1+x^2}dx$) は、半無限区間の DE 公式
7. フーリエ型積分 (例 $\int_0^{\infty} \frac{\sin x}{x}dx$) は繰り返しエイトケン Δ^2 法かフーリエ型積分の DE 公式

第8章
常微分方程式の初期値問題

自然科学や社会科学の様々な現象は微分方程式により記述される。微分方程式に基づく数理モデルによりシミュレーションを行うには微分方程式の数値解法が不可欠である。本章では常微分方程式の初期値問題の数値解法を述べる。最初の 2 節では数値解法に必要な予備知識を証明抜きで説明する。3 節 (初期値問題の解の存在と一意性) から読み始めてもよい。

1　常微分方程式

未知関数 $x = x(t)$ とその導関数 $x', x'', \ldots, x^{(n)}$、独立変数 t を含む

$$F(t, x, x', \ldots, x^{(n)}) = 0 \tag{8.1}$$

の形の方程式を、常微分方程式という。独立変数が 2 つ以上の微分方程式は偏微分方程式というが本書では扱わない。自然現象や社会現象の記述を想定して独立変数は t で表し、$x', x'', \ldots$ は t による微分あるいは高階微分である。導関数の最高階が n であるので n 階常微分方程式という。常微分方程式 (8.1) を満たす関数を**解**あるいは解関数という。(8.1) が最高階 $x^{(n)}$ について解けて

$$x^{(n)} = f(t, x, x', \ldots, x^{(n-1)}) \tag{8.2}$$

と表せるとき**正規形**という。本書では正規形のみを扱う。

一般に、常微分方程式は階数と同じ個数の任意定数 (積分定数) を持つ。n 階常微分方程式の n 個の任意定数を持つ解を**一般解**といいい、任意定数に特別な値を与えた解を**特殊解**という。一般解に含まれない特別な解は**特異解**という。

n 階常微分方程式に対し、$t = t_0$ のとき、$x = a_0, x' = a_1, \ldots, x^{(n-1)} = a_{n-1}$ を満たす未知関数 x を求める問題を**初期値問題**という。「$t = t_0$ のとき、$x = a_0, x' = a_1, \ldots, x^{(n-1)} = a_{n-1}$」を**初期条件**という。

正規形 1 階常微分方程式の初期値問題は

$$\begin{cases} \dfrac{dx}{dt} = f(t, x) \\ t = t_0 \text{ のとき } x = a \end{cases} \tag{8.3}$$

の形をしている。$f(t, x)$ の定義域は $[t_0, T] \times \mathbb{R}$ などであるが、必要なとき以外は定義域を省略する。常微分方程式の初期値問題 (8.3) は**積分方程式**

$$x(t) = \int_{t_0}^{t} f(s, x(s))ds + a, \quad t_0 \leqq t \leqq T \tag{8.4}$$

と同値である。

例 8.1. 初期値問題

$$x' = -2tx, \quad t = 0 \text{ のとき } x = 1$$

を変数分離形により解く。

$$\frac{1}{x}\frac{dx}{dt} = -2t$$

の両辺を t で積分すると $\log|x| = -t^2 + A$ となる。$|x| = e^{-t^2+A}$ の絶対値を外すと $x = \pm e^A e^{-t^2}$ である。$\pm e^A = c$ とおくと、一般解 $x = ce^{-t^2}$ が得られる。初期条件より $c = 1$ なので、求める解は $x = e^{-t^2}$ となる。 ■

例 8.1 のように、積分、四則演算、代入演算で解を求める方法を**求積法**という。

2　連立常微分方程式

独立変数が 1 つで複数の未知関数からなる微分方程式が連立常微分方程式である。連立 1 階常微分方程式の初期値問題は

$$\begin{cases} \dfrac{dx_1}{dt} = f_1(t, x_1, \ldots, x_n) \\ \cdots \\ \dfrac{dx_n}{dt} = f_n(t, x_1, \ldots, x_n) \\ x_1(t_0) = a_1, \cdots, x_n(t_0) = a_n \end{cases} \tag{8.5}$$

と表せる。(8.5) は、ベクトル値関数 $\boldsymbol{x}(t), \boldsymbol{f}(t, \boldsymbol{x})$ とベクトル $\boldsymbol{a}$ を

$$\boldsymbol{x}(t) = \begin{pmatrix} x_1(t) \\ \vdots \\ x_n(t) \end{pmatrix}, \quad \boldsymbol{f}(t, \boldsymbol{x}) = \begin{pmatrix} f_1(t, \boldsymbol{x}) \\ \vdots \\ f_n(t, \boldsymbol{x}) \end{pmatrix}, \quad \boldsymbol{a} = \begin{pmatrix} a_1 \\ \vdots \\ a_n \end{pmatrix}$$

とすると

$$\begin{cases} \dfrac{d\boldsymbol{x}}{dt} = \boldsymbol{f}(t, \boldsymbol{x}) \\ \boldsymbol{x}(t_0) = \boldsymbol{a} \end{cases} \tag{8.6}$$

と表せる。ベクトル値関数の微分 $\frac{d}{dt}$ は成分ごとに行うものとする。このとき、(8.3) に関する諸性質や解法が (8.6) にたいして自然に拡張される。

連立常微分方程式の初期値問題 (8.5) は連立積分方程式

$$x_i(t) = \int_{t_0}^{t} f_i(s, x_1(s), \ldots, x_n(s))ds + a_i, \quad i = 1, \ldots, n \tag{8.7}$$

と同値である。したがって、(8.6) はベクトル値関数の**積分方程式**

$$\boldsymbol{x}(t) = \int_{t_0}^{t} \boldsymbol{f}(s, \boldsymbol{x}(s))ds + \boldsymbol{a} \tag{8.8}$$

と同値である。ベクトル値関数の定積分は成分ごとに行うものとする。

例 8.2. **ロトカ-ヴォルテラ** (Lotka-Volterra) **の方程式** 一定の地域に捕食者と被食者がいるとする。被食者の個体数を $x_1(t)$、捕食者の個体数を $x_2(t)$ とし

たときの増減関係をモデル化した方程式

$$\frac{dx_1}{dt} = x_1(t)(\alpha - \beta x_2(t))$$
$$\frac{dx_2}{dt} = -x_2(t)(\gamma - \delta x_1(t))$$

をロトカ-ヴォルテラの方程式という。ここで、$\alpha, \beta, \gamma, \delta$ は正のパラメータである。

ベクトル値関数で表すと

$$\boldsymbol{x}(t) = \begin{pmatrix} x_1(t) \\ x_2(t) \end{pmatrix}, \quad \boldsymbol{f}(t, \boldsymbol{x}(t)) = \begin{pmatrix} x_1(t)(\alpha - \beta x_2(t)) \\ -x_2(t)(\gamma - \delta x_1(t)) \end{pmatrix}$$

とおいたとき

$$\frac{d\boldsymbol{x}}{dt} = \boldsymbol{f}(t, \boldsymbol{x}(t))$$

となる。 ■

例 8.3. SIR モデル 2020 年新型コロナウィルス (COVID-19) によるパンデミック発生時に感染症の数理モデルが脚光を浴びた。最も基本的なモデルは、1927 年から 1933 年にかけてケルマックとマッケンドリックにより提唱されたモデルから感染年齢の要素などを除いて単純化した SIR モデルである。

SIR モデルは、閉じた地域の人間を感受性者 (Susceptible, 感染する可能性のある人)、感染者 (Infected, 感染を引き起こす人) および回復者/除去者 (Recovered/Removed, 回復したか隔離されるか死亡した人) の 3 区画に分ける。単純化したモデルであるので、以下のような仮定が設けられていると解釈できる。

1. 外部からの人の流入や外部への流出がない。
2. 出生はない。当該感染症以外の原因による死亡はない。
3. 感染すると一定の感染率で感受性者を感染させる。
4. 感染者は一定の回復率/除去率で回復するか隔離されるか死亡する。
5. 回復者は感受性者を感染させることも再び自ら感染することもない。

感受性者、感染者、回復者/除去者の全体に占める比率をそれぞれ $S(t), I(t), R(t)$ で表し (全人口を 1 とする)、連立微分方程式

$$\frac{dS}{dt} = -\beta S(t)I(t) \tag{8.9}$$

$$\frac{dI}{dt} = \beta S(t)I(t) - \gamma I(t) \tag{8.10}$$

$$\frac{dR}{dt} = \gamma I(t) \tag{8.11}$$

を満たすとする。ここで $\beta > 0$ は感染率、$\gamma > 0$ は回復率/除去率である。$R(t) = 1 - S(t) - I(t)$ より (8.11) は

$$\frac{dR}{dt} = -\frac{dS}{dt} - \frac{dI}{dt} = \gamma I(t)$$

により導かれる。したがって、SIR モデルは (8.9) と (8.10) で記述される 2 つの未知関数 $S(t), I(t)$ の 1 階連立常微分方程式である。

t が 0 に近いときは、$S(t) \fallingdotseq S(0)$ なので (8.10) は

$$\frac{dI(t)}{dt} = (\beta S(0) - \gamma)I(t)$$

となり、変数分離形などにより解くと

$$I(t) = I(0)e^{(\beta S(0) - \gamma)t}$$

となる。感染が拡がるための条件は $\beta S(0) - \gamma > 0$, すなわち $R_0 = \beta S(0)/\gamma > 1$ のときである。R_0 は基本再生産数と呼ばれる。$\beta S(0)$ は、感受性人口が $S(0)$ の集団において一人の初期感染者が単位時間 (ここでは 1 日) に 2 次感染させる人数、基本再生産数 $R_0 = \beta S(0)/\gamma$ は一人の感染者が感染期間 (ここでは γ^{-1} 日) に 2 次感染させる人数である。

SIR モデルをベクトル値関数で表すと

$$\boldsymbol{x}(t) = \begin{pmatrix} S(t) \\ I(t) \end{pmatrix}, \quad \boldsymbol{f}(t, \boldsymbol{x}(t)) = \begin{pmatrix} -\beta S(t)I(t) \\ I(t)(\beta S(t) - \gamma) \end{pmatrix}$$

とおいたとき

$$\frac{d\boldsymbol{x}}{dt} = \boldsymbol{f}(t, \boldsymbol{x}(t))$$

となる。 ■

n 階常微分方程式の初期値問題

$$\begin{cases} \dfrac{d^n x}{dt^n} = f(t, x, \dfrac{dx}{dt}, \ldots, \dfrac{d^{n-1}x}{dt^{n-1}}) \\ x(t_0) = a_1, x'(t_0) = a_2, \ldots, x^{(n-1)}(t_0) = a_n \end{cases} \tag{8.12}$$

は

$$x_1 = x,\ x_2 = \frac{dx}{dt},\ \ldots,\ x_n = \frac{d^{n-1}x}{dt^{n-1}}$$

と n 個の未知関数を導入し、ベクトル値関数を

$$\begin{aligned} \boldsymbol{x}(t) &= (x_1(t),\ \ldots,\ x_n(t))^T \\ \boldsymbol{f}(t, \boldsymbol{x}) &= (x_2(t), \ldots, x_{n-1}(t), f(t, x_1(t), \ldots, x_n(t)))^T \end{aligned}$$

とおくと初期値問題

$$\begin{aligned} \frac{d\boldsymbol{x}}{dt} &= \boldsymbol{f}(t, \boldsymbol{x}(t)) \\ \boldsymbol{x}(t_0) &= (a_1, \ldots, a_n)^T \end{aligned}$$

に帰着する。

例 8.4. 単振動 x 軸上に質量 m の質点があり時刻 t における質点の位置を $x(t)$ とする。$k > 0$ を定数 (バネ定数) とし、質点に $-kx$ の外力が働くとすると、ニュートンの第二法則より

$$m\frac{d^2}{dt^2}x(t) = -kx(t)$$

が成り立つので、角振動数 (固有振動数) を $\omega = \sqrt{k/m}$ とおくと 2 階常微分方程式

$$\frac{d^2x}{dt^2} = -\omega^2 x \tag{8.13}$$

が得られる。(8.13) の一般解は

$$x = c_1 \sin\omega t + c_2 \cos\omega t, \quad c_1, c_2 \text{ は任意定数}$$

あるいは ($A = \sqrt{c_1^2 + c_2^2},\ \sin\phi = c_2/A,\ \cos\phi = c_1/A$ とおくと)

$$x = A\sin(\omega t + \phi), \quad A, \phi \text{ は任意定数}$$

である。A は振幅、ϕ は初期位相である。

$y = \frac{dx}{dt}$ とおくと、$\frac{dy}{dt} = \frac{d^2x}{dt^2} = -\omega^2 x$ となるので、1 階常微分方程式

$$\frac{d}{dt}\begin{pmatrix} x \\ y \end{pmatrix} = \begin{pmatrix} 0 & 1 \\ -\omega^2 & 0 \end{pmatrix}\begin{pmatrix} x \\ y \end{pmatrix}$$

に帰着する。初期条件は $t = 0$ のときの x の位置 $x(0)$ と初速度 $y(0)$, あるいは振幅 A と初期位相 ϕ で与えられる。 ■

例 8.5. 惑星の運動　太陽の中心を原点とし、惑星の軌道面において時刻 t における惑星の位置を $(x(t), y(t))$ とすると、太陽と惑星の距離は $r(t) = \sqrt{x(t)^2 + y(t)^2}$ となる。G を万有引力定数、M を太陽の質量、m を惑星の質量とすると

$$-m\frac{d^2}{dt^2}x(t) = GMm\frac{x(t)}{r^3(t)}, \quad -m\frac{d^2}{dt^2}y(t) = GMm\frac{y(t)}{r^3(t)}$$

が成立する。ここで、

$$\boldsymbol{u}(t) = \begin{pmatrix} u_1(t) \\ u_2(t) \\ u_3(t) \\ u_4(t) \end{pmatrix} = \begin{pmatrix} x(t) \\ y(t) \\ x'(t) \\ y'(t) \end{pmatrix}, \quad \boldsymbol{f}(t, \boldsymbol{u}) = \begin{pmatrix} u_3 \\ u_4 \\ -GMu_1/(u_1^2 + u_2^2)^{3/2} \\ -GMu_2/(u_1^2 + u_2^2)^{3/2} \end{pmatrix}$$

により

$$\frac{d\boldsymbol{u}}{dt} = \boldsymbol{f}(t, \boldsymbol{u})$$

の形に帰着できる。初期条件は $t = 0$ のときの位置 $(x(0), y(0))$ と初速度 $(x'(0), y'(0))$ で与えられる。 ■

3　初期値問題の解の存在と一意性

1 階常微分方程式の初期値問題 (8.6) は $\boldsymbol{f}(t, \boldsymbol{x}(t))$ がある種の連続性をみたせば一意的な解を持つ。

定理 8.1. 1 階常微分方程式の初期値問題

$$\begin{cases} \dfrac{d\boldsymbol{x}}{dt} = \boldsymbol{f}(t, \boldsymbol{x}(t)), & t_0 \leqq t \leqq T \\ \boldsymbol{x}(t_0) = \boldsymbol{a} \end{cases} \tag{8.14}$$

において、写像

$$\boldsymbol{f} : [t_0, T] \times \mathbb{R}^n \to \mathbb{R}^n$$

は連続で、$\boldsymbol{x}$ について**リプシッツ** (Lipschitz) **連続**、すなわち正の定数 λ が存在して

$$||\boldsymbol{f}(t, \boldsymbol{x}) - \boldsymbol{f}(t, \tilde{\boldsymbol{x}})||_\infty \leqq \lambda ||\boldsymbol{x} - \tilde{\boldsymbol{x}}||_\infty, \quad (t_0 \leqq t \leqq T,\ \boldsymbol{x}, \tilde{\boldsymbol{x}} \in \mathbb{R}^n)$$

であるとする。このとき、(8.14) の解は存在してただ 1 つである。

証明 (8.14) と同値な積分方程式

$$\boldsymbol{x}(t) = \int_{t_0}^{t} \boldsymbol{f}(s, \boldsymbol{x}(s)) ds + \boldsymbol{a} \tag{8.15}$$

の解が存在し一意的であることを示す。

$T' = \min\{t_0 + \frac{1}{\lambda}, T\}$ とおき閉区間 $I = [t_0, T']$ で定義された連続微分可能なベクトル値関数全体の作る集合を

$$X = \{\boldsymbol{x} \mid \boldsymbol{x} : I \to \mathbb{R}^n,\ \boldsymbol{x} \in C^1\}$$

とする。$\boldsymbol{x} \in X$ に対し

$$||\boldsymbol{x}||_X = \max_{t \in I} ||\boldsymbol{x}(t)||_\infty$$

とおくと $||\cdot||_X$ は X のノルムになる。ここで右辺の $||\cdot||_\infty$ は $\mathbb{R}^n$ の最大値ノルムである。

写像 $\boldsymbol{g} : X \to X$ を

$$\boldsymbol{g}(\boldsymbol{x})(t) = \int_{t_0}^{t} \boldsymbol{f}(s, \boldsymbol{x}(s)) ds + \boldsymbol{a}$$

により定義する。

$$\begin{aligned}
&||\boldsymbol{g}(\boldsymbol{x})(t)-\boldsymbol{g}(\tilde{\boldsymbol{x}})(t)||_\infty = ||\int_{t_0}^{t}(\boldsymbol{f}(s,\boldsymbol{x}(s))-\boldsymbol{f}(s,\tilde{\boldsymbol{x}}(s))ds||_\infty \\
&\leqq \int_{t_0}^{t}||\boldsymbol{f}(s,\boldsymbol{x}(s))-\boldsymbol{f}(s,\tilde{x}(s))||_\infty ds \leqq \int_{t_0}^{t}\lambda||\boldsymbol{x}(s)-\tilde{\boldsymbol{x}}(s)||_\infty ds \\
&\leqq \lambda||\boldsymbol{x}-\tilde{\boldsymbol{x}}||_X\int_{t_0}^{t}ds = (t-t_0)\lambda||\boldsymbol{x}-\tilde{\boldsymbol{x}}||_X
\end{aligned}$$

よって、

$$||\boldsymbol{g}(\boldsymbol{x})-\boldsymbol{g}(\tilde{\boldsymbol{x}})||_X \leqq (t-t_0)\lambda||\boldsymbol{x}-\tilde{\boldsymbol{x}}||_X$$

が成り立つ。$t<t_0+\frac{1}{\lambda}$ より $0<(t-t_0)\lambda<1$ であるので、$\boldsymbol{g}$ は縮小写像である。縮小写像の原理 (p.56) により、反復

$$\boldsymbol{x}^{(\nu+1)}(t)=\int_{t_0}^{t}\boldsymbol{f}(s,\boldsymbol{x}^{(\nu)}(s))ds+\boldsymbol{a}$$

は (8.15) の唯一の解に収束する。 □

系 8.1. 関数 $f(t,x)$ は $t_0\leqq t\leqq T, -\infty<x<\infty$ において連続で、x に関しリプシッツ連続、すなわち正の定数 λ が存在して

$$|f(t,x)-f(t,\tilde{x})|\leqq\lambda|x-\tilde{x}| \tag{8.16}$$

であるとする。このとき、初期値問題

$$\begin{cases}\dfrac{dx}{dt}=f(t,x), \quad t_0\leqq t\leqq T \\ t=t_0 \text{ のとき } x=a\end{cases}$$

の解は存在し、ただ 1 つである。

証明　定理 8.1 の $n=1$ の場合である。 □

リプシッツ連続でないと一意性は必ずしもみたされない。

例 8.6. 初期値問題

$$\frac{dx}{dt}=\sqrt{x}, \quad t=1 \text{ のとき } x=0$$

を考える。

$$\frac{1}{\sqrt{x}}\frac{dx}{dt} = 1$$

を積分すると

$$2\sqrt{x} = t + c$$

よって、一般解は

$$x = \frac{1}{4}(t + c)^2$$

である。初期条件より $c = -1$ であるので、解は

$$x = \frac{1}{4}(t - 1)^2$$

である。一方、

$$x = 0 \quad (\text{定数関数})$$

も解であるので一意性は成り立たない。

$f(t, x) = \sqrt{x}$ はリプシッツ連続でない。実際、

$$|\sqrt{x} - \sqrt{\tilde{x}}| \leqq \lambda |x - \tilde{x}|, \quad \lambda > 0 \tag{8.17}$$

とする。$x = \frac{1}{4\lambda^2}, \tilde{x} = \frac{1}{9\lambda^2}$ とすると

$$|\sqrt{x} - \sqrt{\tilde{x}}| = \frac{1}{6\lambda}, \quad \lambda |x - \tilde{x}| = \frac{5}{36\lambda}$$

より (8.17) をみたさない。

なお、$x = 0$ は $\frac{dx}{dt} = \sqrt{x}$ の特異解である。 ■

4 常微分方程式の数値解法

例 8.1 では解を求積法で求めることができたが、一般には常微分方程式の解は必ずしも求積法で求められない。たとえば、例 8.2 のロトカ-ヴォルテラの方程式は求積法で解は得られないことが知られている。そのような場合に用いるのが数値解法である。

1 階常微分方程式の初期値問題

$$\begin{cases} \dfrac{dx}{dt} = f(t, x), \quad t_0 \leqq t \leqq T \\ t = t_0 \text{ のとき } x = a \end{cases} \tag{8.18}$$

の数値解法 (**離散変数法**) は、区間 $[t_0, T]$ を n 等分

$$h = \frac{T - t_0}{n}, \quad t_\nu = t_0 + \nu h \quad (\nu = 1, 2, \ldots, n)$$

し $x(t_1), x(t_2), \ldots, x(t_n)$ の近似値 $X_1, X_2, \ldots, X_n$ を順に求める。$h > 0$ を**刻み幅**という。

$X_{\nu+1}$ を直近の N 個 $X_{\nu-N+1}, \ldots, X_\nu$ により決定する方法を $\boldsymbol{N}$ **段階法**という。N 段階法は

$$\begin{aligned} X_{\nu+1} =& \alpha_1 X_{\nu-N+1} + \cdots + \alpha_N X_\nu \\ &+ h\Phi(t_{\nu-N+1}, \ldots, t_{\nu+1}, X_{\nu-N+1}, \ldots, X_{\nu+1}; h) \end{aligned} \tag{8.19}$$

と表される。$\alpha_1, \ldots, \alpha_N$ は $\alpha_1 + \cdots + \alpha_N = 1$ を満たす定数である。

(8.19) の Φ が実質的に $X_{\nu+1}$ を含まないとき**陽解法**あるいは陽的、$X_{\nu+1}$ を含むとき**陰解法**あるいは陰的という。陰解法は (8.19) の左辺と右辺に $X_{\nu+1}$ が現れるので、$X_{\nu+1}$ が四則演算などで容易に求められないときはニュートン法などで求める必要がある。

例 8.7. 初期値問題 (8.18) は積分方程式

$$x(t) = \int_{t_0}^{t} f(s, x(s))ds + a \tag{8.20}$$

と同値である。(8.20) より

$$x(t+h) - x(t) = \int_{t}^{t+h} f(s, x(s))ds \tag{8.21}$$

および

$$x(t+h) - x(t-h) = \int_{t-h}^{t+h} f(s, x(s))ds \tag{8.22}$$

が成り立つ。

1. (8.21) の右辺の定積分を $hf(t,x(t))$ で近似すると

$$x(t+h) \fallingdotseq x(t) + hf(t,x(t))$$

となる。これより**オイラー (Euler) 法**

$$X_{\nu+1} = X_\nu + hf(t_\nu, X_\nu)$$

が得られる。オイラー法は陽的一段階法で、**前進オイラー法**とも呼ばれる。5 節において詳しく扱う。

2. (8.21) の右辺を $hf(t+h, x(t+h))$ で近似すると**後退オイラー法**

$$X_{\nu+1} = X_\nu + hf(t_{\nu+1}, X_{\nu+1})$$

が得られる。後退オイラー法は陰的一段階法である。8 節で扱う。

3. (8.22) の右辺を中点則で近似すると

$$x(t+h) \fallingdotseq x(t-h) + 2hf(t,x(t))$$

となる。これより**中点法**

$$X_{\nu+1} = X_{\nu-1} + 2hf(t_\nu, X_\nu)$$

が得られる。中点法は陽的な二段階法である。8 節で扱う。 ■

陽的な一段階法は

$$X_{\nu+1} = X_\nu + h\Phi(t_\nu, X_\nu; h) \tag{8.23}$$

と表される。一段階法 (8.23) の**精度**が p 次であるとは、

$$x(t+h) = x(t) + h\Phi(t, x(t); h) + O(h^{p+1}) \tag{8.24}$$

となるときにいう。仮に X_ν が $x(t_\nu)$ に等しいとすると

$$X_{\nu+1} = X_\nu + h\Phi(t_\nu, X_\nu; h) = x(t_\nu) + h\Phi(t_\nu, x(t_\nu); h)$$

より

$$X_{\nu+1} - x(t_{\nu+1}) = O(h^{p+1}) \tag{8.25}$$

となる。(8.23) を 1 回適用したときの誤差が $O(h^{p+1})$ であるにもかかわらず p 次という理由は、大雑把にいうと、$X_1, \ldots, X_n$ と順に計算して行ったとき、X_n の誤差 $X_n - x(t_n)$ は (8.25) の誤差が累積して $nh^{p+1} = (T - t_0)h^p = O(h^p)$ となるということである。厳密にはつぎの命題 8.1 が明らかにしている。

命題 8.1. 初期値問題

$$\begin{cases} \dfrac{dx}{dt} = f(t, x), \quad t_0 \leqq t \leqq T \\ t = t_0 \text{ のとき } x = a \end{cases}$$

を $h = (T - t_0)/n, t_\nu = t_0 + \nu h \ (\nu = 0, \ldots, n)$ として解く 1 段法

$$\begin{aligned} &X_0 = a \\ &X_{\nu+1} = X_\nu + h\Phi(t_\nu, X_\nu; h), \quad (\nu = 0, \ldots, n-1) \end{aligned} \tag{8.26}$$

の精度が p 次で、$\Phi(t, x)$ が x につきリプシッツ連続であれば、n, h に無関係な正数 C が存在し、

$$\max_{1 \leqq \nu \leqq n} |X_\nu - x(t_\nu)| \leqq Ch^p$$

とかける。

証明　(8.24) において $t = t_\nu$ とおくと、$t + h$ は $t_{\nu+1}$ となる。$x(t), x(t+h)$ をそれぞれ $x_\nu, x_{\nu+1}$ と表すと、

$$x_{\nu+1} = x_\nu + h\Phi(t_\nu, x_\nu; h) + O(h^{p+1}) \quad (0 \leqq \nu \leqq n-1) \tag{8.27}$$

と書ける。(8.26) から (8.27) を辺々減じると

$$X_{\nu+1} - x_{\nu+1} = X_\nu - x_\nu + h\left(\Phi(t_\nu, X_\nu; h) - \Phi(t_\nu, x_\nu; h)\right) + O(h^{p+1})$$

である。両辺の絶対値をとると

$$|X_{\nu+1} - x_{\nu+1}| \leqq |X_\nu - x_\nu| + h\lambda|X_\nu - x_\nu| + Ah^{p+1}$$

を満たす正定数 λ, A が存在する。$e_\nu = X_\nu - x_\nu$ とおき、$e_0 = 0$ に注意する

と $\nu = 0, \ldots, n-1$ に対し

$$\begin{aligned}
|e_{\nu+1}| &\leqq (1+h\lambda)|e_\nu| + Ah^{p+1} \\
&\leqq (1+h\lambda)\left((1+h\lambda)|e_{\nu-1}| + Ah^{p+1}\right) + Ah^{p+1} \\
&\leqq \quad \cdots \\
&\leqq (1+h\lambda)^{\nu+1}|e_0| + \left((1+h\lambda)^{\nu} + (1+h\lambda)^{\nu-1} + \cdots + 1\right) Ah^{p+1} \\
&= \frac{Ah^p}{\lambda}\left((1+h\lambda)^{\nu+1} - 1\right) \\
&\leqq \frac{Ah^p}{\lambda}\left((1+h\lambda)^{n} - 1\right)
\end{aligned}$$

がいえる。$x > 0$ のとき $1 + x < e^x$ なので

$$|e_{\nu+1}| < \frac{Ah^p}{\lambda}\left(e^{nh\lambda} - 1\right) = \frac{Ah^p}{\lambda}\left(e^{((T-t_0)\lambda} - 1\right)$$

となる。

$$C = \frac{A}{\lambda}\left(e^{((T-t_0)\lambda)} - 1\right)$$

とおくと

$$\max_{1 \leqq \nu \leqq n} |X_\nu - x(t_\nu)| \leqq Ch^p$$

が成立する。□

命題 8.1 より、精度が p 次の一段階法は広義 p 次収束 (p.34) する。$X_\nu - x(t_\nu)$ は**近似解の離散化誤差**といい、

$$\max_{1 \leqq \nu \leqq n} |X_\nu - x(t_\nu)|$$

は**近似解の大域離散化誤差**という。

一段階法 (8.23) の**段数**が s であるとは、X_ν から $X_{\nu+1}$ を計算するのに $f(t, x)$ を s 回計算するときいう。

注意 8.1. 段階法 (step) と段数 (stage) は紛らわしい用語である。N 段階法は離散変数法の分類、s 段数は主としてルンゲ-クッタ法の分類に用いられる。

5　オイラー法

初期値問題 (8.3) を考える。$h > 0$ を決め

$$t_\nu = t_0 + \nu h \quad (\nu = 1, 2, \dots)$$

とおく。$x(t_\nu)$ の近似値 X_ν が求められたとき、$x(t_{\nu+1})$ の近似値 $X_{\nu+1}$ は

$$\frac{X_{\nu+1} - X_\nu}{h} \fallingdotseq \frac{x(t_{\nu+1}) - x(t_\nu)}{h} \fallingdotseq x'(t_\nu) = f(t_\nu, x(t_\nu)) \fallingdotseq f(t_\nu, X_\nu) \quad (8.28)$$

を満たす。(8.28) の左辺と右辺が等しいとおくと

$$X_{\nu+1} = X_\nu + hf(t_\nu, X_\nu)$$

が得られる。

初期値問題 (8.3) において、$\nu = 0, 1, \dots$ に対し

$$\begin{cases} X_0 = a \\ X_{\nu+1} = X_\nu + hf(t_\nu, X_\nu) \\ t_{\nu+1} = t_\nu + h \end{cases} \quad (8.29)$$

により X_ν $(\nu = 1, 2, \dots)$ を求める方法を**オイラー** (Euler) **法**あるいは前進オイラー法という。

歴史ノート 18. レオンハルト・オイラー は 1768 年出版の『積分計算教程』第 7 章「微分方程式の近似積分について」において微分方程式 $\frac{dy}{dx} = V$ を初期条件 $x = a$ のとき $y = b$ として考察した。ここで V は x, y の関数である。$x = a, y = b$ のとき $V = A$ とすると $x = a + \omega$ のとき $y = b + A\omega$ になることを述べ、$b' = b + A(a' - a), b'' = b' + A'(a'' - a')$ などを与えた。$a, a', a'', \dots$ を等間隔にとり現代的に表すと (8.29) となる。このため (8.29) はオイラー法と呼ばれるようになった。

命題 8.2. $f(t, x)$ は $[t_0, T] \times \mathbb{R}$ で C^1 級とする。初期値問題

$$\begin{cases} \dfrac{dx}{dt} = f(t, x), \quad t_0 \leqq t \leqq T \\ t = t_0 \text{ のとき } x = a \end{cases}$$

に対するオイラー法は 1 次の精度を持つ。すなわち、

$$x(t + h) = x(t) + hf(t, x(t)) + O(h^2)$$

表 8.1 $x' = -2tx, x(0) = 1$ にオイラー法を適用

n	h	$X_n(= x(1)$ の近似値$)$	$X_n - e^{-1}$
4	0.25	0.41015625	4.23×10^{-2}
8	0.125	0.385714753065258	1.78×10^{-2}
16	0.0625	0.376133428676156	8.25×10^{-3}
32	0.03125	0.371854941081086	3.98×10^{-3}
64	0.015625	0.369830862107206	1.95×10^{-3}
128	0.0078125	0.368846248719222	9.67×10^{-4}
256	0.00390625	0.368360640839637	4.81×10^{-4}

が成り立つ。

証明 解 $x(t)$ は区間 $[t_0, T]$ で C^2 級であるのでテイラーの定理より

$$x(t+h) = x(t) + hx'(t) + \frac{h^2}{2!}x''(t+\theta h) \tag{8.30}$$

となる $\theta \in (0,1)$ が存在する。(8.30) において、$x'(t) = f(t, x(t))$、$\frac{h^2}{2!}x''(t+\theta h) = O(h^2)$ とおけば得られる。 □

例 8.8. 初期値問題

$$x' = -2tx, \quad t = 0 \text{ のとき } x = 1$$

に対し $x(1) = e^{-1} = 0.367879441$ の値を求める。$h = 2^{-n}$ $(n = 2, 3, 4, 5, 6, 7, 8)$ としてオイラー法により計算した結果を表 8.1 に示す。h を $\frac{1}{2}$ 倍すると誤差 $X_n - e^{-1}$ もおよそ半分になっている。これは精度が 1 次の解法の性質である。 ■

オイラー法は連立微分方程式の初期値問題 (8.6) にも適用できる。

刻み幅 $h > 0$ を決め

$$\begin{cases} \boldsymbol{X}_0 = \boldsymbol{a} \\ \boldsymbol{X}_{\nu+1} = \boldsymbol{X}_\nu + h\boldsymbol{f}(t_\nu, \boldsymbol{X}_\nu), \quad \nu = 0, 1, \ldots \\ t_{\nu+1} = t_\nu + h, \quad \nu = 0, 1, \ldots \end{cases}$$

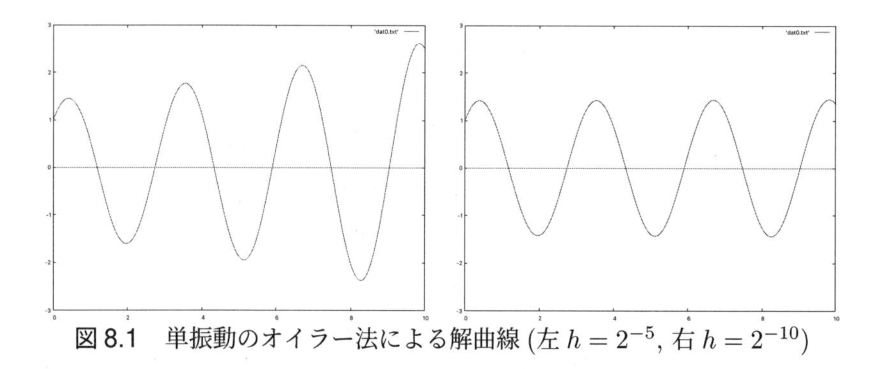

図 8.1　単振動のオイラー法による解曲線 (左 $h = 2^{-5}$, 右 $h = 2^{-10}$)

により、$\boldsymbol{x}(t_1), \boldsymbol{x}(t_2), \ldots$ の近似ベクトル $\boldsymbol{X}_1, \boldsymbol{X}_2, \ldots$ を順に求める。

3 次元 (未知関数が 3 つ) の場合、ベクトルを

$$\boldsymbol{X}_\nu = \begin{pmatrix} X_\nu \\ Y_\nu \\ Z_\nu \end{pmatrix}, \quad \boldsymbol{f}(t_\nu, \boldsymbol{X}_\nu) = \begin{pmatrix} f_1(t_\nu, X_\nu, Y_\nu, Z_\nu) \\ f_2(t_\nu, X_\nu, Y_\nu, Z_\nu) \\ f_3(t_\nu, X_\nu, Y_\nu, Z_\nu) \end{pmatrix}$$

と成分表示すると、オイラー法は

$$X_0 = a_1, Y_0 = a_2, Z_0 = a_3,$$

を初期値とし、$\nu = 0, 1, 2, \ldots$ に対し

$$\begin{cases} X_{\nu+1} = X_\nu + hf_1(t_\nu, X_\nu, Y_\nu, Z_\nu) \\ Y_{\nu+1} = Y_\nu + hf_2(t_\nu, X_\nu, Y_\nu, Z_\nu) \\ Z_{\nu+1} = Z_\nu + hf_3(t_\nu, X_\nu, Y_\nu, Z_\nu) \\ t_{\nu+1} = t_\nu + h \end{cases}$$

となる。(2 次元のときは Z_ν の項と $Z_{\nu+1}$ の式を取り除く。)

例 8.9. 単振動の例 8.4 を $\omega = 2$ とし、初期値 $x(0) = 1, x'(0) = 2$ とすると理論的な解は $x(t) = \sqrt{2}\sin(2t + \pi/4)$ である。連立 1 階常微分方程式

$$\frac{d}{dt}\begin{pmatrix} x \\ y \end{pmatrix} = \begin{pmatrix} 0 & 1 \\ -\omega^2 & 0 \end{pmatrix}\begin{pmatrix} x \\ y \end{pmatrix}$$

に $h = 2^{-n}$ としてオイラー法で計算する。オイラー法は

$$\begin{pmatrix} X_{\nu+1} \\ Y_{\nu+1} \end{pmatrix} = \begin{pmatrix} X_\nu \\ Y_\nu \end{pmatrix} + h\begin{pmatrix} 0 & 1 \\ -\omega^2 & 0 \end{pmatrix}\begin{pmatrix} X_\nu \\ Y_\nu \end{pmatrix} = \begin{pmatrix} X_\nu + hY_\nu \\ -\omega^2 hX_\nu + Y_\nu \end{pmatrix}$$

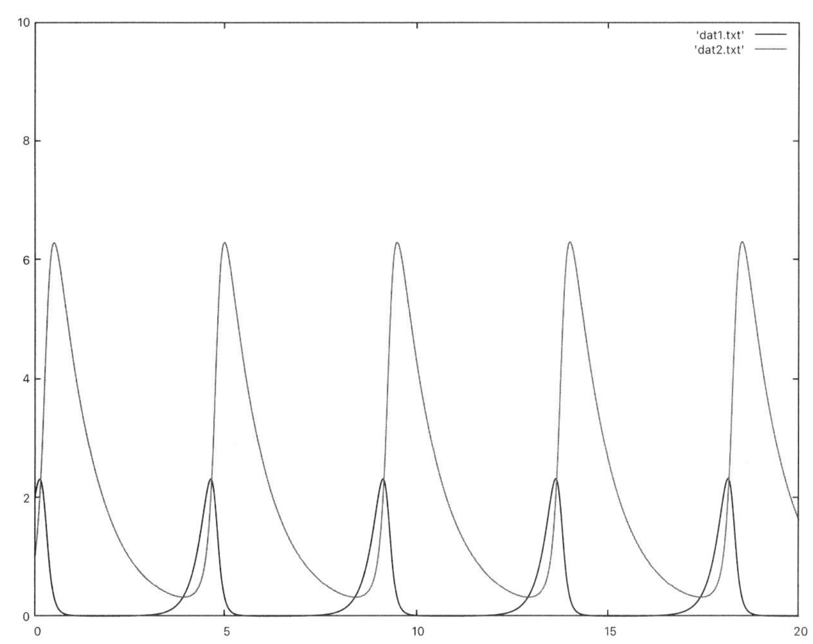

図 8.2 ロトカ-ヴォルテラ方程式 $\alpha = 4, \beta = 2, \gamma = 1, \delta = 3, x(0) = 2, y(0) = 1$ に対するオイラー法の解曲線 $(h = 0.0001)$

である。(t_ν, X_ν) を Gnuplot(ニュープロット) により $0 \leqq t \leqq 10$ の範囲でプロットし、図 8.1 に示す。左は $h = 2^{-5}$ で周期ごとに振幅が大きくなる。右は $h = 2^{-10}$ で解曲線とほぼ一致する。■

オイラー法は、刻み幅を初期値問題ごとに定まる一定の大きさより小さくしないと、厳密な解曲線の近似にならない。この問題については 9 節で述べる。

例 8.10. ロトカ-ヴォルテラ方程式にオイラー法を適用すると

$$\begin{cases} X_{\nu+1} = X_\nu + h(\alpha X_\nu - \beta X_\nu Y_\nu) \\ Y_{\nu+1} = Y_\nu + h(-\gamma Y_\nu + \delta X_\nu Y_\nu) \end{cases}$$

となる。

$\alpha = 4, \beta = 2, \gamma = 1, \delta = 3$ の場合を考え、初期値は $x(0) = 2, y(0) = 1$

とし、刻み幅を $h = 0.0001$ として区間 $[0, 20]$ を $N = 200000$ 分割して計算し、被食者 $x(t)$ と捕食者 $y(t)$ のグラフを図 8.2 に表示する。$t = 0$ のとき $x = 2$ となるのが被食者、$t = 0$ のとき $y = 1$ となるのが捕食者である。理論上 $x(t), y(t)$ は周期関数である。しかしながら、刻み幅を $h = 0.01$ とすると周期ごとに極大値が 2% 程度大きくなる。■

6　ルンゲ-クッタ法

オイラー法は、$X_{\nu+1}$ を求めるのに $f(t_\nu, X_\nu)$ の値のみを用いる 1 段数の一段階法である。これに対し、$s (s \geqq 2)$ 段数ルンゲ-クッタ法は一段階法であるが、t_ν と $t_{\nu+1}$ の中間の点の値も用いる。

一般の s 段数ルンゲ-クッタ法はつぎのように定式化される。初期値問題 (8.3) において、刻み幅 $h > 0$ を決め

$$X_0 = a$$

とおき、$\nu = 0, 1, 2, \ldots$ に対し、

$$\begin{cases} k_1 = f(t_\nu + c_1 h, X_\nu + h\sum_{j=1}^{s} a_{1j}k_j) \\ k_2 = f(t_\nu + c_2 h, X_\nu + h\sum_{j=1}^{s} a_{2j}k_j) \\ k_3 = f(t_\nu + c_3 h, X_\nu + h\sum_{j=1}^{s} a_{3j}k_j) \\ \cdots \\ k_s = f(t_\nu + c_s h, X_\nu + h\sum_{j=1}^{s} a_{sj}k_j) \\ X_{\nu+1} = X_\nu + h\,(b_1 k_1 + \cdots + b_s k_s) \\ t_{\nu+1} = t_\nu + h \end{cases} \tag{8.31}$$

を計算する。ここで、

$$b_1 + \cdots + b_s = 1$$

$$c_i = \sum_{j=1}^{s} a_{ij}, (i = 1, \ldots, s)$$

とする。行列 A とベクトル $\boldsymbol{b}, \boldsymbol{c}$ を

$$A = (a_{ij}), \quad \boldsymbol{b} = (b_1, \ldots, b_s)^T, \quad \boldsymbol{c} = (c_1, \ldots, c_s)^T$$

とおき

$$
\begin{array}{c|c}
\boldsymbol{c} & A \\
\hline
 & \boldsymbol{b}^T
\end{array}
$$

と並べたものを**ブッチャー (Butcher) 配列**という。

ルンゲ-クッタ法の A が狭義下三角行列 (すなわち、$i \leqq j$ のとき $a_{ij} = 0$) のとき**陽的ルンゲ-クッタ法** という。陽的でないとき、**陰的ルンゲ-クッタ法** という。このときは $X_{\nu+1}$ を求めるのに先立ち $k_1, \ldots, k_s$ を連立方程式として求める。

以下では陽的ルンゲ-クッタ法のみを扱う。ブッチャー配列の対角線および上三角部分はすべて 0 になるので省略する。初期値問題 (8.3) において、刻み幅 $h > 0$ を決め

$$X_0 = a$$

とおく。$\nu = 0, 1, 2, \ldots$ に対し、

$$
\begin{cases}
k_1 = f(t_\nu, X_\nu) \\
k_2 = f(t_\nu + a_{21}h, X_\nu + a_{21}k_1 h) \\
k_3 = f(t_\nu + (a_{31} + a_{32})h, X_\nu + (a_{31}k_1 + a_{32}k_2)h) \\
\cdots \\
k_s = f(t_\nu + (a_{s1} + \cdots + a_{ss-1})h, X_\nu + (a_{s1}k_1 + \cdots + a_{ss-1}k_{s-1})h) \\
X_{\nu+1} = X_\nu + h\left(b_1 k_1 + \cdots + b_s k_s\right), \quad (b_1 + \cdots + b_s = 1) \\
t_{\nu+1} = t_\nu + h
\end{cases}
\tag{8.32}
$$

により $X_{\nu+1}$ を求める方法を **s 段数ルンゲ-クッタ法**という。

例 8.11. 1 段数ルンゲ-クッタ法は $s = 1, b_1 = 1, k_1 = f(t_\nu, X_\nu)$ となるので、オイラー法に一致する。 ■

2 段数 2 次のルンゲ-クッタ法は

$$
\begin{cases}
k_1 = f(t_\nu, X_\nu) \\
k_2 = f(t_\nu + a_{21}h, X_\nu + h a_{21} k_1) \\
X_{\nu+1} = X_\nu + h\bigl(b_1 k_1 + b_2 k_2\bigr)
\end{cases}
$$

の形をしている。定数 a_{21}, b_1, b_2 を定めればよい。

2 次の精度を持つための条件は

$$\begin{aligned}&x(t+h)\\=&x(t)+h\big(b_1f(t,x(t))+b_2f(t+a_{21}h,x(t)+ha_{21}f(t,x(t)))\big)+O(h^3)\end{aligned} \tag{8.33}$$

である。2 変数のテイラーの定理より

$$\begin{aligned}&f(t+a_{21}h,x(t)+ha_{21}f(t,x(t)))\\=&f(t,x(t))+a_{21}hf_t(t,x(t))+a_{21}hf_x(t,x(t))f(t,x(t_\nu))+O(h^2)\end{aligned}$$

となるので、(8.33) は

$$\begin{aligned}x(t+h)=&x(t)+h(b_1+b_2)f(t,x(t))\\&+h^2a_{21}b_2\big(f_t(t,x(t))+f_x(t,x(t))f(t,x(t))\big)+O(h^3)\end{aligned} \tag{8.34}$$

と書ける。

一方、1 変数のテイラーの定理と連鎖律

$$\frac{d^2x}{dt^2}=\frac{d}{dt}f(t,x)=f_t(t,x)+f_x(t,x)f(t,x)$$

より

$$\begin{aligned}x(t+h)=&x(t)+hx'(t)+\frac{h^2}{2!}x''(t)+\frac{h^3}{3!}x'''(\tau)\\=&x(t)+hf(t,x(t))+\frac{h^2}{2!}\big(f_t(t,x(t))+f_x(t,x(t))f(t,x(t))\big)+O(h^3)\end{aligned} \tag{8.35}$$

(8.34)(8.35) の係数を比較すると

$$\begin{cases}b_1+b_2=1\\a_{21}b_2=\frac{1}{2}\end{cases}$$

となる。μ をパラメータにとって

$$b_1=1-\mu,b_2=\mu,a_{21}=\frac{1}{2\mu}$$

表 8.2 2 段数ルンゲ-クッタ法のブッチャー配列

ホイン法

0		
1	1	
	$\frac{1}{2}$	$\frac{1}{2}$

修正オイラー法

0		
$\frac{1}{2}$	$\frac{1}{2}$	
	0	1

となる。とくに $\mu = \frac{1}{2}$ ととったときは**ホイン** (Heun) **法** (または改良オイラー法) といい、$\mu = 1$ ととったとき修正オイラー法という。それぞれのブッチャー配列を表 8.2 に示す。

ホイン法は、初期値問題 (8.3) において、

$$X_0 = a$$

とおき、$\nu = 0, 1, \ldots,$ に対し

$$\begin{cases} k_1 = f(t_\nu, X_\nu) \\ k_2 = f(t_\nu + h, X_\nu + hf(t_\nu, X_\nu)) \\ X_{\nu+1} = X_\nu + \dfrac{1}{2}h\bigl(k_1 + k_2\bigr) \\ t_{\nu+1} = t_\nu + h \end{cases}$$

により $X_{\nu+1}$ を求める。ホイン法は、オイラー法 $\bar{X}_{\nu+1} = X_\nu + hf(t_\nu, X_\nu) = X_\nu + hk_1$ とそれによる修正値 $X_{\nu+1} = X_\nu + hf(t_{\nu+1}, \bar{X}_{\nu+1}) = X_\nu + hk_2$ の平均値である。

7　古典的ルンゲ-クッタ法

4 段数 4 次ルンゲ-クッタ法には多くの公式がある。最も有名な**古典的ルンゲ-クッタ** (Runge-Kutta) **法**は

$$\begin{cases} k_1 = f(t_\nu, X_\nu) \\ k_2 = f(t_\nu + \frac{1}{2}h, X_\nu + \frac{1}{2}hk_1) \\ k_3 = f(t_\nu + \frac{1}{2}h, X_\nu + \frac{1}{2}hk_2) \\ k_4 = f(t_\nu + h, X_\nu + hk_3) \\ X_{\nu+1} = X_\nu + \frac{1}{6}h\bigl(k_1 + 2k_2 + 2k_3 + k_4\bigr) \\ t_{\nu+1} = t_\nu + h \end{cases} \tag{8.36}$$

である。

古典的ルンゲ・クッタ法のブッチャー配列は

$$\begin{array}{c|cccc} 0 & & & & \\ \frac{1}{2} & \frac{1}{2} & & & \\ \frac{1}{2} & 0 & \frac{1}{2} & & \\ 1 & 0 & 0 & 1 & \\ \hline & \frac{1}{6} & \frac{1}{3} & \frac{1}{3} & \frac{1}{6} \end{array}$$

となる。

歴史ノート 19. 1895 年カール・ルンゲ は「微分方程式の数値解法について」において

$$\begin{aligned} k_1 &= f(t_\nu, X_\nu) \\ k_2 &= f(t_\nu + \tfrac{1}{2}h, X_\nu + \tfrac{1}{2}hk_1) \\ k_3 &= f(t_\nu + h, X_\nu + hk_1) \\ k_4 &= f(t_\nu + h, X_\nu + hk_3) \\ N_1 &= X_\nu + k_2 h \\ N_2 &= X_\nu + \tfrac{1}{2}(k_1 + k_4)h \end{aligned}$$

とおき、

$$X_{\nu+1} = N_1 + \tfrac{1}{3}(N_2 - N_1) = X_\nu + \tfrac{1}{6}h\bigl(k_1 + 4k_2 + k_4\bigr)$$

を提案した。ルンゲが提案した方法のブッチャー配列は

$$
\begin{array}{c|cccc}
0 & & & & \\
\frac{1}{2} & \frac{1}{2} & & & \\
1 & 1 & 0 & & \\
1 & 0 & 0 & 1 & \\
\hline
 & \frac{1}{6} & \frac{2}{3} & 0 & \frac{1}{6}
\end{array}
$$

である。ルンゲの方法は4段数であるが精度は3次である [15, p.282]。ルンゲはシンプソン則の類推と述べている。実際、$N_1 + \frac{1}{3}(N_2 - N_1)$ は台形則からシンプソン則を導く際のリチャードソン補外の1回の適用と同一である。

(8.36) と同等の式は1901年ヴィルヘルム・クッタ がルンゲの論文を踏まえて「全微分方程式の近似積分への貢献」において提案した。

古典的ルンゲ-クッタ法は連立1階常微分方程式の初期値問題にも適用できる。

$$
\begin{cases}
\dfrac{d\boldsymbol{x}}{dt} = \boldsymbol{f}(t, \boldsymbol{x}) \\
\boldsymbol{x}(t_0) = \boldsymbol{a}
\end{cases}
$$

に対する古典的ルンゲ-クッタ法は刻み幅 $h > 0$ を決め、初期値を

$$
\boldsymbol{X}_0 = \boldsymbol{a}
$$

とし、$\nu = 0, 1, 2, \ldots$ に対し、

$$
\begin{cases}
\boldsymbol{k}_1 = \boldsymbol{f}(t_\nu, \boldsymbol{X}_\nu) \\
\boldsymbol{k}_2 = \boldsymbol{f}(t_\nu + \frac{1}{2}h, \boldsymbol{X}_\nu + \frac{1}{2}h\boldsymbol{k}_1) \\
\boldsymbol{k}_3 = \boldsymbol{f}(t_\nu + \frac{1}{2}h, \boldsymbol{X}_\nu + \frac{1}{2}h\boldsymbol{k}_2) \\
\boldsymbol{k}_4 = \boldsymbol{f}(t_\nu + h, \boldsymbol{X}_\nu + h\boldsymbol{k}_3) \\
\boldsymbol{X}_{\nu+1} = \boldsymbol{X}_\nu + \frac{1}{6}h(\boldsymbol{k}_1 + 2\boldsymbol{k}_2 + 2\boldsymbol{k}_3 + \boldsymbol{k}_4) \\
t_{\nu+1} = t_\nu + h
\end{cases}
$$

とする。

未知関数が x, y の2つ場合、成分ごとに書き表すと、常微分方程式は

$$
\begin{cases}
\frac{dx}{dt} = f(t, x, y) \\
\frac{dy}{dt} = g(t, x, y) \\
t = t_0 \text{ のとき } x = a, y = b
\end{cases}
$$

である。刻み幅 $h > 0$ を決め、初期値を

$$
X_0 = a, Y_0 = b
$$

とおき、$\nu = 0, 1, 2, \ldots$ に対し、

$$\begin{cases} k_{1x} = f(t_\nu, X_\nu, Y_\nu) \\ k_{1y} = g(t_\nu, X_\nu, Y_\nu) \\ k_{2x} = f(t_\nu + \frac{1}{2}h, X_\nu + \frac{1}{2}hk_{1x}, Y_\nu + \frac{1}{2}hk_{1y}) \\ k_{2y} = g(t_\nu + \frac{1}{2}h, X_\nu + \frac{1}{2}hk_{1x}, Y_\nu + \frac{1}{2}hk_{1y}) \\ k_{3x} = f(t_\nu + \frac{1}{2}h, X_\nu + \frac{1}{2}hk_{2x}, Y_\nu + \frac{1}{2}hk_{2y}) \\ k_{3y} = g(t_\nu + \frac{1}{2}h, X_\nu + \frac{1}{2}hk_{2x}, Y_\nu + \frac{1}{2}hk_{2y}) \\ k_{4x} = f(t_\nu + h, X_\nu + hk_{3x}, Y_\nu + hk_{3y}) \\ k_{4x} = g(t_\nu + h, X_\nu + hk_{3y}, Y_\nu + hk_{3y}) \\ X_{\nu+1} = X_\nu + \frac{1}{6}h(k_{1x} + 2k_{2x} + 2k_{3x} + k_{4x}) \\ Y_{\nu+1} = Y_\nu + \frac{1}{6}h(k_{1y} + 2k_{2y} + 2k_{3y} + k_{4y}) \\ t_{\nu+1} = t_\nu + h \end{cases}$$

とする。

例 8.12. 例 8.5 で取り上げた惑星の運動をオイラー法、ホイン法、古典的ルンゲ-クッタ法で解く。物理的には $GM = 1.3 \times 10^{23} m^3 s^{-2}$ であるが、$GM = 1$ になるようにスケールを調整する。すると、

$$\boldsymbol{u}(t) = \begin{pmatrix} u_1(t) \\ u_2(t) \\ u_3(t) \\ u_4(t) \end{pmatrix} = \begin{pmatrix} x(t) \\ y(t) \\ x'(t) \\ y'(t) \end{pmatrix}, \quad \boldsymbol{f}(t, \boldsymbol{u}) = \begin{pmatrix} y_3(t) \\ y_4(t) \\ -y_1(t)/(y_1^2 + y_2^2)^{3/2} \\ -y_2(t)/(y_1^2 + y_2^2)^{3/2} \end{pmatrix}$$

となる。解は初期条件により大きく異なる。初期条件を

$$u_1(0) = 3, \quad u_2(0) = 0, \quad u_3(0) = 0.3, \quad u_4(0) = 0.2$$

とし、オイラー法、ホイン法、古典的ルンゲ-クッタ法で解いた解の軌道を図 8.3 に示す。解曲線は周期 $T \fallingdotseq 16$ の楕円であるので分点数を N、刻み幅を h とするとき、$h = 16/N$ となるようにとる。オイラー法は $N = 16000$ と $N = 1600000$ の 2 通りを計算する。ホイン法は $N = 6400$、古典的ルンゲ-クッタ法は $N = 800$ で計算する。

オイラー法は $h = 0.001, N = 16000$ では閉曲線にならないが、$h = 0.00001, N = 1600000$ とすると閉曲線となる。閉曲線を描くために必要な $\boldsymbol{f}(t, \boldsymbol{x})$ の計算回数は、オイラー法ではホイン法の 250 倍、ホイン法は古典的

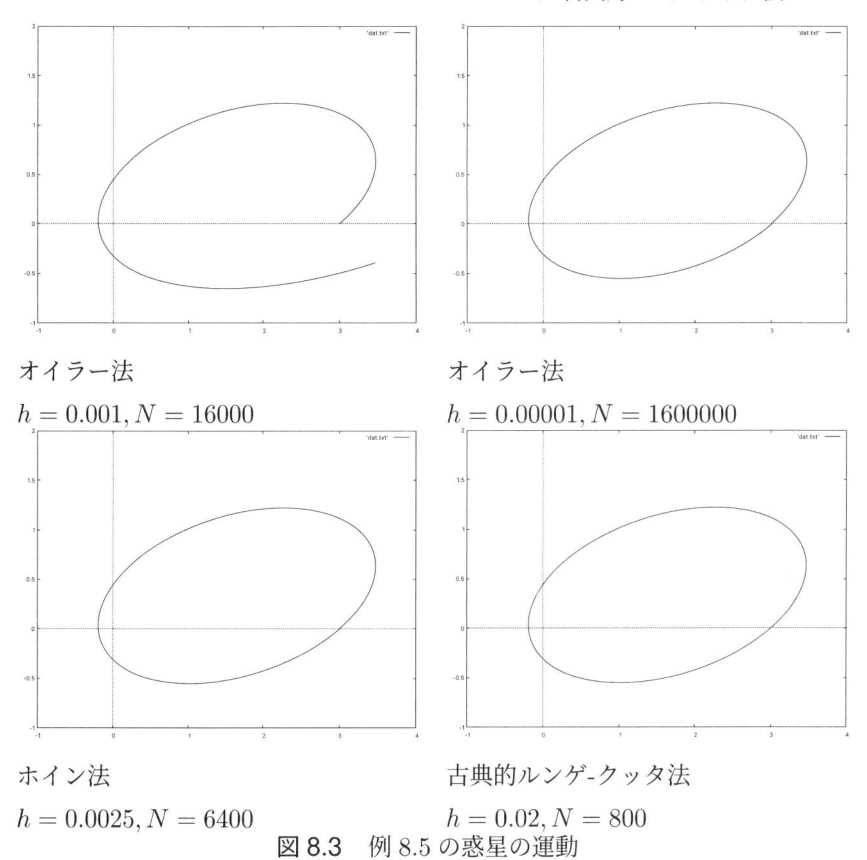

オイラー法
$h = 0.001, N = 16000$

オイラー法
$h = 0.00001, N = 1600000$

ホイン法
$h = 0.0025, N = 6400$

古典的ルンゲ-クッタ法
$h = 0.02, N = 800$

図 8.3 例 8.5 の惑星の運動

ルンゲ-クッタ法の 8 倍である。オイラー法は実用には向いてないことが分かる。 ■

例 8.13. 例 8.3 において、$\beta = 0.25, \gamma = 0.1, S(0) = 0.000001$ として $S(t), I(t)$ を古典的ルンゲ-クッタ法で計算しグラフを図 8.4 に示す。釣鐘(つりがね)状のグラフが感染者数 $S(t)$ で単調減少のグラフが非感染者数 $I(t)$ を表す。

例 8.3 の仮定 1 〜 5 がみたされる人口 100 万人の地域に感染症の患者が 1 人出たとする。感染率 $\beta = 0.25$, 除去率 $\gamma = 0.1$ とすると、感染者数 $S(t)$ の

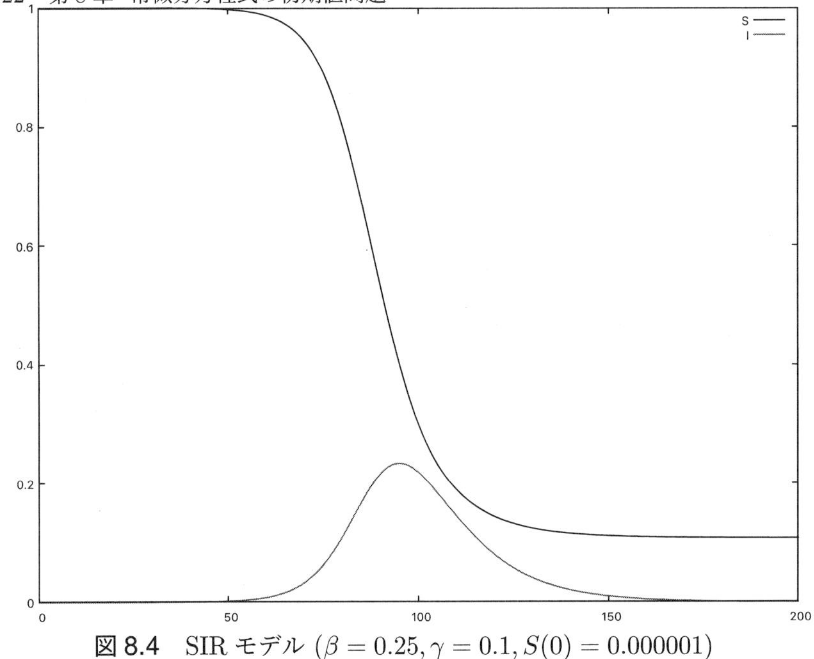

図 8.4　SIR モデル $(\beta = 0.25, \gamma = 0.1, S(0) = 0.000001)$

ピークは発生から 94 日目で、200 日目にほぼ収束する。200 日目に非感染者数 $I(t)$ は 11 万 6 千人なので、88 万 4 千人が感染したことになる。■

8　後退オイラー法と中点法

これまで取り上げてきたオイラー法を含む陽的なルンゲ-クッタ法は、新しい点の値 $X_{\nu+1}$ を直近の値 X_ν と $t_\nu \leqq t \leqq t_{\nu+1}$ のいくつかの値で計算する一段階法であった。本節ではこれらと異なる例 8.7 で導いた 2 つの解法を取り上げる。

初期値問題 (8.3) の微分を前進差分商で近似する方法

$$x'(t) \fallingdotseq \frac{x(t+h) - x(t)}{h}$$

がオイラー法である。これに対し**後退オイラー法**は微分を後退差分商で近似す

る方法

$$x'(t+h) \fallingdotseq \frac{x(t+h)-x(t)}{h}$$

である。

$$X_0 = a$$

とおき、$\nu = 0, 1, 2, \ldots$ に対し

$$\begin{cases} X_{\nu+1} = X_\nu + hf(t_{\nu+1}, X_{\nu+1}) \\ t_{\nu+1} = t_\nu + h \end{cases} \tag{8.37}$$

により X_ν $(\nu = 1, 2, \ldots)$ を求める。(8.37) の左辺と右辺に $X_{\nu+1}$ があるので、$X_{\nu+1}$ が四則演算などで容易に求められないときは $X_{\nu+1}$ をニュートン法などで求める手間がかかる。しかしながらオイラー法の難点である不安定性がない。

命題 8.3. $f(t,x)$ は $[t_0, T] \times \mathbb{R}$ で C^1 級とする。初期値問題

$$\begin{cases} \dfrac{dx}{dt} = f(t,x), \quad t_0 \leqq t \leqq T \\ t = t_0 \text{ のとき } x = a \end{cases}$$

に対する後退オイラー法は 1 次の精度を持つ。すなわち、

$$x(t+h) = x(t) + hf(t+h, x(t+h)) + O(h^2)$$

が成り立つ。

証明 平均値の定理より

$$x(t+h) = x(t) + hx'(t+\theta h)$$

となる $\theta \in (0,1)$ が存在する。

$$x'(t+\theta h) = x'(t) + O(h) = f(t,x) + O(h)$$

より

$$x(t+h) - x(t) = hf(t,x) + O(h^2) \tag{8.38}$$

がいえる。2 変数のテイラーの定理より

$$\begin{aligned} f(t+h, x(t+h)) &= f(t+h, x+hf(t,x)+O(h^2)) \\ =&f(t,x)+hf_t(t,x)+hf(t,x)f_x(t,x)+O(h^2) \end{aligned} \tag{8.39}$$

となる。(8.38)−h×(8.39) により

$$x(t+h)-x(t)-hf(t+h, x(t+h)) = O(h^2)$$

が導ける。 □

中点法は初期値問題 (8.6) における $x(t)$ の微分を中心差分商で近似する方法

$$x'(t) \fallingdotseq \frac{x(t+h)-x(t-h)}{2h}$$

である。

刻み幅 $h>0$ を決め、初期値を

$$X_0 = a$$

とおき、$x(t_0+h)$ の近似値 X_1 は適当な方法で与え、$\nu = 1, 2, \ldots$ に対し

$$\begin{cases} X_{\nu+1} = X_{\nu-1} + 2f(t_\nu, X_\nu) \\ t_{\nu+1} = t_\nu + h \end{cases}$$

により、$x(t_2), x(t_3), \ldots$ の近似値 $X_2, X_3, \ldots$ を順に求める。

中点法は $X_{\nu+1}$ を求めるのに X_ν と $X_{\nu-1}$ を用いる 2 段階法であるので、2 つの初期値 X_0, X_1 が必要である。初期値が 1 つしか与えられていないときは、適当な方法 (オイラー法、ホイン法など) で X_1 を計算する。

命題 8.4. $f(t,x)$ は $[t_0, T]\times\mathbb{R}$ で C^2 級とする。初期値問題

$$\begin{cases} \dfrac{dx}{dt} = f(t,x), \quad t_0 \leqq t \leqq T \\ t = t_0 \text{ のとき } x = a \end{cases}$$

に対する中点法は 2 次の精度を持つ。すなわち、

$$x(t+h) = x(t-h) + 2hf(t, x(t)) + O(h^3)$$

証明 解 $x(t)$ は区間 $[t_0, T]$ で C^3 級である。

$$x(t+h) = x(t) + hx'(t) + \frac{1}{2!}h^2x''(t) + \frac{1}{3!}h^3x'''(t+\theta_+ h)$$
$$x(t-h) = x(t) - hx'(t) + \frac{1}{2!}h^2x''(t) - \frac{1}{3!}h^3x'''(t-\theta_- h)$$

となる $\theta_+, \theta_- \in (0,1)$ が存在する。辺々減じて

$$x(t+h) - x(t-h) = 2hx'(t) + \frac{1}{3!}h^3(x'''(t+\theta_+ h) + x'''(t+\theta_- h))$$

より

$$x(t+h) = x(t-h) + 2hf(t,x) + O(h^3)$$

となる。 □

9 数値解法の不安定現象

数値解法が $\nu \to \infty$ のとき解に収束せず、発散したり振動したりする現象を**不安定現象**という。同一の初期値問題であっても解法と刻み幅によっては解が振動したり発散することがある。

オイラー法は刻み幅を $h \to 0$ とすると解に収束するが、h が小さくないときに想定外の挙動をする。単振動 (例 8.9) やロトカ-ヴォルテラ方程式 (例 8.10) の解曲線が周期関数にならなかったり、楕円になるべき惑星の軌道が楕円にならなかったり (例 8.12) する。つぎの例 8.14 ではオイラー法は $h > 0.1$ のときに振動しながら発散する。この現象が生じる理由を述べる。

例 8.14. 初期値問題

$$\begin{cases} \dfrac{dx}{dt} = 20(t-x) \\ x(0) = 1 \end{cases}$$

の真の解は、(線形 1 階常微分方程式の解の公式などにより求めると)

$$x(t) = t + \tfrac{21}{20}e^{-20t} - \tfrac{1}{20}$$

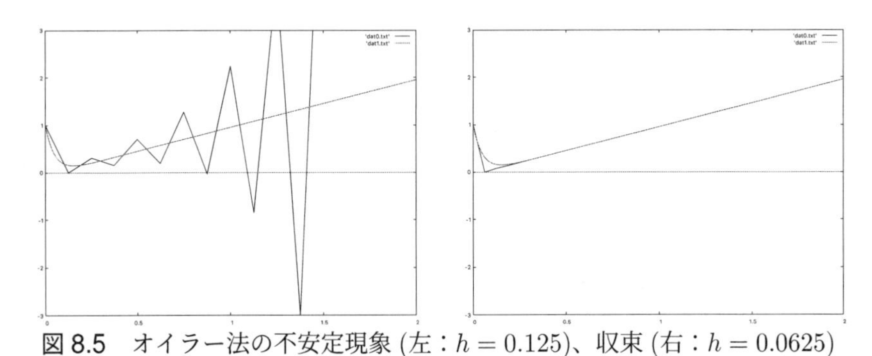

図 8.5　オイラー法の不安定現象 (左：$h = 0.125$)、収束 (右：$h = 0.0625$)

である。オイラー法

$$\begin{aligned} X_0 &= 1 \\ X_{\nu+1} &= X_\nu + 20h(\nu h - X_\nu) \end{aligned}$$

において $Y_\nu = \nu h - X_\nu - \frac{1}{20}$ とおくと

$$\begin{aligned} Y_0 &= -\tfrac{21}{20} \\ Y_{\nu+1} &= (1 - 20h)Y_\nu \end{aligned}$$

となるので、$Y_\nu = (1-20h)^\nu Y_0$ と表せる。$|1-20h| < 1$ のとき (つまり $0 < h < 0.1$ のとき)Y_ν は 0 に収束するので、X_ν は $\nu h - \frac{1}{20}$ に近づく。

$$\lim_{\nu\to\infty} \frac{X_\nu}{\nu h + \frac{21}{20}e^{-20\nu h} - \frac{1}{20}} = \lim_{\nu\to\infty} \frac{X_\nu}{\nu h - \frac{1}{20}} = 1$$

より X_ν は解に近づいている。$|1-20h| > 1$ のとき (つまり $h > 0.1$ のとき)Y_ν は振動するので, X_ν も振動する。

不安定現象が現れている $h = 0.125$ を図 8.5(左) に、収束している $h = 0.0625$ を図 8.5(右) に示す。 ■

後退オイラー法では、不安定現象は避けられる。

例 8.15. 初期値問題

$$\begin{cases} \dfrac{dx}{dt} = 20(t - x) \\ x(0) = 1 \end{cases}$$

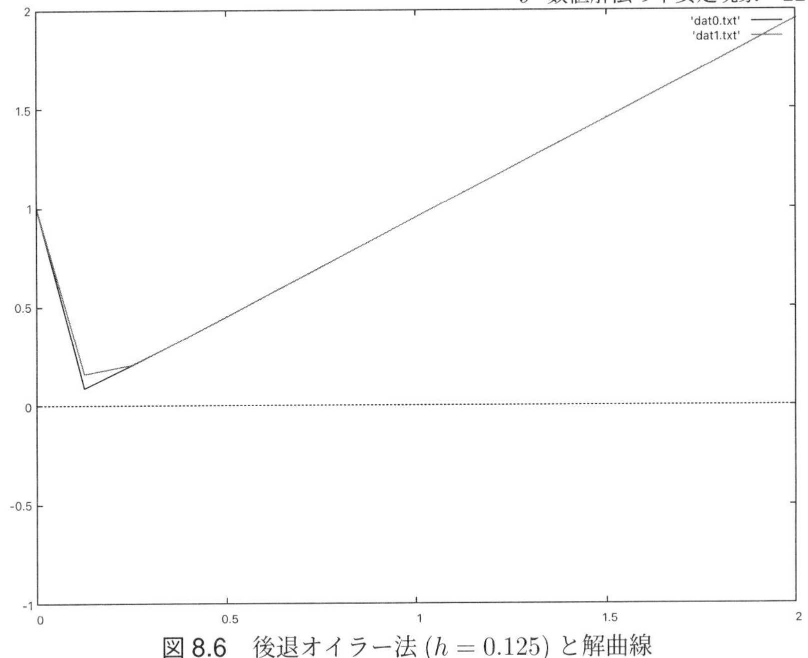

図 8.6 後退オイラー法 $(h = 0.125)$ と解曲線

に対する後退オイラー法は

$$\begin{aligned} X_0 &= 1 \\ X_{\nu+1} &= X_\nu + 20h((\nu+1)h - X_{\nu+1}) \end{aligned}$$

である。$Y_\nu = \nu h - X_\nu - \frac{1}{20}$ とおくと

$$\begin{aligned} Y_0 &= -\frac{21}{20} \\ Y_{\nu+1} &= \frac{1}{1+20h} Y_\nu \end{aligned}$$

となる。$Y_\nu = (1/(1+20h))^\nu Y_0$ かつ $h > 0$ より、$\nu \to \infty$ のとき、$Y_\nu \to 0$ すなわち、$X_\nu \to \nu h - \frac{1}{20}$ である。真の解の極限は $t - \frac{1}{20}$ なので、解に収束している。

$h = 0.125$ としたときの後退オイラー法と解曲線を図 8.6 に示す。 ■

中点法は計算を続けると解が振動することがある。

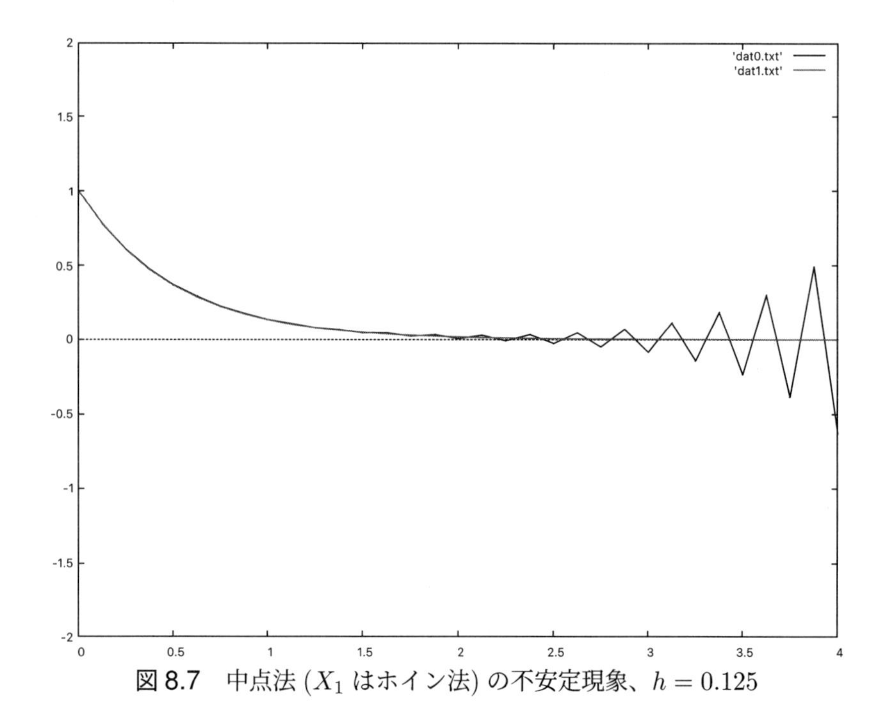

図 8.7　中点法 (X_1 はホイン法) の不安定現象、$h = 0.125$

例 8.16. 初期値問題

$$\begin{cases} \dfrac{dx}{dt} = -2x \\ x(0) = 1 \end{cases}$$

に対し刻み幅 h の中点法を適用する。X_1 をホイン法で求めると

$$X_1 = 1 - 2h + 2h^2$$

となる。したがって、中点則の算法は

$$\begin{aligned} &X_0 = 1 \\ &X_1 = 1 - 2h + 2h^2 \\ &X_{\nu+1} = X_{\nu-1} - 4hX_\nu, \quad \nu = 1, 2, \ldots \end{aligned} \tag{8.40}$$

となる。

$h = 0.125$ の場合を図 8.7 に示す。$t = 1.5$ あたりから振動を始める。振動の原因は微分方程式にあるのではなく、中点法が与える差分方程式 (漸化式)(8.40) にある。(8.40) の解は特性方程式

$$\lambda^2 + 4h\lambda - 1 = 0$$

の 2 解を

$$\lambda_1 = -2h + \sqrt{1+4h^2}, \quad \lambda_2 = -2h - \sqrt{1+4h^2}$$

とおくと

$$X_\nu = c_1\lambda_1^\nu + c_2\lambda_2^\nu$$

と表せる。c_1, c_2 は

$$\begin{cases} c_1 + c_2 = 1 \\ c_1\lambda_1 + c_2\lambda_2 = 1 - 2h + 2h^2 \end{cases}$$

により決定し、

$$c_1 = \frac{1 + 4h^2 + (1+2h^2)\sqrt{1+4h^2}}{2(1+4h^2}$$
$$c_2 = \frac{1 + 4h^2 - (1+2h^2)\sqrt{1+4h^2}}{2(1+4h^2}$$

である。

任意の $h > 0$ に対し $\lambda_2 < -1$ より X_ν は振動する。 ■

10　リチャードソン補外の利用

5 節で見たように、初期値問題にオイラー法を適用したときの補正 (真値 − 近似値)$x(t_\nu) - X_\nu$ は刻み幅 h のオーダーである。本節では $x(t_\nu) - X_\nu$ は $h, h^2, h^3, \ldots$ の漸近展開で表され、オイラー法にリチャードソン補外が適用できることを述べる。さらに中点法にリチャードソン補外を適用するグラッグ法について述べる。

定理 8.2. 初期値問題

$$\begin{cases} \dfrac{dx}{dt} = f(t,x), \quad t_0 \leqq t \leqq T \\ t = t_0 \text{ のとき } x = x_0 \end{cases} \tag{8.41}$$

において $f(t,x)$ は $[t_0,T] \times (-\infty,\infty)$ で C^p 級とする。刻み幅を

$$h = \frac{T - t_0}{n}$$

としたオイラー法

$$\begin{aligned} &X_0 = x_0 \\ &X_{\nu+1} = X_\nu + hf(t_\nu, X_\nu), \quad \nu = 0,1,\ldots,n-1 \\ &t_{\nu+1} = t_\nu + h, \quad \nu = 0,1,\ldots,n-1 \end{aligned}$$

は

$$x(t_n) = X_n + c_1^{(n)}h + \cdots + c_p^{(n)}h^p + O(h^{p+1}) \tag{8.42}$$

を満たす。ここで、$c_1^{(n)}, \ldots, c_p^{(n)}$ は x, f に関係するが h に無関係の定数である。

証明　簡単のため $x_\nu = x(t_\nu)$ とおく。さらに $e_\nu = x_\nu - X_\nu$ とおき、ν に関する数学的帰納法により

$$e_\nu = c_1^{(\nu)}h + \cdots + c_p^{(\nu)}h^p + O(h^{p+1}) \tag{8.43}$$

と表せることを示す。$f(t,x)$ は C^p 級だから解 $x(t)$ は C^{p+1} 級である。

　$\nu = 1$ のとき、テイラーの定理により

$$\begin{aligned} e_1 =& x_1 - X_1 = x(t_0 + h) - X_0 - hf(t_0, X_0) \\ =& x(t_0) + hx'(t_0) + \cdots + \frac{h^p}{p!}x^{(p)}(t_0) - x_0 - hx'(t_0) + O(h^{p+1}) \\ =& \frac{h^2}{2!}x^{(2)}(t_0) + \cdots + \frac{h^p}{p!}x^{(p)}(t_0) + O(h^{p+1}) \end{aligned}$$

となる。$c_1^{(1)} = 0, c_k^{(1)} = \frac{1}{k!}x^{(k)}(t_0)$ $(k = 2, \ldots, p)$ とおくと成立する。

$\nu(>1)$ のとき (8.43) が成立すると仮定する。

$$
\begin{aligned}
e_{\nu+1} =& x_{\nu+1} - X_{\nu+1} \\
=& x(t_\nu) + hx'(t_\nu) + \cdots + \frac{h^p}{p!}x^{(p)}(t_\nu) - X_\nu - hf(t_\nu, X_\nu) + O(h^{p+1}) \\
=& e_\nu + hx'(t_\nu) + \cdots + \frac{h^p}{p!}x^{(p)}(t_\nu) - hf(t_\nu, x_\nu - e_\nu) + O(h^{p+1}) \\
=& e_\nu + hx'(t_\nu) + \cdots + \frac{h^p}{p!}x^{(p)}(t_\nu) \\
& - h\left(f(t_\nu, x_\nu) - e_\nu\frac{\partial f}{\partial x}(t_\nu, x_\nu) + \cdots + \frac{(-e_\nu)^{p-1}}{(p-1)!}\frac{\partial^{p-1} f}{\partial x^{p-1}}(t_\nu, x_\nu)\right) \\
& + O(h^{p+1}) \\
=& h\left(c_1^{\nu)} + e_\nu\frac{\partial f}{\partial x}(t_\nu, x_\nu) + \cdots + (-1)^p\frac{e_\nu^{p-1}}{(p-1)!}\frac{\partial^{p-1} f}{\partial x^{p-1}}(t_\nu, x_\nu)\right) \\
& + \sum_{j=2}^{p}\left(c_j^{(\nu)} + \frac{h^j}{j!}x^{(j)}(t_\nu)\right) + O(h^{p+1})
\end{aligned}
$$

以上より $\nu+1$ のとき (8.43) が成立する。(8.43) において $\nu = n-1$ とおくと求める漸近式が得られる。 □

定理 8.2 より、オイラー法は $\alpha_j = j$ とおくと一般の冪に対するリチャードソン補外 (p.173) が適用できる。

例 8.17. 例 8.8 の初期値問題

$$x' = -2tx, \quad t = 0 \text{ のとき } x = 1$$

に対し $x(1) = e^{-1} = 0.367879441171442$ の値を求める。刻み幅を $1, 2^{-1}, 2^{-2}, \ldots, 2^{-10}$ としたオイラー法にリチャードソン補外を適用して誤差を表 8.3 に示す。$T_4^{(6)} = 0.367879441171442$ の誤差は 1.11×10^{-16}($\frac{1}{2}$ 計算機イプシロン) である。$f(t,x)$ の計算回数は $2047(=2^{11}-1)$ である。 ■

オイラー法にリチャードソン補外を適用する方法は高精度の結果を与えるが、オイラー法の漸近展開が $h, h^2, h^3, \ldots$ に関するものであるため収束は速くない。

表 8.3　$x' = -2tx$ の $x(1)$ をオイラー法を計算しリチャードソン補外

ν	$T_{\nu}^{(0)} - x(1)$	$T_{\nu-1}^{(1)} - x(1)$	$T_{\nu-2}^{(2)} - x(1)$	$T_{\nu-3}^{(3)} - x(1)$
0	6.32×10^{-01}			
1	1.32×10^{-01}	-3.68×10^{-01}		
2	4.23×10^{-02}	-4.76×10^{-02}	5.92×10^{-02}	
3	1.78×10^{-02}	-6.61×10^{-03}	7.05×10^{-03}	-4.04×10^{-04}
4	8.25×10^{-03}	-1.33×10^{-03}	4.32×10^{-04}	-5.13×10^{-04}
5	3.98×10^{-03}	-3.03×10^{-04}	3.85×10^{-05}	-1.78×10^{-05}
6	1.95×10^{-03}	-7.27×10^{-05}	4.12×10^{-06}	-7.88×10^{-07}
7	9.67×10^{-04}	-1.78×10^{-05}	4.78×10^{-07}	-4.18×10^{-08}
8	4.81×10^{-04}	-4.41×10^{-06}	5.77×10^{-08}	-2.42×10^{-09}
9	2.40×10^{-04}	-1.10×10^{-06}	7.08×10^{-09}	-1.45×10^{-10}
10	1.20×10^{-04}	-2.74×10^{-07}	8.77×10^{-10}	-8.90×10^{-12}
ν	$T_{\nu-4}^{(4)} - x(1)$	$T_{\nu-5}^{(5)} - x(1)$	$T_{\nu-6}^{(6)} - x(1)$	$T_{\nu-7}^{(7)} - x(1)$
4	-5.20×10^{-04}			
5	1.52×10^{-05}	3.25×10^{-05}		
6	3.46×10^{-07}	-1.33×10^{-07}	-6.50×10^{-07}	
7	7.91×10^{-09}	-3.00×10^{-09}	-9.43×10^{-10}	4.17×10^{-09}
8	2.11×10^{-10}	-3.70×10^{-11}	1.01×10^{-11}	1.76×10^{-11}
9	6.12×10^{-12}	-5.01×10^{-13}	7.78×10^{-14}	-1.28×10^{-15}
10	1.84×10^{-13}	-7.72×10^{-15}	1.11×10^{-16}	-5.00×10^{-16}

定理 8.3.　初期値問題

$$\begin{cases} \dfrac{dx}{dt} = f(t, x), \quad t_0 \leqq t \leqq T \\ t = t_0 \text{ のとき } x = a \end{cases} \tag{8.44}$$

に対し、$h = (T - t_0)/n$ とおき

$$X_0 = a \quad \text{(初期値)}$$
$$X_1 = X_0 + hf(t_0, a) \quad \text{(オイラー法)}$$

$\nu = 2, \ldots, n$ に対し、中点法により

$$t_{\nu-1} = t_0 + (\nu - 1)h$$
$$X_\nu = X_{\nu-2} + 2hf(t_{\nu-1}, X_{\nu-1})$$

を計算し、

$$X_n^* = \frac{1}{2}\left(X_{n-1} + X_n + hf(t_n, X_n)\right)$$

とする。このとき漸近展開

$$F(h) = X_n^* \sim x(T) + \sum_{j=1}^{\infty} c_j h^{2j} \tag{8.45}$$

が成立する。

証明 [23, pp.236-239] をみよ。 □

注意 8.2. 証明はウィリアム・グラッグの博士論文 [25] に記載されていると思われるが、筆者は未見である。

(8.45) の $F(h)$ に対し $F(h), F(h/2), F(h/4), F(h/8), \ldots$ としてリチャードソン補外を適用する方法を**グラッグ (Gragg) 法**という。X_1 はオイラー法、X_ν $(\nu = 2, \ldots, n)$ を中点法、X_n^* は中点法 X_{n-1} とオイラー法 $X_n + hf(t_n, X_n)$ の相加平均、とする方法は**修正中点法** と呼ばれる。

例 8.18. 例 8.8 の初期値問題

$$x' = -2tx, \quad t = 0 \text{ のとき } x = 1$$

の $t = 1$ における解 $x(1) = e^{-1}$ の近似値をグラッグ法で求める。T 表の誤差を表 8.4 に示す。$T_3^{(5)} = 0.367879441171442$ の誤差の絶対値は $5.55 \times 10^{-17}(\frac{1}{4}\times$ 計算機イプシロン) である。$\frac{1}{4} < e^{-1} < \frac{1}{2}$ より計算機イプシロンよ

表 8.4　$x' = -2tx$ の $x(1)$ をグラッグ法で計算した際の誤差

ν	$T_\nu^{(0)} - x(1)$	$T_{\nu-1}^{(1)} - x(1)$	$T_{\nu-2}^{(2)} - x(1)$	$T_{\nu-3}^{(3)} - x(1)$
0	6.32×10^{-01}			
1	1.32×10^{-01}	-3.45×10^{-02}		
2	1.49×10^{-02}	-2.41×10^{-02}	-2.34×10^{-02}	
3	2.41×10^{-03}	-1.76×10^{-03}	-2.67×10^{-04}	1.01×10^{-04}
4	5.11×10^{-04}	-1.23×10^{-04}	-1.43×10^{-05}	-1.03×10^{-05}
5	1.22×10^{-04}	-8.00×10^{-06}	-3.15×10^{-07}	-9.31×10^{-08}
6	3.01×10^{-05}	-5.05×10^{-07}	-5.42×10^{-09}	-4.99×10^{-10}
7	7.49×10^{-06}	-3.17×10^{-08}	-8.68×10^{-11}	-2.15×10^{-12}
8	1.87×10^{-06}	-1.98×10^{-09}	-1.36×10^{-12}	-8.72×10^{-15}
ν	$T_{\nu-4}^{(4)} - x(1)$	$T_{\nu-5}^{(5)} - x(1)$	$T_{\nu-6}^{(6)} - x(1)$	$T_{\nu-7}^{(7)} - x(1)$
4	-1.07×10^{-05}			
5	-5.30×10^{-08}	-4.26×10^{-08}		
6	-1.36×10^{-10}	-8.47×10^{-11}	-7.44×10^{-11}	
7	-2.03×10^{-13}	-7.03×10^{-14}	-4.96×10^{-14}	-4.50×10^{-14}
8	-2.78×10^{-16}	-5.55×10^{-17}	-5.55×10^{-17}	-5.55×10^{-17}

り小さくなる。$f(t,x)$ の計算回数は $519(= 2^9 - 1 + 8)$ である。オイラー法にリチャードソン補外を適用する例 8.17 に比べ計算回数はおよそ $\frac{1}{4}$ である。 ■

例 8.19. 中点法が不安定性を示す例 8.16 の初期値問題

$$\begin{cases} \dfrac{dx}{dt} = -2x \\ x(0) = 1 \end{cases}$$

に対しグラッグ法を適用し $x(4) = e^{-8} = 0.000335462627903$ を求める。計算結果を表 8.5 に示す。真値と一致している数字に下線を引く。$T_0^{(0)}, \ldots, T_7^{(0)}$ は符号すら一致してない。$T_8^{(4)} = 0.000335462627903$ の誤差は 1.63×10^{-19} である。中点法の不安定性は補外により解消されている。 ■

表 8.5　$x' = -2x$ の $x(4)$ をグラッグ法で計算

k	$T_k^{(0)}$	$T_{k-1}^{(1)}$	$T_{k-2}^{(2)}$
0	−7.000000000000000		
1	−39.00000000000000	−49.66666666666666	
2	−55.00000000000000	−60.33333333333333	−61.04444444444444
		中略	
7	−0.002479902151507	0.011202085308994	0.001793120087918
8	0.000158624829858	0.001038133823646	0.000360537057956
9	0.000324473224698	0.000379756022979	0.000335864169601
10	0.000334795968828	0.000338236883538	0.000335468940909
11	0.000335426075831	0.000335636111499	0.000335462726696
12	0.000335461623014	0.000335473472075	0.000335462629447

k	$T_{k-3}^{(3)}$	$T_{k-4}^{(4)}$	$T_{k-5}^{(5)}$
7	0.000776923528454	0.000603694558733	0.000565270295701
8	0.000337797644782	0.000336075582493	0.000335813980366
9	0.000335472536452	0.000335463418381	0.000335462819980
10	0.000335462667437	0.000335462628735	0.000335462627964
11	0.000335462628058	0.000335462627903	0.000335462627903
12	0.000335462627903	0.000335462627903	0.000335462627903

例 8.19 のような性質のよい初期値問題のある t における x の値を求める場合、オイラー法や修正中点法をリチャードソン補外で加速する方法は数値積分のロンバーグ積分と同様に高精度の結果が得られる実用的なアルゴリズムである。ただし、可視化によるシミュレーションには向かない。

参考文献

本書執筆の際に引用したか参考にしたものを挙げる。ただし歴史ノートの参考文献は割愛する。

数値解析

[1] 伊理正夫、数値計算、朝倉書店、1981
[2] 伊理正夫・藤野和建、数値計算の常識、共立出版、1985
[3] 大石進一編、精度保証付き数値計算の基礎、コロナ社、2018
[4] 長田直樹、数値微分積分法、現代数学社、1987
[5] 齊藤宣一、数値解析入門、東京大学出版会、2012
[6] 杉原正顯・室田一雄、数値計算法の数理、岩波書店、1994
[7] 洲之内治男著・石渡恵美子改訂、数値計算 [新訂第 2 版]、サイエンス社、2022
[8] 一松信、数値解析、朝倉書店、1982
[9] 三井斌友、常微分方程式の数値解法, 岩波書店、2003
[10] 森正武、数値解析、第 2 版、共立出版、2002
[11] 山本哲朗、数値解析入門 [増訂版]、サイエンス社、2003
[12] C. Brezinski and R. Zaglia, Extrapolation methods theory and practice, North-Holland, 1991.
[13] E. Durand, Solutions numériques des équations algébriques, tome 1, Masson, 1960.
[14] A. Erdélyi, Asymptotic Expansions, Dover, 1956.
[15] W. Gautschi, Numerical Analysis : An Introduction, Birkhäuser, 1997.
[16] D. Goldberg, What Every Computer Scientist Should Know About

Floating-Point Arithmetic, Computing Surveys, 1991.
https://www.validlab.com/goldberg/paper.pdf

[17] P. Henrici, Elements of Numerical Analysis, John wiley and Sons, 1964. (一松信他訳、数値解析の基礎、培風館、1973)

[18] IEEE, IEEE Standard for Floating-Point Arithmetic, 29 August 2008.
https://irem.univ-reunion.fr/IMG/pdf/ieee-754-2008.pdf

[19] E. Isaacson and H. Keller, Analysis of Numerical Methods, Dover, 1996. (original published Wiley, 1966)

[20] D. K. Knuth, The Art of Computer Programming, Vol.2, Seminumerical Algorithms, 3rd. ed., 1997. (有沢・和田監訳、日本語版、ASCII, 2004.)

[21] A. Ralston and P. Rabinowitz, A First Course in Numerical Analysis (2nd ed.), MacGraw Hill, 1978. (戸田英夫他訳、電子計算機のための理論と応用、上・下、ブレイン図書出版、1986)

[22] J.F. Traub, Iterative Methods for the Solution of Equations, 2nd ed., Chelsea, 1982.

[23] G. Walz, Asymptotics and Extrapolation, Akademie Verlag, 1996.

引用論文

[24] M. Davies and B. Dawson, On the Global Convergence of Halley's Iteration Formula, *Numer. Math.* 24 (1975), 133-135.

[25] W. B. Gragg, Repeated extrapolation to the limit in the numerical solution of ordinary differential equations, Doctoral Dissertation, University of California, Los Angeles, 1964.

[26] E. Laguerre, Notes sur la résolution des équations numériques, 1880.
https://books.google.co.jp/books?id=vthMAAAAYAAJ&pg=PP9&redir_esc=y&hl=ja#v=onepage&q&f=false

[27] J.N. Lyness and B.W. Ninham, Numerical Quadrature and Asymptotic Expansions, *Math. Comp.* 21 (1967), 162-178.
https://www.jstor.org/stable/2004157

[28] I. Navot, An extension of the Euler-Mclaurin formula to functions

with a branch singularity, *J. Math.and Phys.* 40 (1961), 271-276.
`https://onlinelibrary.wiley.com/doi/10.1002/sapm1961401271`

解析学

[29] 杉浦光夫、解析入門 I、東大出版会、1980

[30] 高木貞治、定本解析概論、岩波書店、2018

[31] 一松信、解析学序説、上巻・下巻 (新版)、裳華房、1981,1982

古典代数学

[32] 高木貞治、代数学講義、改訂新版、共立出版、1965

索引

わ　行

人　名

著者紹介：

長田 直樹（おさだ・なおき）

1948 年東京都生まれ．大阪大学理学部数学科卒業．大阪大学大学院理学研究科修了．長崎総合科学大学助教授．東京女子大学教授．

現在　東京女子大学名誉教授．名古屋大学博士（工学）．

主な著書：

『数値微分積分法』現代数学社，1987 年

『双書⑱・大数学者の数学／ニュートン　無限級数の衝撃』現代数学社，2019 年

数値解析　——非線形方程式と数値積分——

2024 年 1 月 21 日　初版第 1 刷発行

著　者　長田直樹

発行者　富田　淳

発行所　株式会社　現代数学社

〒 606-8425 京都市左京区鹿ヶ谷西寺ノ前町 1

TEL 075 (751) 0727　FAX 075 (744) 0906

https://www.gensu.co.jp/

装　幀　中西真一（株式会社 CANVAS）

印刷・製本　有限会社 ニシダ印刷製本

ISBN 978-4-7687-0626-8　2024 Printed in Japan